사이언스 브런치

일러두기

- 이 책에 실린 글들은 2011년부터 2016년까지 TBS 라디오의 〈과학이 세상이다〉, SBS 라디오의 〈정석문의 섹션라디오〉에서 방송된 원고 내용을 기반으로 한 것이다. 시사적인 이슈를 과학과 연결시켜 다룬 만큼 방송 시점의 상황들을 수정 없이 실었다. 다만 일부는 주석을 통해 보충 설명을 해두었다.
- 질문을 던지는 진행자는 실제 방송마다 달랐으나 이 책에서는 진행자 S라는 가상의 인물로 통일했다.
- 단행본과 신문 및 잡지명은 『』, 논문 등은 「」, 영화와 TV 드라마 등은 〈 〉로 표시했다.
- 반복 사용된 후주는 숫자 옆에 *로 표시했다.

사이언스 브런치

이종필 교수의
세상 속 과학 이야기

이종필 지음

글항아리

중·고등학교 때 물상이나 물리라는 이름으로 기초과학을 배울 때 든 생각은 이런 것이었다. 분명 어마어마한 학문인데 왜 이렇게 알아들을 수가 없을까. 지상 최고의 놀잇감을 옆에 두고도 건드릴 수 없는 답답함이랄까. 물질을 쪼개고 쪼개서 나오는 가장 작은 단위부터 거대한 우주까지 하나의 원리가 통하고 있다는데 이 엄청난 생각을 제대로 파악할 수 없다는 게 몹시 분했다.

언젠가는 과학의 법칙을 이해하겠다는 것이 내 오랜 꿈이었다. 과학 시간에 답답함을 느낀 수많은 사람도 비슷한 생각을 해봤을 것이다. 2012년 TBS에서 〈서화숙의 오늘〉이라는 시사 프로그램을 진행하게 되면서 물리학을 쉽게 이야기해줄 사람을 수소문했다. '세상 모든 것의 이치'라는 물리의 뜻에 걸맞게 시사와 과학을 엮어 쉽게 이야기해줄 사람. 이 어려운 걸 해낼 사람이라고 전문가들이 추천한 이가 이종필 박사였다.

그는 과학을 모르는 내가 청취자 입장에서 궁금해하는 질문에 정말 쉽게 설명을 해줬다. 방송 당일 새로운 질문을 덧붙여도 언제나 대답이 나왔다. 게다가 그는 야구 팬이자 드라마광이고 대학 시절에는 운동권에 몸담았을 정도로 사회 참여에 적극적이다. 과학의 이치뿐 아니라 사회 문제와 스포츠, 연예, 오락, 그야말로 삼라만상에 물리학이 통한다는 것을 매주 화제가 되는 주제와 함께 전해주었다. 이명박, 박근혜 후보의 잘못이 밝혀져도 왜 지지자들의 생각은 바뀌지 않는가, 공직자들의 비리는 어떻게 폭발적으로 늘어나는가에도 물리학은 통용되었고 4할 타자가 사라지는 이유에도, 체조 선수 양학선의 금메달 도마 기술에도 물리학은 들어 있었다. 누구나 이름은 알지만, 막상 그 이유를 대라면 모르는, 뉴턴이나 아인슈타인이 왜 위대한 인물인지에 대한 설명부터 스위스의 입자가속기와 북한의 핵폭탄까지 세상 모든 문제를 아우르는 과학을 이야기했다. 물리학이 실험실의 과학이 아니라 세상의 이치라는 것을 확실히 보여준다.

방송으로만 흘려보내기는 아깝다고 생각했는데 이렇게 책으로 나오니 반갑다. 지금 인류는 저자의 표현대로 '사이언스 픽션이 사이언스 팩트가 되는' 대변혁의 시대를 살고 있다. 힉스 입자의 발견은 새로운 물리 이론이 등장할 전조일까. 알파고의 등장은 인류를 능가하는 기계 시대의 도래일까. 드라마의 황당무계한 시간 여행은 과학적으로 가능할까. 좀더 이성적인 사회는 어떻게 구축할까. 내 주변의 의문부터 저 우주까지, 지금의 문제에서 먼 미래의 문제까지 세상은 어떻게 구성되어 어디로 흘러갈까를 골치 아프지 않고도 알고 싶다면 이 책을 먼저 읽어보자.

서화숙 언론인·헌집트러스트 대표

프롤로그

가볍게 브런치 어때요?

"초등학생도 이해할 수 있게 설명해주세요."
과학계에 큰 뉴스가 나올 때마다 기자들에게 흔히 듣는 얘기입니다. 이런 말을 들을 때마다 저는 참 곤혹스럽습니다. 무언가를 옆집 할머니도 알아들을 수 있게 설명하지 못한다면, 그 무언가를 제대로 이해하지 못한 것이라는 말이 있지요. 이 말대로 솔직히 아직 저의 내공이 부족한 것도 과학 뉴스를 초등학생도 이해할 수 있게 설명하지 못하는 이유 중 하나입니다.
구차한 변명을 하자면, 20세기 이후의 현대과학은 초등학생이 이해하기 어렵습니다. 물리학에서 한두 가지 쌈박한 아이디어와 그럴듯한 비유를 잘 섞으면 초등학생도 이해할 수 있는 그런 내용들은 이미 20세기가 시작되기 전에 거의 다 밝혀졌습니다. 현대물리학을 떠받치는 두 기둥은 상대성이론과 양자역학입니다. 둘 다 공교롭게도 20세기가 시작될 무렵 탄생했습니다. 둘 다 인간의 직관과는 크게 어긋난다는 점도 비슷합니다. 현존하는 최고의 물리학자 중 한 명인 레너드 서스킨드가 오죽하면 '블랙홀 전쟁'에서 현대물리학을 이해하려면 생각의 회로를 바꿔야 한다는 말까지 했겠습니까. 뒤집어서 말하자면 현대물리학이 위대한 이유는 우리의 직관, 우리의 일상에 익숙한 사고방식이 우주의 근본 질서와 일치하지 않는다는 점을 처음으로 밝혀냈기 때문입니다. 적어도 수백만 년 동안의 진화를 통해 형성되었을 우리 호모 사피엔스의 생각 회로는 인간의 크기와 비슷한 세상에서 인간 주변의 사물의 움직임을 이해하는 데 가장 적절할 것입니다. 자연의 근본 원리를 이해하는 데 최적화되는 것보다는 그게 생존에 더 유리하니까요. 그렇지 않았다면 이미 우리는 멸종했을지도 모르죠.

우리의 생존에 유리한 (그래서 익숙한) 사고방식이 자연의 근본 질서와는 다르다는 사실을 처음 알게 된 것이 겨우 100여 년 전입니다. 현생 인류가 처음 출현한 것이 십수만 년이라고 하니까 굉장히 최근의 일입니다. 그래서 현대물리학은 어렵습니다. 본능적인 저항감이 생깁니다. 직관적으로는 이해할 수 없습니다. 하지만 그것이 진정으로 자연이 작동하는 방식이라면, 엄청난 지적 고통이 따르더라도 한 번쯤은 알아볼 만한 가치가 있지 않을까요?

기회가 있을 때마다 이렇게 말해오던 제가 어느 날 라디오 과학 코너에 출연해달라는 요청을 받았습니다. 2012년 TBS 교통방송에서 저녁 시간에 방송하던 〈서화숙의 오늘〉이라는 프로그램에서 매주 한 번 진행되는 과학 코너였습니다. 두 시간에 이르는 전체 프로그램에 비하면 매우 짧은 시간이었지만 주 1회 20분 정도면 그 자체로 매우 긴 시간이었습니다. 라디오라는 매체의 특성상 시각 정보를 전혀 전달할 수 없고 오직 말로써 과학 이야기를 해야 하니 쉽지 않은 도전이었습니다. 제작진은 어김없이 "초등학생도 이해할 수 있는" 과학 이야기를 원했지요.

문득 프레드 호일이라는 영국의 과학자가 떠올랐습니다. 호일은 무거운 원소가 별에서 어떻게 합성되는지를 규명하는 데 큰 공헌을 한 과학자입니다. 호일은 빅뱅Big Bang이라는 말을 처음 사용한 것으로도 유명합니다. 우주가 고온 고밀도의 한 점에서 시작되었다는 빅뱅 이론은 호일이 활동하던 1940~50년대에는 경쟁하는 우주이론 중 하나였습니다. 호일은 빅뱅 이론보다 정상 상태 우주론을 신봉했습니다. 이 이론에 따르면 우주는 언제 어디서나 똑같은 모습을 하고 있습니다. 시간에 따라 계속 팽창하는 빅뱅 우주론과는 전혀 다르죠. 그러던 호일은 BBC 라디오에 출연해 현대 우주론을 설명하면서 자기가 신봉하지 않는 상대편 이론을 소개하던 중에 '빅뱅'이라는 말을 쓰게 되었습니다. 우주가 태초에 '쾅' 하고 시작됐다는 이론이라는 거죠.

우주론까지는 아니더라도 퇴근길 청취자들에게 이런 가벼운 이야기를 들려주는 것도 의미가 있겠구나, 처음에는 그렇게 생각을 했습니다. 어차피 말로만 풀어서 과학 이야기를 해야 하니까요. 역시 쉽지는 않았습니다. 하다 보니 욕심도 생기고, 제가 중요하다고 생각하는 이슈와 제작진이 듣고 싶은 이야기 사이에는 항상 큰 간극이 있었습니다. 대표적인 사례가 2012년 7월 4일 방송분이었습니다. 이날 유럽원자핵공동연구소CERN에서 중대 발표가 예고돼 있었죠. 이미 저희는 이날 '신의 입자'라는 별칭을 가진 힉스Higgs 입자를 발견했다는 발표일 거라고 알고 있었습니다. 이때만 해도 방송 초기라, 제작진이 난색을 드러냈습니다. 너무 어렵다고요. 게다가 CERN 발표일과 방송일이 겹쳐서 제대로 원고가 준비될까 하는(이 프로그램은 생방송으로 진행했습니다) 현실적인 문제도 있었습니다.

억지를 부리기도 하고 애원도 하면서 겨우 제작진을 설득할 수 있었습니다. 어차피 이 뉴스가 외신을 타고 들어오면 국내 모든 방송에서 다 얘기할 텐데, 우리는 곧바로 해설 방송을 할 수 있다, 이건 물리 교과서가 바뀔 만큼 중요한 발견이다, 그런 논리로 마음을 돌렸습니다. CERN의 공식 발표는 한국 시각으로 오후 4시였고, 제 코너가 시작되는 시각은 7시 30분 무렵이었습니다. 미리 원고를 준비해뒀습니다만 중요한 숫자 같은 것은 공식 발표를 보고 써넣어야 하니까 방송 원고 최종안은 공식 발표를 들은 뒤에나 나올 수 있었습니다. 그렇다고 두 시간 남짓 계속되는 발표를 인터넷 중계로 다 듣지도 못했지요. 6시가 넘은 뒤엔 원고를 마저 정리하고 방송국으로 출발해야 했습니다. 아마도 그 코너가 한국에서 힉스 입자의 발견을 가장 먼저 해설 소개한 프로그램이 아니었을까 싶습니다. 그 뒤로 프로그램 진행자가 바뀌기도 했고 얼마 되지 않아 저도 코너를 그만두게 되었습니다. 그리 길지 않은 시간이었지만 제게 매우 소중한 경험이었습니다. 그 덕분에 지금은 SBS 라디오 러브FM의 〈정석문의 섹션라디오〉에서 과학 섹션을 담당하고 있습니다. 10분이라는 짧은 시간이지만 그 안에 재미있는 과학 뉴스를 소개하는 것도 의미가 있었습니다. 일부러 시간 내서 어려운 과학 뉴스를 공부하거나 따라가기 힘든 분들에게는 핵심만 추려 10분 안에 정리되는 내용이 큰 도움이 될 테니까요. 게다가 다양한 분야를 다루면서 저도 많이 배우게 되었습니다. 때로는 10분 방송을 위해 10시간을 준비할 때도 있고, 차가 막혀 오가는 데만 2시간 넘게 걸리기도 합니다. 그래도 공중파 방송에서 무려 10분 동안이나 과학 이야기를 할 수 있다니 얼마나 좋은 기회입니까.

시간이 흐르고 원고가 쌓이면서 이걸 책으로 다시 엮으면 어떨까 하는 생각을 하게 되었습니다. 방송용 원고를 책으로 만들다 보니 비슷한 주제가 시차를 두고 다시 등장하는 일도 있습니다. 같은 주제라도 강조점이 다를 때도 있고, 또 시간의 흐름에 따라 사건이 진행되는 과정을 업데이트할 때도 있습니다만 꼭지별로 자기 완결성을 높이기 위해 일부 내용이 조금 중복되는 위험은 감수하기로 했습니다. 장점도 있습니다. 해당

꼭지만 보면 그 안에서 모든 게 해결되니까 앞장으로 다시 넘어가지 않아도 됩니다.

애초에 10분, 길어야 20분 라디오 방송용으로 쓴 원고라 이건 어쩔 수 없이 '편하게 듣는 과학 이야기'의 모양새를 갖추지 않을 수 없게 되었습니다(물론 그렇다고 해서 모두 이해하기 쉽거나 아주 재미있다는 보장은 없습니다). 10분, 20분이라면 브런치라도 하면서 수다를 떨 때 겨우 한 가지 얘깃거리밖에는 안 되죠. 하지만 거꾸로 생각해보면, 친구들과의 가벼운 브런치 타임에 한 가지 얘깃거리를 과학으로 채우는 것도 나쁘진 않아 보입니다. 21세기의 교양은 과학이라는 말도 있더군요. 거창한 교양까지는 아니더라도 일상생활에서 편하고 가볍게 과학 이야기를 하는 풍토가 생긴다면 각박한 우리 인생이 조금은 더 풍요로워지지 않을까요?

주말에 브런치 모임이라도 있다면, 뭔가 빈손으로 가기엔 조금 허전하게 느껴진다면, 가볍게 이 책 한 권이 제격입니다. 오가는 지하철 안에서 책 어디를 펼치더라도 10분짜리 얘깃거리가 있으니까요.

브런치와 함께, 가벼운 사이언스 브런치, 어때요?

SCIENCE
BRUNCH
차례

MB가 한 방에 훅 가지 않는 이유_2012.06.20

진행자 S 『대통령을 위한 과학 에세이』 저자로서 이제 본격적인 대선 경주가 시작된 만큼 각 당에서 대권 주자로 나선 이들에게 할 이야기가 많을 듯합니다.

이종필 네, 여러 가지 당부의 말씀을 드리고 싶지만 무엇보다 일선 과학자로서 기술 과학에 우리 대권주자들께서 각별한 관심을 좀 가져주십사 부탁드리고 싶습니다.

진행자 S 유권자들이 대선 후보를 선택하는 데도 과학적 원리가 적용되나요?

이종필 명문화된 원리가 있다기보다, 저는 유권자들이 특정 후보를 선택하는 과정이 과학자들이 어떤 과학 이론을 선택하는 과정과 비슷한 면이 꽤 있다고 봅니다. 사회 현상을 자연과학의 원리나 현상과 직결시켜서 이해하는 데는 상당한 무리가 따르지만, 비슷한 면을 살펴보는 것은 여전히 흥미로운 일입니다. 참고 사항으로 말이죠.

진행자 S 어떤 점에서 그런가요?

이종필 단적인 예를 하나 들자면 적극 지지층은 자신이 지지하는 후보의 결점이 발견되더라도 지지 후보를 바꾸기는커녕 오히려 자기들끼리 결집하는 경향을 보입니다. 미국 에머리대학의 드루 웨스턴 교수◆가 2004년 미 대선 기간에 연구한 것이 있어요.[1] 당시 존 케리와 조지 부시를 지지했던 정치인을 15명씩 모아서 두 후보의 연설문 가운데 모순된 공약을 보여줬습니다. 그랬더니 자신이 지지하는 후보의 모순된 공약은 거의 알아채지 못한 반면 상대 후보의 모순된 공약은 금방 찾더라는 거죠.
과학자들도 자신이 신봉하는 이론 혹은 지배적인 패러다임에 잘 들어맞지 않는 데이터가 나오더라도 원래 이론과 패러다임을 쉽게 포기하는 일은 거의 없습니다.

진행자 S 과학에서는 실험 결과가 가장 중요하지 않나요?

이종필 물론 그렇지만 이는 궁극적인 의미에서 중요하다는 것이고, 실제 과학활동은 이론과 실험이 끊임없이 영향을 주고

◆ 웨스턴 교수는 "이들에게서 의식적인 추론에 사용되는 회로는 거의 작동하지 않았으며 오히려 원하는 결론을 얻을 때까지 인식의 만화경을 마구 돌리는 것처럼 보였다. (…) 당파적 정치인들의 신념이 경직돼 있어 새로운 자료가 있어도 아무것도 배우지 못한다는 것을 보여준다"고 말했다.

받는 과정으로 이뤄집니다. 토머스 쿤이 『과학혁명의 구조』에서 말했듯이 지배적인 패러다임 속에서는 어떤 실험을 진행할 것인지조차 그 패러다임의 틀을 벗어나기 어렵죠.[2] 설령 지배적인 패러다임과 어긋난 실험 결과가 나오더라도 단지 그 때문에 기존 패러다임에 즉시 의문을 제기하거나 폐기하진 않습니다. 오히려 그 실험 결과에 뭔가 문제가 있다고 생각하든가, 어떻게든 기존 패러다임 속에서 그 결과를 설명하려고 시도할 겁니다. 사회학에서는 프레임이라는 용어를 자주 쓰는데, 과학에서 말하는 패러다임과 꼭 같지는 않겠지만 대단히 유사하다고 봅니다.

진행자 S 과학의 역사에서 실제로 그런 일이 많았나요?

이종필 가장 유명한 예로 수성 궤도의 회전을 들 수 있습니다. 뉴턴의 만유인력 법칙에 따르면 모든 행성 궤도는 우주 공간상에 고정된 타원 궤도여야 합니다. 그런데 수성의 공전 궤도를 관찰해보니 미세하긴 하나 그 자체가 아주 천천히 회전한다는 것을 알게 됐죠. 목성 등 다른 행성들의 영향을 다 고려해도 100년에 43초 되는 회전 속도를 설명할 길이 없었습니다. 이에 과학자들이 이 43초를 설명하기 위해 숱한 노력을 기울였지만, 뉴턴역학이 틀렸다고 생각한 사람은 거의 없었습니다.

오히려 수성 안쪽에 벌컨이라는 새로운 행성이 있어서 수성의 궤도를 교란한다고 생각했습니다. 실제 해왕성도 그런 식으로 발견되었습니다. 천왕성의 궤도에서 이상한 점이 발견되자 그 바깥에 새로운 행성이 있으리라 추정한 것이죠. 수성 역시 마찬가지일 거라고 생각했습니다. 뉴턴역학을 포기하는 것보다 새로운 행성을 도입하는 것이 훨씬 더 자연스러웠습니다. 하지만 아무리 뒤져도 새로운 행성은 없었죠. 이 문제를 해결한 사람이 바로 아인슈타인이었습니다. 아인슈타인은 자신의 새로운 일반상대성이론으로 수성 궤도가 회전하는 정도를 계산했는데, 놀랍게도 정확히 100년에 43초라는 결과를 얻었습니다.[3]

아인슈타인의 일반상대성이론이라는 새로운 패러다임이 등장하고 나서야 사람들은 기존의 뉴턴 패러다임에 의문을 갖기 시작합니다. 수성 궤도의 운동 자체가 뉴턴역학을 뒤흔든 것이 아니라 새로운 '이론'이 그 역할을 한 셈이죠. 물론 그렇다고 해서 일반상대성이론이 곧바로 올바른 중력 이론으로서 받아들여지진 않았습니다. 공식적으로는 1919년 일식 때 멀리서 오는 별빛이 태양 때문에 휘는 것을 관측한 결과가 일반상대성이론의 예측과 비슷하게 나오자 사람들은 뉴턴역학의 종말을 거론하기 시작합니다. 아인슈타인이 세계적인 슈퍼스타가 된 것도 그 때문이죠.[4]

진행자 S 그렇다면 이런 내용이 대선 후보들과는 어떤 관계를 가질까요?

이종필 2007년 대선 때 야당에서는 당시 이명박 후보에 대해 '한 방에 훅 갈 것'이라는 말을 하곤 했습니다. 그 말을 들었을 때 수성 궤도의 변칙적 움직임이 뉴턴역학을 한 방에 훅 가게 할 거라고 말하는 것만큼이나 어리석은 주장이라고 생각되더군요. 당시의 이명박 후보는 그 자체가 상당히 경쟁력 있는 하나의 좋은 이론, 혹은 지배적인 패러다임이었습니다. 그런 이론이나 패러다임은 절대로 한 방에 훅 가지 않습니다.
과학철학에는 뒤엠-콰인 명제가 있습니다.[5, 6] 어떤 과학 이론을 구성하는 가설은 그 층위가 대단히 복잡하고 많기 때문에 한 실험이 그 이론과 다른 결과를 냈더라도 그것이 모든 핵심 가설을 부정해 전체 이론의 구조를 무력화할 수는 없다는 내용입니다. 이것을 '증거에 의한 이론의 과소결정'이라고 부릅니다. 지난 2011년 광속보다 더 빠른 중성미자를 발견했다는 학계 보고가 전 세계를 놀라게 한 적이 있었습니다만, 당시 그 때문에 상대성이론을 폐기해야 한다고 주장한 과학자는 거의 없었습니다.

진행자 S 그 보고는 결국 사실이 아닌 것으로 드러났지요. 만약 사실로 입증됐다면 상대성이론은 폐기해야 하는 것인가요?

이종필 당시 관련 논문이 200여 편 나왔는데요. 상대성이론의 틀을 유지하면서 그 현상을 설명하려는 시도도 많았습니다. 상대성이론은 지금까지 100년 이상 워낙 잘 검증된 터라 만약 초광속이 사실이었다면 상대성이론을 폐기하기보다는 그것을 포괄하는 새로운 이론을 찾아나섰겠죠.

진행자 S 그러니까 가장 논리적인 과학자들조차 대세 이론이라면 따라가는 분위기라는 말이군요. 하물며 일반인들이야 오죽할까 싶네요.

이종필 그것을 두고 분위기를 따라간다고만 해버리면 오해의 소지가 있지만, 지배적 패러다임을

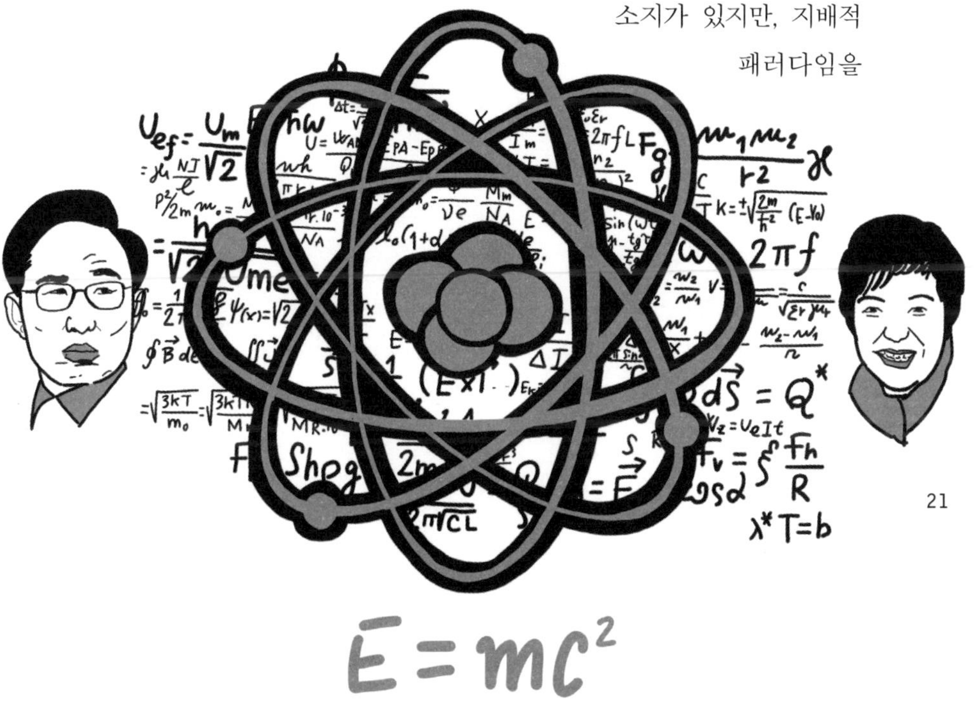

벗어나기 어렵다는 것은 사실입니다.

이명박 후보도 그랬죠. BBK 관련 이장춘 전 대사의 폭로와 광운대 동영상이 나왔는데도 불구하고 '음해' 내지는 '주어가 없다'는 해명을 결국 유권자가 어떤 형태로든 받아들인 게 아니겠습니까. 유권자들에게는 그만큼 '이명박 패러다임'이 포기하기 어려웠던 매력적인 카드였던 셈입니다. 당시 야당이 이 점을 놓친 것이죠. 기본적으로 보수적인 한국사회에서 고도성장기 샐러리맨의 신화와 청계천으로 무장한 '이명박 패러다임'은, 말하자면 한국 현대사의 지배적인 패러다임입니다. 막말로 휘청거리는 진보 진영의 허약한 패러다임과는 아주 다릅니다. 일례를 들자면 지난 2004년 총선 때 열린우리당의 정동영 의장이 이른바 노인 폄하 발언으로 곤욕을 치르고 비례대표 후보에서 사퇴했죠. 이명박 후보의 경우와는 많이 다릅니다. 그래서 BBK 검증 한 방으로 무너지리라 예상한 것은 지나치게 안이한 판단이었죠. 빗대자면 '검증에 의한 후보의 과소결정'이라고 할까요.

진행자 S 이명박 패러다임의 핵심은 무엇이었나요? 왜 그렇게 강했죠?

이종필 제가 정치학자나 사회학자가 아니라서 평범한 유권자의 한 사람으로서 분석할 수밖에 없는 사안인데요, 당시 유권자들 사이에 '누리고 싶은 욕망'이 강했다고 봅니다. IMF를 극복하고 노무현 시대를 거치면서 소득 2만 달러를 찍고 이제 막 선진국이 눈앞에 보이는데, 민주화도 산업화도 이만큼 했으면 우리도 그 성과를 마음 편히 누릴 때가 되지 않았느냐는 욕망이 생기는 것은 지극히 자연스러웠다고 생각합니다. 그런데 노무현 대통령은 재임 기간 내내 원리와 원칙을 내세우며 곧이곧대로 듣기에 마음이 좀 불편해지는 말과 정치를 했습니다. 아직 마음껏 누릴 때는 아니라는 것이죠.
그에 비하면 MB는 '국민 성공 시대'를 들고나왔습니다. 내가 대통령이 되면 국민도 나처럼 성공할 수 있다, 말하자면 이제 마음껏 누리자고 말한 겁니다. MB라는 캐릭터 자체가 그걸 웅변하고 있는 셈이죠. 이 점이 노무현 대통령과 극명한 대비를 이뤘습니다.

진행자 S 이런 패러다임을 깨려면 무엇을 들고나왔어야 한다고 보나요? 대세를 뒤집는 것은 완전히 불가능한 일인가요?

이종필 예컨대 한국 경제가 대외 의존도를 줄이고 건전성을 강화하려면 고용의 절대다수를 차지하는 중소기업을 우대해야 하고 북한 경제를 포섭해서 실질적인 내수 시장을 확대해야 하는데 MB는 대기업 중심 정책과 대북 강경책이라는 정반대의 길을 가지 않았습니까. 이런 식으로는 국민의 누리고자 하는 욕망이 투기의 탐욕으로 해결될 수밖에 없거든요. MB노믹스에 맞설 야권만의 패러다임이 약했거나 혹은 거의 없었다고 봅니다. 야권으로서는 DJ의 지식 기반 경제라든지 노무현의 지방분권이라는 굵직한 유산들이 있었는데 그 문제의식들이 발전적으로 계승되지 못한 것이 MB의 '경제대통령론'에 밀린 이유라고 봅니다.

진행자 S 그렇다면 '박근혜 패러다임'도 굳건하다고 보십니까?

이종필 아주 굳건하죠, 막강하기도 하고. 영남에서는 말이 필요 없을 정도로 이미 신화적인 존재가 되었고요. 부산 사람인 저는 그 정서를 좀 압니다. 지금 보수층의 핵심 가치인 성장과 안보의 화신이 박정희 체제였고, 박근혜는 그 적자嫡子가 아닙니까. 게다가 그 험난한 여의도 정치에서 나름대로 자기 위치를 지켜왔고요. 그것도 쉬운 일은 아니었다고 생각합니다. 핵심 이슈에 대해서 뚜렷한 입장이 없다는 비판도 제기되지만, 때에 따라서는 이른바 '전략적 모호성'도 쓸 만한 작전이죠. 그것이 국가와 국민에게 좋으냐 나쁘냐를 떠나서 말입니다. 바둑 격언에 "모르면 손 빼라"는 말도 있지 않습니까? 어쨌든 박근혜의 위력은 2012년 4월 총선에서도 여실히 엿볼 수 있었으니, 본격적인 대선과정에서 한두 가지 폭로성 검증으로 휘청거리진 않을 겁니다.

진행자 S 그러면 '안철수 현상'은 어떻게 해석할 수 있나요?

이종필 좋은 질문인데요. 저는 안철수 현상을 보면서 과학혁명기에 패러다임이 교체되는 과정과 비슷한 면이 있다고 생각했습니다. 새로운 패러다임은 언제나 기존 패러다임을 포괄하는 방식으로 대체돼왔거든요. 상대성이론은 뉴턴역학을 대체했지만 그렇다고 뉴턴역학을 버린 것은 아닙니다. 양자역학도 마찬가지이고요.
한국 보수 패러다임의 키워드는 성장이죠. 사람들은 대체로 성장을 선택하면 그 과정에서의 비민주성이나 다소간의 비리를 불가피한 면이라고 여겨 눈감아주는 경향이 있습니다. 2007년 대선에서 '도덕성보다 능력'이라며 MB를 선택한 것도 같은 맥락이지요. 그게 우리 한국이 걸을 수밖에 없는 필연적인 길이라고 생각했어요. 그런데 안철수의 성공 스토리는 한국사회에서 비리와 부패에 빠지지 않고서도, 즉 사악해지지 않고서도 성공할 수 있는 사례를 보여준 거죠. 이렇게 되면 성장이냐 분배냐 혹은 성장이냐 민주화냐 하는 이분법적 선택의 고민에서 해방될 수 있습니다. 말하자면 안철수 패러다임은 한국사회의 지배적인 성장 패러다임을 포괄하면서 그것이 갖고 있던 큰 모순을 해결할 가능성을 보여줬다는 겁니다. 이런 패러다임이야말로 기존의 패러다임을 대체하고 새로운 지배적 패러다임이 될 가능성이 높습니다. 기존의 진보 패러다임은 보수 패러다임을 포괄한다기보다 서로 배척하고 배제하는 식이었죠. 이때는 새로운 패러다임이 기왕의 지배적인 패러다임을 대체할 가능성이 극히 낮습니다.

다만 안철수 패러다임은 과학으로 치자면 대규모의 정밀한 실험적 검증을 아직 많이 거치지 않았는데요. 비유적으로 말하자면 수성 궤도 문제를 해결하긴 했으나 아직 태양에 의한 별빛의 휘어짐을 검증하기 전의 상대성이론과도 같다고나 할까요.◆

진행자 S 이렇게 보면 세상이 바뀌는 것은 어려운 일 같은데, 실제로 세상이 바뀌는 일이 일어나지 않습니까? 그건 어떻게 봐야 하나요?

이종필 원래 세상은 잘 안 바뀌는 것 같습니다. 과학혁명도 드물게 일어나는 일이죠. 지난 1997년 대선에서 DJ가 당선될 때 이른바 기적의 4단 콤보가 있었는데요. IMF 사태, 이회창 아들 병역 비리 의혹, 이인제 출마, DJP연합 이 넷 중 하나만 없었더라도 DJ가 당선되긴 힘들었을 겁니다. 그러고도 39만 표 정도밖에 차이가 나지 않았습니다.

그럼에도 세상이 바뀌는 것은 우리가 지금 노력하는 만큼, 딱 그만큼 바뀐다고 믿는 낙관주의자가 의외로 많아서 그런 게 아닐까 싶습니다. 과학자들이 상대성이론을 선택한 이유는 물

◆ 2017년 현재 안철수와 안철수 현상을 되돌아보자면 안철수 본인조차 안철수 현상의 본질을 잘 몰랐던 것 같다. 새로운 정치를 주장했으나 그 내용이 무엇인지 명확하게 제시하지 못했다. 이런 한계는 2017년 대선에서도 그대로 드러날 듯하다.

론 실험 결과와도 잘 맞았지만, 그 이론 자체의 매력도 큰 역할을 했습니다. 아인슈타인 본인이 말했듯이 일반상대성이론의 매력은 그 논리적 완결성입니다. 상대성이론의 기본 원리, 관성력과 중력의 동등함(이를 등가원리라고 합니다), 굽은 시공간에서의 기하학 등을 짜맞추면 아인슈타인과 똑같은 결론에 이를 수밖에 없다는 이야기입니다. 그렇게 아름다운 이론을 포기할 이유를 찾기 어려웠던 거죠. 정치도 마찬가지라고 생각합니다. 좀 어려워 보여도 포기할 이유를 찾기 힘든, 매력적인 꿈과 희망을 제시한다면, 많은 사람이 그 꿈을 포기하지 않는 한 언젠가는 현실이 될 겁니다. 비겁함을 가르쳐야 했던 600년의 역사를 바꾸자고 했던 노무현이 기적적으로 당선된 것도 그 때문이 아닐까 싶습니다.

그래서 유권자들도 한 번쯤은 기존의 인물 중심 패러다임을 다 제쳐두고 우리가 추구해야 할 매력적인 꿈이 무엇인지 생각해보는 여유를 가졌으면 좋겠습니다.

평행우주, 무한개의 우주_2012.06.27

진행자 S 요즘 드라마나 영화에서 평행우주와 관련된 이야기가 자주 거론되고 있어요. 물리학에서는 평행우주가 어떤 의미로 다뤄지는지 궁금합니다.

이종필 〈닥터 진〉이라는 주말극이 방영 중인데, 현대의 천재적인 신경외과 의사가 조선시대로 날아가서 흥선군을 돕는다는 이야기입니다. 그 드라마의 설정이 평행우주와 관련 있습니다.◆

진행자 S 평행우주는 대체 무엇이고, 또 가능하긴 한가요?

이종필 평행우주란 우리가 살고 있는 우주가 아닌 그와 독립적으로 존재하는 다른 우주를 말합니다. 그리고 평행우주들로 이뤄진 더 큰 집합을 통칭해서 멀티버스Multiverse 혹은 다중우주라고 부릅니다. 즉 멀티버스 안에는 수많은 다른 평행우주가 존재하고 우리는 그 평행우주 가운데 하나에 살고 있다

◆ 타임머신은 우리가 사는 우주에서 시간 여행을 하는 기계인데, 과거로 가는 것은 인과율에 어긋나기 때문에 불가능하다. 평행우주는 우리와 전혀 다른 우주를 말하는 것이다. 이때는 우리 우주와의 인과율을 신경 쓸 필요가 없다.

는 말이죠. 영어로 우주를 유니버스Universe라고 하는데, 이때 유니버스의 '유니'라는 말은 오직 하나라는 뜻입니다. 그와 달리 여러 개의 우주가 모여 있다는 의미에서 '멀티'버스라는 말이 나왔죠.[1, 2, 3]

진행자 S 평행이라고 표현한 것을 보니 여러 개의 우주 안에 똑같은 세상이 많다는 뜻인가요? 대칭우주나 판박이 우주라고 하지 않고 평행우주라고 부르는 까닭은 뭔가요?

이종필 평행우주가 우리 우주와 똑같을 이유는 없습니다. 오히려 전혀 다를 가능성이 크죠. 그런 면에서 우리 우주와 대칭적이라거나 우리 우주의 판박이일 필요는 없습니다. 물론 우리와 비슷한 평행우주가 있을 가능성도 존재하니 흥미로운 것이겠죠.

진행자 S 물리학적 관점에서 봤을 때 평행우주라는 것이 있을 수 있는 일인가요?

이종필 물론 물리적으로 의미가 있습니다. 『엘리건트 유니버스』의 저자인 브라이언 그린이 2011년 『멀티 유니버스』라는 책을 펴냈는데, 거기서 그린은 무려 아홉 가지의 다중우주를 언급합니다. 제 생각에는 그중 세 가지가 대단히 중요합니다.

모두 학문적으로 비중 있게 다뤄지는 주제들입니다.

진행자 S 세 가지를 쉽게 설명해주셨으면 해요.

이종필 첫째는 양자역학에서 나오는 평행우주인데, 이걸 이해하려면 양자역학의 기본 원리에 대해서 알아야 합니다. 축구 경기를 생각해봅시다. 경기를 시작할 때 주심은 동전을 던져서 양 팀의 자리를 정합니다. 뉴턴역학에 따르면, 심판이 동전을 던져서 두 손으로 잡는 순간, 그 동전이 앞면인지 뒷면인지 이미 결정돼 있습니다. 즉 손바닥을 펴보지 않아도 우리가 동전이 던져지는 초기 조건을 완벽하게 안다면 그 결과를 정확하게 알 수 있다는 것이 뉴턴역학이죠. 똑똑한 물리학자가 있다면 심판의 손바닥을 펴보기 전에 계산을 해서 그 동전이 앞면인지 뒷면인지 알 수 있습니다.

진행자 S 그건 당연한 말 아닌가요? 양자역학에서는 다르나요?

이종필 양자역학에서는 물리적으로 가능한 상태가 중첩될 수 있습니다. 중첩 상태란 동전의 앞면과 뒷면이 섞여 있는 그런 상태입니다. 그리고 최종적으로 어떤 상태인지는 물리적인 관측, 혹은 측정을 해봐야만 압니다. 그 전에는 가능한 모든 상태가 중첩돼 있다고 보는 것이 양자역학입니다.[4] 다시 말해 심판의 손바닥을 펴보기 전에는 동전의 앞면 상태와 뒷면 상태가 혼재된 그런 이상한 상태에 있게 되고요. 심판이 손바닥을 펴보는 순간 앞면 혹은 뒷면이 결정됩니다. 양자역학에 따르면 관측이 이뤄지기 전에는 최종적인 상태가 앞면인지 뒷면인지는 알 수 없습니다. 다만 그 확률을 알 뿐이죠. 어떤 사실이 확실히 정해져 있다는 것이 아니라 그럴 확률이 얼마라는 게 고전역학과 다른 양자역학의 특징이지요. 물론 실제 동전에는 고전역학이 적용되기 때문에 양자역학적 효과가 거의 없습니다.

진행자 S 우리가 사는 세계는 고전역학이 적용되는 세계라서요?

이종필 양자역학은 원자 단위쯤 되는 미시세계에서 그 효과를 제대로 볼 수 있습니다.

진행자 S 그런데 그것과 평행우주는 무슨 관계가 있나요?

이종필 앞서 말한 것을 코펜하겐 해석◆이라고 합니다. 코펜하겐 해석은 물리학 실험 결과와 잘 맞는데도 불구하고 불편하게 여기는 과학자가 꽤 많습니다. 그중 한 명이 미국의 휴 에버렛이라는 물리학자로, 그는 이런 궁금증을 가졌습니다. 만약 심판이 손바닥을 펼 때 앞면이 나왔다면, 뒷면이 나올 가

◆ 양자역학에 대한 다양한 해석 중 하나로 닐스 보어와 베르너 하이젠베르크 등에 의한 정통 해석으로 알려져 있다. 이는 그 논의의 중심이었던 코펜하겐의 지명으로부터 이름이 붙여진 것이며, 20세기 전반에 걸쳐 가장 영향력이 컸던 해석으로 꼽힌다. 코펜하겐 해석에서 물리계는 파동함수로 기술된다. 파동함수는 일반적으로 가중치가 곱해진 고유 상태들의 합으로 표현된다(양차중첩). 고유 상태란 특정한 관측량에 상응하는 양자역학적으로 가능한 상태다. 파동함수는 측정이 일어나기 전에는 중첩 상태로 있다가 측정이 일어나면 그때의 측정량에 상응하는 고유 상태 하나로 붕괴돼 고착된다. 중첩 상태가 특정한 고유 상태로 붕괴할 확률은 고유 상태에 곱해진 가중치의 절댓값제곱에 비례한다.

능성은 어떻게 되는 것인가?

진행자 S 보통 사람이라면 당연히 0퍼센트라고 생각했을 텐데, 물리학자들은 정말 희한한 의문을 품는군요.

이종필 그래서 에버렛은 1956년에 아주 대담한 제안을 합니다. 즉, 관측이 이뤄지는 순간 동전이 앞면인 세계와 뒷면인 세계가 갈라져서 각자 제 갈 길을 간다는 것입니다. 이를 다多세계 해석mang-worlds interpretation이라고 합니다. 말하자면 하나의 우주에서 새로운 평행우주가 갈라져 나오는 것이지요.[5]

진행자 S 그런 황당한 이야기가 과학 이론이 될 수 있나요?

이종필 실제로 에버렛은 다세계 해석을 자신의 박사학위 논문에서 내놓았습니다. 에버렛의 지도교수는 존 휠러라는 저명한 물리학자였습니다. 휠러는 에버렛의 아이디어가 참신하다고 여겨 코펜하겐학파의 좌장 격이던 닐스 보어에게 그 논문을 보여줍니다. 보어는 혹평을 했지요. 이런 말도 안 되는 이론이 어디 있느냐는 식으로요. 그래서 휠러는 좀 위축됐지만, 결국 에버렛을 설득해서 그 주장을 약화시켜 1957년 학위 논문으로 작성했다고 합니다. 에버렛은 이미 펜타곤에서 일하기로 되어 있었는데 박사학위가 필요하니 그런 선에서 타협을 본 것

이죠.[3*] 지금은 에버렛의 다세계 해석이 양자역학에 대한 대안적 해석 가운데 하나로 그 가치를 인정받고 있습니다.

진행자 S 이야기를 듣다 보니 1990년대에 개그맨 이휘재 씨가 했던 〈인생극장〉이라는 코너가 생각납니다.

이종필 네, 저도 〈인생극장〉을 즐겨 봤습니다. 양자 가운데 선택의 순간이 닥치면 이휘재 씨가 "그래, 결심했어!" 하면서 각 선택의 결과가 어떻게 전개되는지를 다 보여주는 코미디 단막극이었죠. 다세계 해석도 이와 비슷합니다. 에버렛에 따르면 그 모든 가능성이 각자 새로운 평행우주를 열어 자신의 역사를 이어나간다는 겁니다. 같은 방식으로 각각

의 평행우주는 계속해서 무한한 수의 평행우주로 또 갈라지겠죠. 아마 어릴 적 그와 비슷한 생각을 한 번쯤 해봤을 텐데요. 지금의 나는 과거로부터 내가 모든 선택의 순간에 A를 택한 결과라면, 어딘가에는 내가 중간에 B를 택한 우주가 펼쳐질 것이고 그 속의 나는 이 세계 속의 나와 아주 다른 삶을 살 것이라는 상상 말이죠. 드라마 〈닥터 진〉에서도 현대의 박민영이 그런 비슷한 말을 합니다(우리와는 전혀 다른 세상에 또 다른 내가 살고 있을지도 모른다는 이야기가 나오죠).

진행자 S 그러면 두 번째 평행우주는 어떤 우주인가요?

이종필 두 번째는 우주론에서 나온 것입니다. 표준 우주론에 따르면 우리 우주가 138억 년 전의 빅뱅으로 시작되었는데요. 빅뱅 직후에 갑자기 우주의 크기가 10^{26}배만큼 엄청난 크기로 커지는 시기가 있습니다. 이 뻥튀기되는 과정을 급팽창 혹은 인플레이션이라고 합니다. 이렇게 한번 뻥튀기가 시작되면 공간의 모든 곳에서 새로운 공간이 마구 생겨나면서 뻥튀기가 계속됩니다. 이것을 영구급팽창이라고 합니다. 그 결과 공간 곳곳에서 국소적으로 새로운 공간과 함께 새로운 빅뱅이 생겨나는 것을 막을 수 없습니다. 그렇게 생긴 빅뱅이 각자의 아기 우주를 만드는데 이것을 거품 우주 혹은 포켓 우주라고도 부릅니다. 이것도 평행우주의 일종이지요. 그리고 이렇게

다양한 평행우주로 가득 찬 공간 전체가 다중우주, 즉 멀티버스가 되는 겁니다.[6]

진행자 S 우주론에서도 평행우주가 만들어질 여지가 있다는 말이군요?

이종필 영구급팽창으로 생긴 아기 우주가 에버렛의 다세계와 직접적인 관계는 없지만, 물리학의 다양한 분야에서 우리가 다중우주 속에 살고 있다는 단서가 포착되는 셈이죠.

진행자 S 그렇다면 세 번째 평행우주는 무엇입니까?

이종필 세 번째는 끈이론string theory◆에서 나왔습니다. 끈이론이라고 들어봤죠? 뉴턴역학이나 현대적인 양자역학에서는 물질의 기본 단위가 크기나 부피가 없는 점입자라고 보는 반면, 끈이론에서는 만물의 근본이 일차원적인 끈이라고 생각합니다. 그런데 끈이론에 의하면 우리가 살고 있는 시공간이 10차원이어야만 합니다. 지금 우리가 경험하는 시공간은 시간 1차원과 공간 3차원을 합해서 4차원밖에 없으니 나머지 6차원이 어딘가에 존재해야만 하는 것이죠. 끈이론이 옳다면 말입니다.

진행자 S 그게 가능한가요? 그렇게 많은 차원이 더 있다면 우리

◆ 끈이론string theory은 끈과 같은 1차원적인 구조물에 대한 양자역학적 이론이다. 고리 모양의 끈(닫힌 끈)의 특정한 진동 상태는 중력을 매개하는 역할을 한다. 이 때문에 양자 중력 이론의 강력한 후보 중 하나로 꼽힌다.

가 모를 수 없을 듯한데요?

이종필 전혀 불가능한 것은 아닙니다. 예컨대 전깃줄을 멀리서 보면 그냥 1차원의 가느다란 줄일 뿐이지만, 가까이서 보면 두께를 따라 돌아가는 새로운 차원이 보이잖아요. 그런 식으로 나머지 6차원이 굉장히 작은 영역에 말려 있다면 우리가 알아차리지 못할 수도 있습니다. 그래서 과학자들은 이 부가적인 6차원을 좁은 영역 속으로 밀어넣으려고 굉장한 노력을 기울였는데, 이 과정을 '차원의 조밀화' 혹은 '차원다짐dimensional compactification'이라고 말합니다. 여기서 문제가 생깁니다.

진행자 S 어떤 문제인가요?

이종필 차원을 욱여넣을 물리적 가능성이 무한정으로 많다는 것을 알게 되었습니다. 2000년대 초반에 마이크 더글러스라는 사람이 특정한 끈이론에 대해서 이것을 직접 세어봤는데요.[7] 가능한 물리적 상태가 무려 10^{500}개나 나왔어요. 상상조차 하기 어려울 만큼 큰 숫자죠. 1 뒤에 0이 500개나 붙었으니까요. 이렇게 되면 그 많은 가능성 중 우리가 살고 있는 우주는 어떤 것이냐 하는 문제가 생깁니다. 예를 들어 우주의 나이를 초로 환산하면 대략 10^{17}초쯤 됩니다. 그러니까 빅뱅 직후부터 컴퓨터를 돌려서 1초당 1억 개의 가능성을 조사한다 하더라도 지금까지 10^{25}개 정도만 조사할 수 있다는 계산이 나옵니다. 10^{500}이라는 것은 정말 무지막지한 숫자예요. 그 때문에 끈이론을 연구하는 제 동료들은 '대재앙'이라는 말까지 하더군요.

진행자 S 그러면 그렇게 많은 가능한 상태가 전부 평행우주를 이룬다는 말인가요?

이종필 바로 그겁니다. 특히 스탠퍼드대학의 석학인 레너드 서스킨드 교수는 2003년 여기에다 '끈풍경string landscape'이라는 이름까지 붙입니다.[8] 2003년의 일이니 현재로서도 최첨단 논의입니다. 서스킨드는 끈이론이 다양한 가능성으로서의 평행우주를 제시하고 있다고 주장합니다. 즉 우리가 살고 있는 우주가 단일한 우주, 그런 의미에서 '유니크'한 '유니버스'가 아니라는 것이지요.
원리적으로 각각의 평행우주에서는 우리 우주와는 전혀 다른 물리상수와 물리 법칙이 작용할 수 있습니다. 더 나아가 그렇게 많은 가능성의 평행우주에서 우리가 사는 우주를 고르는 물리 법칙 따위는 없다고 선언합니다. 서스킨드의 주장에는 사실 과학사의 관점에서 보더라도 좀더 심오한 의미가 있는데, 저는 거대한 패러다임의 변화와 연결되지 않을까 하는 생각까지 듭니다.

진행자 S 그 많은 우주가 있을 수 있다는 것은 인정한다 해도, 그것이 꼭 지금과 같은 우주의 유사품인 평행우주이리라는 것은 그야말로 상상 아닌가요?

이종필 꼭 그럴 필요는 없지요. 대부분의 평행우주는 우리 우주와 전혀 다른 모습일 것입니다. 하지만 무수한 평행우주가 있다면 우리 우주와 유사한 우주가 있을 가능성도 제로는 아니겠죠.

진행자 S 그렇다면 그 많은 평행우주는 대체 어디에 있는 건가요? 그 존재를 우리가 알 수 있는지, 혹은 다른 평행우주로 여행하는 것이 가능한지요?

이종필 우리가 4차원의 시공간에만 갇혀 있으면 아무리 새로운 차원이 있어도 그것을 직접 느낄 수는 없을 겁니다. 그래서 평행우주가 새로운 차원을 따라 바로 옆에 있더라도 모를 수 있어요. 만약 그 새로운 차원을 뚫고 지나갈 수 있다면 다른 평행우주로의 여행이 가능할지도 모르겠습니다. 드라마 〈닥터 진〉의 송승헌도 그런 식으로 조선시대로 가지 않았을까 하고 생각됩니다. 즉 그가 도착한 조선시대는 자신이 살던 우주의 과거가 아니라 그것과는 다른, 아마도 이웃한 평행우주의 과거가 아닐까 싶어요. 그 평행우주는 그 자체만의 역사를 가지고 있습니다. 그러니까 그 역사에서는 흥선군이 대원군이 안 될 수도 있죠. 드라마에서 송승헌이 페니실린을 만들려다가 이렇게 되면 역사가 너무 많이 바뀔 거라고 고민하는데요. 평행우주 이론에 따르면 그런 걱정은 전혀 하지 않아도 됩니다. 그건 송승헌이 원래 살던 우주와는 다른 평행우주임에 틀림없으니까요.

신의 입자를 발견하다_2012.07.04

진행자 S 과학계에서 엄청난 발표를 했죠?

이종필 한국 시각으로 2012년 7월 4일 오후 4시 유럽원자핵공동연구소CERN에서 신의 입자the God particle라는 별칭을 가진 힉스 입자Higgs boson를 '관측'했다고 공식 발표했습니다.[1] CERN은 스위스 제네바 외곽 프랑스와의 접경 지역에 본부를 둔 입자물리학연구소입니다. 1954년에 설립되었고, 현재 유럽 20개 나라가 가맹국입니다. 1984년과 1992년에 노벨상 수상자를 배출했고, 이제 곧 또 한 명의 노벨상이 나오겠네요.◆

진행자 S 힉스, 신의 입자라는 게 뭔가요? 왜 신의 입자라고 불리는 거예요?

이종필 한마디로 말하면 과학계의 작은 성배라고 할 수 있습니다. 힉스 입자는 우리가 알고 있는 모든 소립자에 질량을 부

◆ 2013년 힉스 입자를 예견한 피터 힉스와 프랑수아 앙글레르가 노벨 물리학상을 수상했다. 앙글레르와 함께 논문을 썼던 로버트 브라우트는 2011년 사망하였다.

여하는 과정과 깊은 관련이 있는 입자입니다. 힉스 입자가 없으면 우리가 알고 있는 모든 소립자가 질량을 가질 수 없어요. 예컨대 우리가 잘 아는 전자가 질량을 갖는 것도 다 힉스 입자 덕분입니다.

진행자 S 보통 사람들은 물질을 나누면 분자에서 원자까지 가는 정도만 알고 있지 않을까요? 소립자, 전자, 입자와 같은 용어들을 이참에 좀 익혔으면 합니다.

이종필 인간이 태초부터 품었던 가장 근원적인 질문 중 하나는 '세상이 무엇으로 만들어졌는가?'입니다. 이에 대한 해답을 찾는 것이 철학이나 과학의 가장 중요한 과제였죠. 기원전 600년경 탈레스는 만물의 근원이 물이라고 했습니다. 그로부터 2600년 넘게 흐른 20세기 중후반의 과학자들은 이 질문에 대한 모범 답안을 내놓는데, 그것이 바로 입자물리학의 표준모형standard model이라는 패러다임입니다.
세상 만물이 분자, 혹은 원자로 이루어져 있다는 것은 다들 잘 알죠. 원자는 전자와 원자핵으로 구성돼 있습니다. 원자핵은 다시 양성자와 중성자로 구분되죠. 1950년대까지도 이것들이 물질의 최소 단위라고 생각했습니다. 그러다가 1960년대에 양성자와 중성자를 구성하는 하부 단위로서 쿼크quark라는 개념이 도입되고 이후 실험을 통해 그 존재가 확인됩니다.

그러니까 세상이 무엇으로 만들어져 있느냐 하면, 우선 양성자나 중성자를 만드는 쿼크가 있고, 그리고 전자가 있습니다. 표준모형이란 이런 자연의 기본적인 입자들에 대한 양자역학적인 이론입니다. 한마디로 표준모형은 세상이 무엇으로 만들어져 있는가, 그리고 그것들은 어떻게 상호 작용하는가에 대한 인간 지성의 결정체라고 할 수 있습니다.

진행자 S 입자는 양성자, 중성자, 전자 같은 작은 단위들을 통칭해서 부르는 용어인가요? 그래서 소립자라고도 하는지요? 쿼크도 입자인가요?

이종필 그런 것들 전부 그냥 입자라고 부릅니다. 그중에서 물질의 최소 단위라고 여겨지는 입자들을 특히 소립자 혹은 기본 입자라고 부릅니다. 쿼크도 인간이 알고 있는 최소 단위의 소립자 가운데 하나입니다.

진행자 S 그렇다면 표준모형과 힉스 입자는 어떤 관계가 있나요?

이종필 표준모형에서는 각종 소립자가 복잡한 대칭관계로 얽혀 있습니다. 이 대칭관계가 사실 표준모형의 핵심입니다. 그런데 그 때문에 소립자들이 마음대로 질량을 가질 수 없습니다. 예를 들면 사람 몸은 겉보기에 꽤 좌우 대칭적입니다. 만약

조물주가 사람을 만들 때 겉모습뿐만 아니라 내장까지 완벽히 좌우 대칭으로 만들었다면 심장이나 간과 같은 장기가 지금처럼 비대칭적으로 있을 수 없었겠죠. 지금과 같은 내장 구조를 갖기 위해서는 좌우 대칭성을 깨야만 합니다. 마찬가지로 소립자가 질량을 가지려면 누군가가 소립자들 사이의 이 독특한 대칭관계를 깨줘야 하는데 이 과정을 힉스 메커니즘이라고 합니다. 그리고 힉스 메커니즘의 결과로 생기는 새로운 입자가 바로 힉스 입자입니다. 그러니까 힉스 입자는 힉스 메커니즘이라고 하는 대칭성을 깨는 기제가 작동했다는 결정적인 증거인 셈이죠. 표준모형에 포함돼 있는 입자들 중에서 바로 이 힉스 입자만 아직 실험적으로 발견하지 못했습니다. 힉스 입자 관련 논문이 나온 게 1964년이고[2, 3] 표준모형의 이론적 형태가 완성된 때가 1967년이니 근 반세기 동안 과학자들의 애를 태운 셈이죠.[4]

진행자 S 그런데 힉스 입자나 소립자들은 어떻게 발견하는 것이지요? 광학현미경을 쓰나요?

이종필 양성자를 고에너지로 가속하여 충돌시키면 양성자가 부서지면서 그 속의 쿼크나 쿼크를 이어주는 접착자 같은 입자들이 고에너지로 튕겨 나옵니다. 이때 이들 소립자가 상호작용을 하면서 힉스 입자를 만들 수 있어요. 일단 힉스 입자가 만들어지면 우리가 알고 있는 다른 입자로 금방 붕괴합니다. 그 신호를 입자검출기에서 감지하면 힉스가 만들어졌는지를 알 수 있죠. 따라서 힉스를 발견하려면 고에너지의 입자가속기와 입자검출기가 필요합니다. 입자검출기는 말하자면 미시세계를 들여다보는 현미경과도 같습니다.

진행자 S 입자가속기가 한국에도 있지요?

이종필 포항에 방사광 가속기가 하나 있습니다. 이것은 입자를 충돌시켜 뭔가를 관찰하는 기계는 아니고, 그 에너지도 굉장히 낮아서 미시세계를 탐색하기는 어렵습니다. 쓰임새가 전혀 다른 가속기죠. 힉스 입자를 발견하려면 가속기의 출력이 대단히 높아야 합니다. 그런 까닭에 CERN의 가장 중요한 설비가 대형강입자충돌기Large Hadron Collider, LHC라고 하는 입자가속기입니다. 인류 역사상 가장 거대한 실험 장비죠. LHC는 기본적으로 두 개의 양성자 빔을 반대 방향으로 가속시켜서 정면충돌시키는 기계입니다. 이때 충돌 에너지가 양성자 자신의 질량의 약 8000배에 이릅니다. 이것도 소립자 수준에서는 인류 역사상 최고의 에너지입니다. 가속기 둘레만 27킬로미터이고, 지하 100미터 터널 안에 있습니다. 댄 브라운의 소설 『천사와 악마』에서도 잠깐 등장하죠. CERN의 본부는 스위스 제네바입니다만, LHC가 워낙 커서 가속기 터널의 절반 이상은

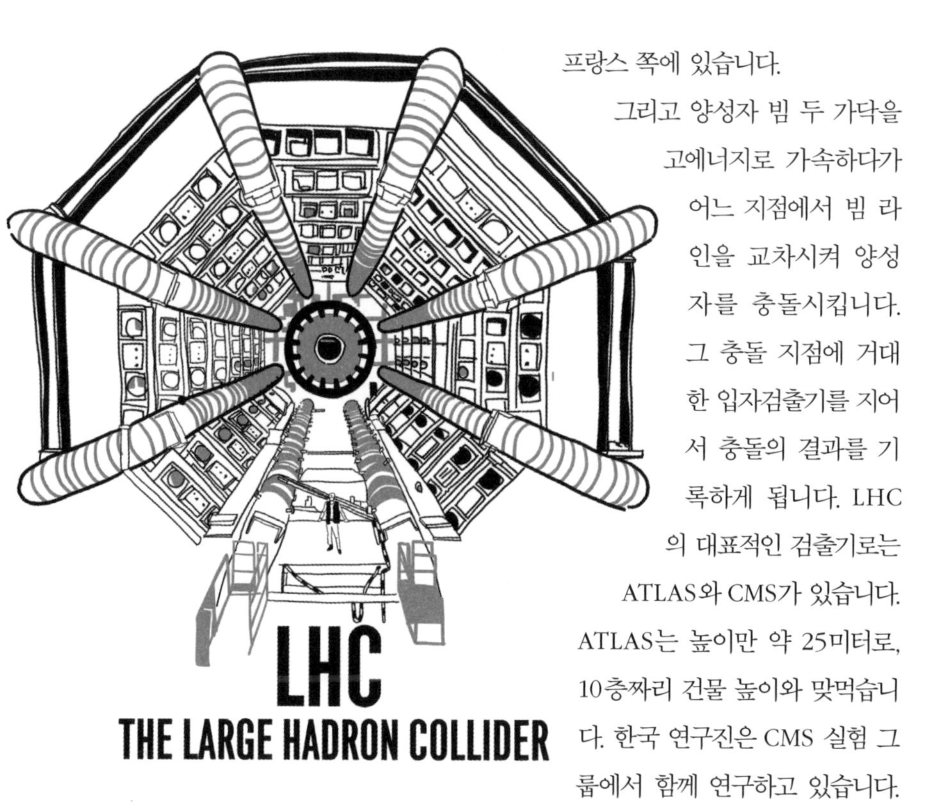

프랑스 쪽에 있습니다.

그리고 양성자 빔 두 가닥을 고에너지로 가속하다가 어느 지점에서 빔 라인을 교차시켜 양성자를 충돌시킵니다. 그 충돌 지점에 거대한 입자검출기를 지어서 충돌의 결과를 기록하게 됩니다. LHC의 대표적인 검출기로는 ATLAS와 CMS가 있습니다. ATLAS는 높이만 약 25미터로, 10층짜리 건물 높이와 맞먹습니다. 한국 연구진은 CMS 실험 그룹에서 함께 연구하고 있습니다. CMS 연구진은 물리학자만 3300여 명, 엔지니어 등을 다 합치면 4300여 명이 있습니다. 41개국 179개 연구 기관이 참여하고 있죠.

진행자 S 그렇게 거대한 기계가 눈에도 보이지 않는 소립자를 탐색한다니 아이러니하게 여겨집니다.

이종필 사실 LHC는 덩치가 크지만 대단히 민감한 기계입니다. 예를 들면 달의 중력 때문에 지구의 지표가 약간씩 들썩이는데, 이것을 기조력起潮力이라고 하죠. 보름달 때는 그 정도가 25센티미터 됩니다. 이 여파로 가속기의 크기와 모양이 1밀리미터쯤 바뀝니다. 그 차이를 LHC가 감지해요. 물론 이 효과는 달이 태양과 일직선상에 있게 되는 보름달일 때와 초승달일 때 제일 크죠. 기본 원리는 밀물 썰물과 똑같습니다. 그러니까 달의 기조력이 27킬로미터짜리 가속기를 가로질러 미치는 그 미세한 차이를 감지한다는 것이죠. LHC의 과학자들은 양성자 빔을 거기에 맞춰 조정해줘야 합니다. 놀랍게도 달이 떠오르기 시작하면 그 미세한 힘의 변화를 가속기가 알아요. 그래서 오퍼레이터가 그에 맞춰 양성자 빔의 궤도를 조정해줍니다. 때로 사람들이 과학적 관측은 생각보다 엉터리가 많다는 얘기들을 하던데, 적어도 LHC에는 적용되지 않는 말입니다.

진행자 S 그러면 오늘 CERN에서 힉스 입자를 발견했다고 발표한 것인가요?

이종필 힉스 입자의 발견으로 볼 수 있습니다. 예를 들어보죠. 동전을 100번 던지면 평균 50번은 앞면이 나옵니다. 그보다 훨씬 더 많이, 80~90번 정도 나올 가능성은 극히 희박합니다.

만약 초능력자가 던진다면 그렇게 많이 나올 수도 있겠죠. 그런데 50번보다 몇 번 더 나와야 진짜 초능력을 지녔다고 말할 수 있는지는 참 애매합니다. 그래서 과학자들이 딱 정한 거예요. 동전을 100번 던질 때 앞면이 75회 이상 나오면 통계적으로 초능력을 '발견'했다고 합니다. 과학자들이 그렇게 기준을 정했어요. 이것은 통계상 대략 350만 분의 1의 확률에 해당됩니다. 즉, 초능력이 없는데 이렇게 앞면이 많이 나올 확률은 극히 낮다는 것이죠. 그러니까 이 정도 낮은 확률의 일이 벌어지면 초능력이 있다고 인정을 해주자는 겁니다.
오늘 CERN에서 발표한 내용은 이렇습니다. ATLAS와 CMS의 두 검출기에서 힉스 입자로 의심되는 신호를 명확하게 봤고요, 그 질량은 양성자 질량의 126배(ATLAS 126.5, CMS 125.3) 정도입니다. 이번에 분석한 데이터의 통계적 중요성은 350만 분의 1입니다. 그러니까, 힉스가 없는데 이런 신호가 나올 확률이 350만 분의 1이라는 얘기죠. 동전 던지기로 말하자면, 100번 중에 앞면이 75회가 나온 셈입니다. CERN의 공식 발표 내용은 이렇습니다. "힉스 보존과 부합하는 새로운 입자를 관측했다." 공식적으로는 "관측observation"이라는 단어를 썼는데 "발견discovery"과 사실상 같은 단어입니다. CERN 소장은 이런 말을 했더군요. "힉스가 있는 것 같다I think we have it." 또 이런 말도 했습니다. "우리는 발견했다We have a discovery." 오늘은 전 세계 과학계에서 대단히 역사적인 날입니다.[5, 6]

진행자 S 그러면 힉스 입자를 '발견'한 것이군요. 그런데 힉스 입자가 발견된다는 게 과학적으로는 어떤 의미를 지니나요?

이종필 지금까지 힉스 입자를 제외한 표준모형의 모든 소립자가 발견됐습니다. 그래서 오늘 힉스의 발견은 일단 지난 반세기 동안 군림해온 표준모형이 실험적으로 완성되는 것이죠. 탈레스 이후 2600년도 넘게 이어져온 인간의 근원적인 질문에 일차적인 종지부를 찍는 기념비적인 사건입니다. 말하자면 화룡점정이에요.
그런데 힉스 입자 자체는 좀 모순적인 성질을 갖고 있습니다. 이론적으로 봤을 때 힉스 입자는 양자역학적인 미세과정을 통해서 거의 무한한 질량을 얻을 수 있거든요. 이것이 표준모형의 틀 안에서는 해결되지 않습니다. 그래서 어떤 면에서는 힉스의 발견이 표준모형의 완성임과 동시에 표준모형을 넘어서는 새로운 물리학의 시작을 의미합니다.

진행자 S 그런데 힉스 입자가 일상생활과는 어떤 관계가 있을까요?

이종필 사실 힉스 입자는 우리 일상생활과 직접적으로는 아무런 상관이 없습니다. 음, 학생들이 배우는 과학 교과서는 바뀌겠죠. "2012년에 CERN에서 힉스 입자가 발견되어 표준모형이 완성되었다." 이런 문구가 개정 교과서에 반드시 들어갈 겁니다. 만약 한국에서 힉스가 발견되었다면 국가 인지도나 브랜드 가치가 엄청나게 높아졌을 테고, 코리아라는 이름이 과학사에서 빛났겠죠. 노벨상은 기본이고요.

진행자 S 신의 입자가 막상 일상생활과 아무런 상관이 없다고 하니 당혹스러운데요?

이종필 물리학자들이 흔히 드는 예를 하나 소개하죠. 마이클 패러데이라는 영국 빅토리아 시대의 위대한 물리학자가 있습니다. 그가 1831년 전자기 유도라는 현상을 발견합니다. 지금 우리가 발전기를 통해 전기를 만드는 바로 그 원리죠. 하루는 당시 영국의 재무장관 윌리엄 글래드스턴이 패러데이의 연구실을 방문했는데, 패러데이가 전자기 유도 현상을 시연하니까 그 장관이 이렇게 물었습니다.

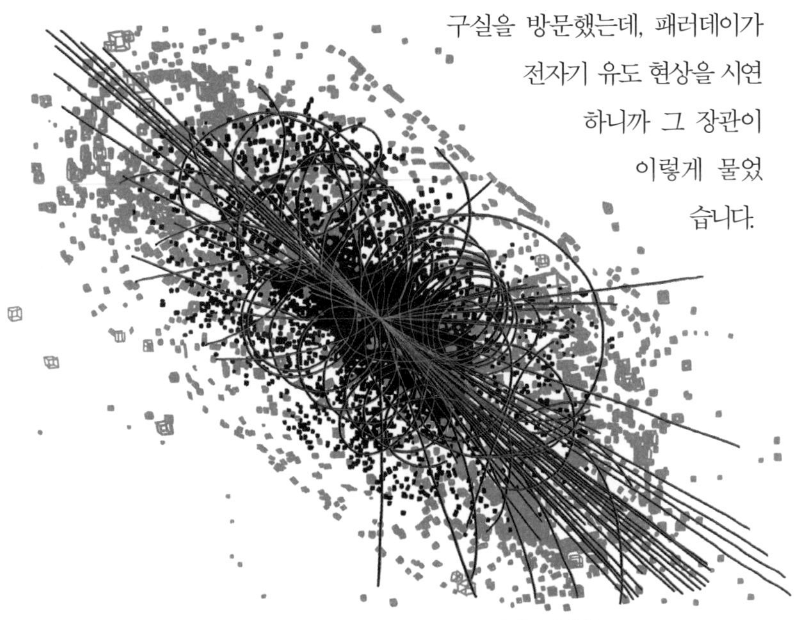

THE GOD PARTICLE

"이건 어디에다 써먹을 수 있습니까?" 그러자 패러데이가 "그건 저도 잘 모르겠습니다만, 아마 나중에 여기에다 세금을 매길 수 있을 겁니다"라고 대답했다지요.
지금 전기가 얼마나 유용한가를 떠올리면 힉스 입자가 향후 어떻게 쓰일지도 현재로서만 잘 모르는 것일 뿐입니다.

진행자 S 이휘소 박사도 이 분야에 큰 공헌을 했다고 들었는데, 사실입니까?

이종필 이휘소 박사는 표준모형 전반에 큰 공헌을 했습니다. 특히 이론적 특성과 내적 정합성, 그리고 힉스 입자의 역할 등에 뚜렷한 족적을 남겼죠. 이휘소는 1970년대에 세계 물리학계의 주도적인 인물 가운데 한 명이었습니다. 표준모형을 완성한 사람 가운데 스티븐 와인버그가 있는데, 현존하는 최고의 물리학자입니다. 그가 1967년에 쓴 표준모형 논문*A Model of Leptons' phys.Rev.Lett.19* (1967) 1264-1266은 제2차 세계대전 이후 과학계에서 가장 많이 인용된 논문 중 하나입니다(2017년 현재 1만 번 넘게 인용되었습니다). 이휘소가 이 논문의 학술지 심사위원이었다는 소문이 있습니다. 와인버그 연구의 중요성을 가장 먼저 알아보고 적극적으로 연구한 사람이 바로 이휘소입니다. 제가 와인버그의 책 『최종이론의 꿈』을 번역한 것을 계기로 2007년 저자와 인터뷰를 했는데, 이휘소에 대한 자신의 존경심이 대단했다고 밝히더라고요.

이휘소가 교통사고로 사망한 때가 1977년이고, 1979년에 와인버그는 다른 두 사람과 함께 표준모형 관련 공로로 노벨상을 받습니다. 그리고 이 이론의 내적 정합성을 증명한 공로로 1999년 네덜란드의 토프트와 벨트만이 노벨상을 받았습니다. 이휘소가 살아 있었다면 1979년이나 1999년에 아마 노벨상을 받았을 겁니다.

진행자 S 한국에서 이휘소 박사와 같은 인물이 다시 나오려면 어떻게 해야 할까요?

이종필 이런 얘기가 있습니다. 이휘소 박사는 한국이 낳은 세계적인 과학자인데 한국이 한 일은 낳아준 것밖에 없다고요. 이휘소는 사실 국적상 미국인이라서 학계에서는 벤저민 리라고 불리죠. 냉정하게 말해서 이휘소는 미국이 키운 인재입니다. 미국 입장에서는 못사는 나라의 인재를 데려다가 세계적인 과학자로 키워낸 거 아닙니까? 한국도 그처럼 인재 양성을 위한 인프라가 필요해요. 일례로 지금 한국의 대학 현실을 보면 물리학과 따위는 연구비를 끌어오거나 학생들 취업에 별 도움이 안 된다고 해서 축소 혹은 폐지되는 상황에 처해 있습니다. 한마디로 현실은 비참하고 미래는 암담합니다.

진행자 S 현직 물리학자로서 우리가 기초과학을 해야 하는 이유가 뭐라고 생각하십니까?

이종필 여러 이유를 들 수 있겠지만, 그중 하나만 말씀하자면 이런 겁니다. 한국 기업들은 어떤 기술이 세상을 얼마나 편리하게 만들 것인가를 고민하는데, 아이폰이라는 제품을 보면서 저는 그런 생각을 했습니다. 애플이라는 회사는 인간의 편리함이라는 개념 자체를 새롭게 정의해버렸구나. 누구는 남이 정해준 규칙 속에서만 움직이는데 다른 누구는 그 규칙 자체를 바꿔버릴 수 있다면, 결국엔 누가 이기겠습니까.
저는 기초과학의 역할이 그런 거라고 생각해요. 인간 인식의 경계를 확정 짓고 계속 넓혀나간다는 것, 새로운 세상으로 한 발 내딛는다는 것, 그건 우리의 사고방식과 생활 습관, 더 나아가서 우리 문명 자체를 완전히 바꾸는 일이거든요. 실제로 지난 20세기 인류 역사가 그렇지 않았습니까. 그래서 저는 기초과학을 한다는 것이 한국을 진정한 문명 국가로 변모시키기 위한 필수 조건이라고 생각합니다.

핵폭탄의 원리_2012.07.11

진행자 S 요즘 핵무기 문제가 다시 수면 위로 떠올랐죠?

이종필 최근 일본이 원자력기본법◆을 개정하면서 일본의 핵무장 우려가 높아지고 있고 국내에서도 정몽준 의원이 대권 도전을 선언할 때 남한 핵무장을 들고나왔었죠. 『조선일보』의 김대중 논설위원도 남한 핵무장을 논의해야 한다고 주장한 바 있습니다. 북한 핵 문제 또한 여전합니다. 그런 까닭에 우선 핵무기가 무엇인지 기본적인 사항들을 제대로 알 필요가 있습니다. 마침 7월 16일이 사상 최초로 핵폭탄 실험을 한 날이기도 합니다.

진행자 S 우선 용어 정리가 좀 필요합니다. 핵무기, 원자탄, 원자폭탄, 핵폭탄 등이 혼용되고 있습니다.

이종필 혼란스러운 면이 없지 않은데, 의미가 약간씩 다를 수

◆ 일본이 핵무장을 하지 않는다는 것을 결정한 최초의 법률로, 나카소네 야스히로 총리 주도로 1955년에 제정되었다. 비핵 3원칙의 기초가 되는 법이며, 평화헌법에는 비핵화 관련 규정이 따로 없다. 일본은 원자력 개발을 평화 목적에 한정한다고 규정해왔으나, 2012년 6월 일본 국회가 '원자력이 국가의 안전 보장에 이바지한다'는 조항을 추가한 개정 원자력기본법과 원자력규제위원회설치법을 통과시켰다. 34년 만에 원자력 기본 방침을 변경한 것이다. 원자력의 군사적 이용과 핵무장의 길을 열었다는 점에서 논란이 되지만, 전문가들은 국제원자력기구IAEA 등의 감시와 핵확산금지조약NPT 등으로 인해 일본이 실제로 핵무장에 나서지는 않을 것으로 보기도 한다.

있긴 하나 이 책에서는 '핵무기' 하면 사람들이 흔히 떠올리는 그것, 즉 히로시마와 나가사키에 떨어진 것을 중심으로 이야기를 했으면 합니다. 제 생각엔 이에 대한 가장 정확한 용어는 핵폭탄nuclear bomb입니다. 즉 핵무기를 핵폭탄이라 하고 논의를 진행해보죠.

진행자 S 핵폭탄의 기본 원리는 무엇인가요?

이종필 핵분열입니다. 한 번쯤 들어봤을 텐데, 무거운 원소의 원자핵에 중성자를 때리면 그 핵이 쪼개지면서 약간의 에너지가 나옵니다. 이 분열과정에서 생기는 새로운 중성자가 주변의 원자핵을 계속 때려서 핵분열 반응이 연쇄적으로 일어나는 경우가 있어요. 여기서 한 번 핵분열 때마다 중성자가 두 개씩 나와서 이웃한 두 개의 핵을 다시 분열시키면 어떻게 될까요? 중성자로 분열된 핵의 개수는 한 개에서 두 개, 두 개가 네 개로, 다시 여덟 개로 급격하게 불어날 겁니다. 이런 식으로 80세대를 내려가면 최종단계에서 분열된 핵의 개수가 2^{80}개에 이르겠죠. 2^{80}승이면 대략 10^{24}에 해당되는 엄청난 양입니다. 이것을 연쇄 핵분열이라고 합니다. 약 100만 분의 1초 동안 대략 80세대까지 순식간에 분열이 진행됩니다. 그 때문에 막대한 에너지가 한꺼번에 방출됩니다. 이것이 핵폭탄이지요.

진행자 S 우라늄이니 플루토늄이니 하는 것들은 핵폭탄과 무슨 관계가 있습니까?

이종필 자연에는 연쇄 핵분열이 쉽게 일어나는, 그래서 대단히 위험한 물질이 존재합니다. 대표적으로 우라늄 235가 있습니다. 우라늄은 원자번호가 92번입니다. 즉 원자핵에 양성자가 92개 있는 원소라는 뜻이죠. 이 원자핵에 양성자 말고 중성자가 143개나 더 붙어 있는 원소가 바로 우라늄 235입니다. 우라늄 235의 235는 양성자와 중성자 수를 합한 것으로 질량수라고 하지요.

우라늄 235는 아주 위험한 물질로 낮은 에너지의 중성자를 때려도 핵분열이 가능합니다. 그래서 쉽게 연쇄 핵분열을 할 수 있습니다. 이 물질이 50킬로그램 정도 뭉쳐 있으면 그냥 핵폭탄이 됩니다. 이처럼 연쇄 핵분열이 가능한 최소 질량을 임계질량이라고 합니다. 실제 폭탄을 만들 때는 밖으로 나가는 중성자를 반사시키는 반사재를 쓰기 때문에 임계질량이 4분의 1 정도로 줄어듭니다.

다행히 자연에 존재하는 우라늄의 99.3퍼센트는 우라늄 235가 아닌 우라늄 238의 형태로 존재합니다. 중성자가 146개 있다는 거죠. 우라늄 238은 고속 중성자로만 분열이 가능하기 때문에 자발적인 연쇄 핵분열에 의한 핵폭발을 일으킬 수 없습니다. 우라늄 235는 단 0.3퍼센트만 존재합니다. 그런 까닭에 우라늄 핵폭탄을 만들기 위해서는 자연 우라늄에서 우라늄 235를 뽑아내는 과정, 즉 우라늄 농축과정이 가장 중요합니다.
우라늄을 농축하는 방법에는 여러 가지가 있습니다. 대표적인 방법이 바로 원심분리법입니다. 그런 까닭에 원심분리기를 북한이 보유하고 있는가 하는 점이 논란이 됐죠. 우라늄은 농축하는 과정이 좀 어렵습니다만, 일단 순도 90퍼센트 이상의 무기급 우라늄 235를 뽑아내기만 하면 폭탄을 만드는 건 비교적 쉽습니다.[1]

진행자 S 플루토늄은 우라늄과 어떻게 다른가요?

이종필 플루토늄은 일단 원자번호가 94번입니다. 우라늄보다 양성자가 2개 더 많죠. 핵무기의 원료로 사용되는 물질은 플루토늄 239입니다. 플루토늄이라는 이름은 로마 신화의 죽음의 신 플루토Pluto에서 따왔습니다. 플루토늄 239는 원자력발전소의 원자로 핵연료를 재처리하면 쉽게 얻을 수 있습니다. 북한이 핵무기를 실험한 것도 이런 식으로 추출한 플루토늄 239를 이용한 것이지요. 플루토늄 239는 그 물질을 얻기는 쉽지만 그걸로 핵폭탄을 만들기는 무척 어렵습니다. 우라늄 235와는 정반대인 셈입니다. 플루토늄은 핵분열 확률이 높고 더 많은 중성자가 나오기 때문에 임계질량이 우라늄 235보다 작습니다. 이게 약 6~8킬로그램인데, 밀도가 높아서 350밀리리터 음료수 병에 다 들어갈 정도입니다.

진행자 S 이런 물질로 폭탄을 어떻게 만들기에 우라늄은 쉽고 플루토늄은 어렵나요?

이종필 우라늄 235로는 핵폭탄을 만들기가 아주 쉽습니다. 임계질량 이하의 우라늄 두 덩어리를 분리해뒀다가 폭약을 터뜨려 한순간에 합치면 그게 바로 핵폭탄이 됩니다. 이를 포신형砲身形이라고 합니다. 핵폭탄의 전체 구조와 원리가 대포와 비슷하게 생겨서 그렇습니다. 1945년 8월 6일 아침 히로시마에 떨어진 게 바로 이 우라늄 폭탄이었습니다.
반면 플루토늄 폭탄은 포신형으로 만들기에는 약간 문제가 있습니다. 원자로에서 핵연료를 재처리할 때 플루토늄 240이

라는 불순물이 끼어들게 됩니다. 이 불순물 때문에 분리된 플루토늄 239가 합쳐지기 전에 플루토늄 240에 의한 핵분열이 약간 일어나는데 그로 인해 플루토늄 239를 서로 밀어내게 됩니다. 이것을 조폭早暴 현상, 즉 빨리 폭발하는 현상이라고 합니다. 북한 핵실험이 실패한 것도 이 때문이라고들 생각합니다. 그래서 플루토늄 폭탄은 포신형으로 만들지 못하고 대신 내폭형內暴形으로 만듭니다.

진행자 S 말이 좀 어렵긴 한데요. 내폭형이라면 안으로 폭발하게 만든다는 뜻인가요?

이종필 그렇습니다. 반구형의 플루토늄 두 개를 합쳐놓고 그 주위를 수십 조각의 재래식 폭약으로 둘러쌉니다. 이 재래식 폭약을 정교하게 장치해서 한꺼번에 터뜨려 구의 한가운데로 플루토늄을 집중시키는 원리입니다. 이렇게 되면 플루토늄의 밀도가 높아져 핵폭발이 일어납니다. 이 과정이 기술적으로 쉽지가 않습니다. 1945년 8월 9일 나가사키에 떨어진 폭탄이 바로 플루토늄 폭탄이고요. 플루토늄 폭탄은 기술적으로 이런 어려움이 있기 때문에 사전에 폭발 실험이 꼭 필요했던 겁니다. 그래서 1945년 7월 16일 뉴멕시코 주 사막에서 사상 최초의 핵폭탄 실험을 하게 됩니다. 이른바 '트리니티 실험Trinity test'으로 알려져 있죠. TNT 2만 톤 규모의 폭발력을 기록했습니다.[2] 나가사키에 떨어진 폭탄도 플루토늄 폭탄이었고요. 반면에 히로시마에 떨어진 폭탄은 우라늄 폭탄이었는데요. 아무런 사전 실험도 없이 곧바로 실전에 투하되었습니다. 미국이 핵폭탄을 개발하고 실전에 투하하는 과정을 보면 참 흥미로운 점이 많습니다.

진행자 S 수소폭탄은 또 뭔가요?

이종필 수소폭탄은 태양이 불타는 원리, 즉 핵융합 반응을 일으켜서 에너지를 방출하는 폭탄입니다. 그래서 일명 융합형 폭탄이라고도 부르지요. 이 폭탄은 핵융합 반응이 일어나는 환경을 만들기 위해서 일차적으로 보통의 핵분열 폭발을 먼저 일으킵니다. 핵융합이 일어나면 엄청난 에너지가 나오고, 그때 방출되는 다량의 중성자가 다시 엄청난 핵분열을 유도해서 강력한 폭발력을 일으킵니다. 그 때문에 보통의 핵분열형 폭탄보다 파괴력이 훨씬 더 큽니다. 현대전에 실전 배치된 핵무기는 거의 이 융합형 폭탄이라고 합니다.[3]

진행자 S 핵폭탄과 원자력발전의 차이는 뭔가요? 원자력발전소가 자칫 핵폭탄처럼 터져버릴 수도 있는 겁니까?

이종필 그렇지 않습니다. 보통 사람들이 이 점을 오해하곤 합니다. 사실 원자력발전은 기본적으로 화력발전과 똑같아요. 석탄 대신 원료로 우라늄을 쓴다는 차이만 있을 뿐입니다. 하지만 원자력발전에 쓰는 연료봉에는 우라늄 235의 농축률이 2~7퍼센트 정도밖에 안 됩니다. 대부분은 우라늄 238이라서 핵폭탄처럼 순식간에 폭발하는 일은 절대로 없습니다. 그 대신 핵분열을 천천히 일으켜서 그때 나오는 열에너지로 물을 데워 터빈을 돌리는 겁니다.
비유적하자면 순도 100퍼센트의 알코올은 자동차 연료로도 쓸 만큼 폭발력이 있지 않습니까? 하지만 4퍼센트 정도의 알코올은 시원한 맥주일 뿐이죠. 물론 원자력발전소가 폭탄처럼 터지지 않는다고 해서 절대로 안전하다고 할 수는 없지만, 핵폭탄과 원자력발전소는 그 연료부터가 전혀 다르다는 점이 포인트입니다.[4]

진행자 S 원자력발전소를 보유하고 있으면 핵무기를 만들 수 있다는 것은 무슨 의미이지요?

이종필 우라늄 238이 중성자를 하나 포획하면 최종적으로 플루토늄 239가 되기 때문에 사용한 핵연료를 재처리하면 플루토늄 239를 쉽게 얻을 수 있습니다. 즉 원전이 많으면 플루토늄 폭탄원료를 쉽게 얻을 수 있죠.

진행자 S 핵폭탄의 위력은 어느 정도 되나요?

이종필 폭발물의 위력은 대개 TNT 몇 톤, 이런 식으로 표현하는데요, 제2차 세계대전 당시 위용을 떨쳤던 B29 폭격기가 있습니다. 이 폭격기 한 대가 보통 쏟아붓는 양이 대략 TNT 10톤이었습니다. 9.11 테러 때 쌍둥이 빌딩에 부딪혔던 비행기가 60톤 정도의 항공유를 싣고 있었는데, 그게 터지면서 약 TNT 900톤의 폭발력을 냈습니다. 한편 히로시마에 떨어진 우라늄 폭탄은 TNT 1만5000톤 규모였고, 나가사키에 떨어진 플루토늄 폭탄은 TNT 2만2000톤 규모였습니다. B29 폭격기 2000대가 한꺼번에 폭격하는 것과 같은 양입니다. 현재 실전 배치된 융합형 폭탄 중에는 TNT 100만 톤급도 있습니다. 그래서 메가톤급 폭탄이라고 하죠.

진행자 S 그렇게 수치로만 말하니 핵폭탄의 위력이 얼마만한지 실감이 잘 안 나요. 좀더 직접적으로 설명해줄 수 있나요?

이종필 핵폭탄이 파괴적인 것은 엄청난 열기와 충격파, 후폭풍 때문입니다. 일단 핵폭탄이 터지면 태양이 하나 새로 생긴다고 보면 됩니다. 폭심 주변에 커다란 화구가 생기는데요. TNT 1만5000톤의 히로시마급이라면 그 중심온도가 태양 표면의 온도보다 1만 배나 높은 6000만 도쯤 됩니다. 폭심 주변의 사람들은 그 열기를 처음 느끼게 되죠. 히로시마급이 터지면 폭심 주변 반경 1.2킬로미터 이내에 있는 사람들은 그 엄청난 열기로 인해 그냥 증발해버립니다. 영화 〈터미네이터 2〉를 보면 새라 코너가 핵전쟁이 일어나는 꿈을 꾸는데요. 그 장면에서 엄청난 열기에 사람들이 그냥 타서 없어져버립니다. 현실에서도 그런 장면이 나타날 수밖에 없습니다.

그리고 반경 2킬로미터 이내의 건물은 완파되고 사람들도 숯덩이로 변해버립니다. 반경 4킬로미터 이내에 있는 이들은 3도쯤 되는 화상을 입고요. 이 정도면 신경이 다 타버려서 고통을 느끼지는 못한답니다. 그나마 불행 중 다행이랄까요. 그 외곽 지역에 있는 사람들이 오히려 더 불쌍한 것이, 몸에 불이 붙어서 살이 타들어가는 고통을 직접 느끼게 된답니다. 히로시마에서는 폭발 뒤 수 초 내에 죽은 사람이 대략 8만 명에 달했다고 합니다. 당시 히로시마 인구가 약 30만 명이었는데요. 핵폭탄 공격으로 죽은 이가 14만 명이라고 하니 폭탄 하나로 도시 인구 절반이 사망한 셈이죠. 만약 메가

톤급 핵폭탄이 광화문 네거리에서 터졌다고 한다면 은평구·성북구·동대문구·성동구·중구·용산구·마포구·서대문구 등 한강 이북의 도심지 시민들은 즉사합니다. 중랑구·강남구·영등포구 일대에 있는 사람들은 3도 화상을 입고요. 한마디로 대도시 하나가 초토화됩니다. 여기서 '초토화'란 수사적인 과장 하나 없는 그 말뜻 그대로입니다.

진행자 S 현재 전 세계의 핵무기 보유 현황은 어떻게 됩니까?

이종필 러시아가 약 1만2000기, 미국이 약 1만 기를 보유하고 있습니다. 이 수치조차 두 나라가 핵감축을 한 결과입니다. 그중 두 나라 모두 전략 핵무기, 즉 도시 하나를 완전히 날려버릴 그런 수준의 핵폭탄을 2000기 안팎으로 보유하고 있습니다. 다음으로 프랑스가 300기, 중국이 240기, 영국이 220기 정도입니다. 이 다섯 나라는 유엔상임이사국이기도 하죠. 그밖에 이스라엘이 100~200기, 인도와 파키스탄이 80기 내외, 그리고 북한이 수 기를 보유한 것으로 추정됩니다. 이스라엘·인도·파키스탄·북한은 NPT, 즉 핵확산 금지조약 가입국이 아닙니다.
냉전 시대에는 미국과 소련이 서로를 절멸시킬 수 있는 핵폭탄을 갖고서 불안정한 힘의 균형을 유지한다는, 이른바 상호확증파괴에 의한 '공포의 균형'을 유지했습니다. 영어로 'Mutually

Assured Destruction'이라고 하며 간단히 MAD라고 부릅니다. 정말 미친 짓이죠. 지금 미국이 추진하는 미사일 방어체제, 즉 MD가 만약 성공한다면 이 상호확증파괴의 균형이 무너질지도 모릅니다. 러시아나 중국이 반발하는 것도 그 때문이죠. 그래서 제 생각에는 (MD가 물론 기술적으로도 참 문제가 많다고 들었습니다만) 그 개념 자체가 지금의 불안정한 균형조차 위협할 수 있다, 차라리 과감한 핵군축에 나서는 게 세계 평화에 이바지하는 길이라 여겨집니다.

진행자 S 최근에 일본이 핵무장을 할지도 모른다, 플루토늄을 상당량 보유하고 있다고 해서 우려가 많습니다. 현실은 어떤가요?

이종필 2005년 국내 언론 보도를 보면 일본이 보유 중인 무기급 플루토늄이 무려 43톤이었습니다. 플루토늄의 임계질량이 약 6~8킬로그램이니 약 5,000~7,000개의 핵무기를 만들 수 있는 양입니다. 일본은 2006년 3월 로카쇼무라 핵연료 재처리 시설을 완공했습니다. 여기서 연간 약 8톤의 플루토늄을 생산할 수 있습니다. 지금까지 시험운전과 안전점검 등을 해왔고 2018년부터 가동될 예정입니다. 참고로 한국이나 북한에는 이와 같은 재처리 시설이 없습니다. 이런 상황에서 일본이 원자력기본법을 개정해서 '국가안전보장목적' 조항◆을 추

◆ 2012년 6월 일본 국회는 원자력 기본법 2조에 "원자력 이용의 안전 확보는 국민의 생명과 건강 및 재산의 보호, 환경보전과 함께 국가의 안전보장에 이바지하는 것을 목적으로 한다"는 항목을 추가했다.

BOEING B-29
SUPERFORTRESS
2000

가했다고 하니 군사적으로 핵을 사용하려는 것 아니냐는 우려가 제기되고 있죠. 북한 핵 문제가 터진 것은 불과 플루토늄 15킬로그램 때문이었거든요. 핵무기 2~3개 분량입니다. 그런데도 일본에 대해 국제사회의 감시와 제재가 거의 없는 것은 문제라고 여겨집니다.

진행자 S 그러면 왜 국제사회가 일본의 핵물질에 대해 경각심을 갖지 않는 걸까요?

이종필 국제 문제 전문가가 아니라서 잘 알지 못하지만, 일본이 국제원자력기구IAEA 분담금을 미국 다음으로 제일 많이 내고 있습니다. 2011년 기준으로 보면 미국이 전체의 25퍼센트, 일본이 전체의 12퍼센트를 분담하고 있습니다. 한국은 2.2퍼센트를 분담하고 있는데요(10위), 기본 분담금은 GDP 기준으로 UN이 정한 분담률에 따른 것입니다만, 그런 제한이 없는 특별기여금 같은 경우에는 우리의 실적이 저조하다고 합니다.[5, 6] 그리고 일본은 세계 유일의 원폭 피해국가라는 점을 내세우는 것도 국제사회에 어필하는 면이 큰 듯해요. IAEA는 일본의 핵 재처리를 허용했습니다. 이는 비핵국가 중에서는 유일한 특혜라고 볼 수 있습니다. 2004년에는 일본의 핵무장 위험이 없다며 핵 사찰 횟수를 절반이하로 줄여주기도 했습니다.[7] 현재 IAEA 사무총장이 마침 일본인 아마노 유키야입니다. 하지만 일본은 제2차 세계대전의 전범국인데 이렇게 위험한 물질을 마음대로 많이 보유하고 있어도 되는 것인지 우려하지 않을 수 없습니다. 특히 식민 지배를 겪은 이웃나라 입장에서는 더욱더 걱정스럽습니다. 한국은 현재 IAEA의 2011~2013년 이사국으로 선출되어 있는데요. 우리 정치인들이 무작정 핵무장 같은 위험한 주장을 하기보다는 우선은 IAEA 같은 국제기구에서 발언권을 확대해나가는 방안을 찾는 것이 무엇보다 중요해 보입니다.[8]

물리 법칙과 '석궁 교수' 그리고 박근혜_2012.07.18

진행자 S 7월 17일은 제헌절입니다. 인간사회에 헌법을 비롯해 우리가 지켜야 할 온갖 법이 있듯이 자연에도 세상 만물이 지켜야 하는 물리 법칙이 있습니다. 물리 법칙은 인간이 만든 법과는 전혀 다르겠죠?

이종필 물리 법칙은 인간의 인식이나 의지와 무관하게 존재한다고 여겨지는 자연의 질서와 규칙인 반면, 인간사회의 법률은 인위적으로 만든 규약이라서 둘은 근본적으로 다릅니다. 다만 과학자들이 밝혀낸 자연의 법칙으로부터 우리는 자연에 숨겨진 질서와 조화를 알게 되고 그 결과 자연의 아름다움을 느낄 수 있습니다.[1] 인간이 법을 만든 것도 우리 사회의 질서와 조화, 아름다움을 위한 것이잖아요. 그런 면에서 자연의 아름다움이 물리 법칙을 통해 어떻게 구현되는지를 이해한다면 인간사회의 법칙을 만드는 데에도 도움이 되리라 생각합니다. 영어로는 물리 법칙이나 법률 모두 law라고 하지요.

진행자 S 그런 식으로 생각할 수도 있겠군요. 그렇다면 물리 법칙이란 무엇인지, 법칙이 되려면 어떤 조건을 충족시켜야 하는지 궁금합니다.

이종필 법칙이란 반복적인 검증을 통해 보편적으로 적용된다는 사실이 확증된 규칙이라고 할 수 있습니다. 검증되지 않았다면 이론이나 모형 수준으로만 남게 됩니다. 물리 법칙에서 가장 중요한 요소는 바로 보편성입니다. 한마디로 물리 법칙은 언제 어디서나 적용돼야 합니다. 만약 그렇지 않다면 그것은 자연의 법칙으로서의 자격이 없겠죠. 결국 과학을 한다는 것은 자연의 어떤 보편적인 질서를 탐구하는 것이고, 그것이 바로 물리 법칙의 형태로 드러납니다.

진행자 S 구체적인 사례를 들면 이해가 훨씬 더 빠를 겁니다.

이종필 물리 법칙의 가장 대표적인 예로 뉴턴의 만유인력 법칙이 있습니다. 질량이 있는 두 물체 사이에는 보편적인 인력이 작용한다는 것이죠.[2] 그런데 저는 이 만유인력의 법칙에서 '만유'의 의미를 대학에 와서야 알게 됐습니다. 중·고등학교 때는 교과서에 있으니 습관적으로 외웠을 뿐이죠. 만유는 '일만 만萬'에 '있을 유有'자를 씁니다. 다시 말해 어디에나 존재한다는 뜻이죠. 영어로는 'law of universal gravitation'이고요.

중력에 관한 보편 법칙이라는 뜻입니다. 만약 이 힘을 만유인력이 아니라 보편인력이라고 옮겼더라면 학창 시절 더 쉽게 이해했을 거예요.
그런데 사람들이 뉴턴의 이 중력 법칙에 'universal'이라는 이름을 붙인 데는 이유가 있습니다.

진행자 S 어떤 이유인가요?

이종필 뉴턴 이전 중세 시대의 세계관은 아리스토텔레스의 세계관이었습니다. 아리스토텔레스에 따르면 우리 우주는 천상계와 지상계로 양분돼 있었습니다.[3] 천상계는 태양과 달, 별 및 다른 행성들이 살고 있는 세계로서 완전한 운동이 지배하는 세상이었습니다. 아리스토텔레스가 생각한 완전한 운동이란 원운동이었습니다. 한마디로 그가 생각한 천상계는 완전, 완벽한 세계였죠. 천상의 모든 천체는 완전한 구의 형상을 한 채 원운동을 한다고 여겼어요. 특히 다른 힘이 작용하지 않더라도 스스로가 규칙적이고

완벽한 원운동을 저절로 하고 있다고 생각했습니다. 반면에 지상계는 천상계와는 전혀 다른 세상이었습니다.

진행자 S 이를테면요?

이종필 아리스토텔레스가 생각한 지상계는 한마디로 참 지저분한 세상이었습니다. 일단 불완전한 인간이 살고 있는 불완전한 세상이죠. 돌멩이를 던지면 원운동을 하는 것이 아니라 조금 날아가다가 그냥 땅바닥에 떨어집니다. 게다가 지상에서는 물체의 운동이 일어나려면 기동자起動者라고 하는 요소가 꼭 있어야 했습니다. 예컨대 달구지는 제 스스로 운동을 하지 못하고 소나 말이 끌어야만 운동을 할 수 있습니다. 이때 소나 말이 바로 수레의 운동을 가능케 하는 기동자입니다. 손을 떠난 돌멩이가 한동안 공중을 날아가는 것도 돌멩이 뒤편의 공기가 계속 앞으로 밀어주기 때문이라고 생각했죠. 천상계는 완벽한 세계였던 반면 지상계는 불완전했습니다. 그러니 두 세계를 지배하는 자연의 법칙이 전혀 다르다고 생각했죠.

진행자 S 뉴턴은 아리스토텔레스의 세계관을 어떻게 극복한 건가요?

이종필 뉴턴이 떨어지는 사과를 보고서 만유인력의 법칙을 생각해냈다고 흔히 알고 있는데요. 과학사가들에 따르면 이는 사실이 아닐 가능성이 아주 높다고 합니다. 하지만 이런 생각은 했던 것 같습니다. 사과를 던지면 어느 정도 날아가다가 땅에 떨어지겠죠. 좀더 세게 던지면 더 멀리 날아가다가 떨어질 겁니다. 그런데 뉴턴은 사과를 굉장히 세게 던지면 땅에 떨어지지 않고 달처럼 계속해서 지구 주위를 빙빙 돌게 될 거라고 추론했습니다. 실제로도 그렇고요. 이렇게 되고 보니 불완전한 지상계의 사과가 어느덧 완벽한 천상계의 천체가 되어버리는 것입니다.

뉴턴은 질량이 있는 두 물체 사이에 어떤 당기는 힘이 작용하면 지상에서 땅으로 떨어지는 사과와 천상에서 행성 주위를 돌고 있는 위성을 한꺼번에 설명할 수 있다는 점을 알게 됐습니다. 그것이 바로 만유인력이죠. 다시 말해, 천상계와 지상계에 전혀 다른 자연의 법칙이 존재하는 게 아니라 뉴턴이 생각해낸 인력이 천상계와 지상계에 다 보편적으로 작용하고 있다는 것입니다. 그런 까닭에 보편적인 인력, 즉 만유인력이라고 부르게 된 거죠. 이것이 중요한 포인트입니다. 아리스토텔레스의 이분법적 세계관은 뉴턴에 의해 하나의 자연으로 완전히 통합되었죠. 이것은 중력이라고 하는 힘이 천상계든 지상계든 질량이 있는 모든 물체에 보편적으로 작용한다는 사실 때문에 가능했습니다. 보편적인 자연의 법칙이 낡은 세계관을 혁파한 것이죠.

진행자 S 과학자들이 자연의 보편적인 법칙을 생각하는 마음이 참 각별했네요.

이종필 과학자들은 자연의 보편적인 법칙을 추구하는 것을 직업으로 삼는 이들입니다. 그 때문인지 경험적으로 봤을 때 이공계 출신은 대체로 인간사회에도 그런 보편적 법칙이 존재하거나 혹은 존재해야 한다고 생각하는 경향이 강합니다. 좀 나쁘게 말하면 융통성이 없어 보일 수도 있습니다. 그런 까닭에 이공계 출신들 중 어떤 법이나 규칙 같은 게 정해지면 곧이곧대로 지켜야 한다고 생각하는 사람이 많습니다. 그래야만 우리 인간사회에도 질서와 조화가 자리 잡고 아름다워진다고 여기는 거죠.

진행자 S 자연법과 실정법이란 게 있지요. 법률로 정해진 것이 실정법이고 그 이상의 인간세계를 지배하는 보편 윤리 같은 것을 자연법이라고 합니다. 혹시 과학자들을 실정법 이상의 자연법 수호자들이라고 봐도 되나요?

이종필 자연법 수호자라기보다는 자연법이라는 게 있을 것이다 혹은 있어야 한다는 쪽에 가까워 보입니다. 그리고 아쉬운 대로 실정법이라는 게 일단 있으면 어찌 됐든 보편적으로 꼭 지켜져야 한다고 생각하는 듯해요. 영화 〈부러진 화살〉의 '석궁 교수'가 전형적인 예입니다.◆[4, 5] 원래 수학과 교수였죠. 저 역시 그 영화를 보면서 공감하는 점이 많았습니다. 물론 석궁으로 현직 판사를 위협했던 것은 분명 잘못된 일이지만, 석궁 교수가 재판 도중에 법전을 펼쳐놓고서 법조문을 하나하나 들이대면서 판사와 검사를 몰아붙이지 않습니까? 그것이 자신에게는 마치 수학의 여러 명제를 이리저리 짜맞춰서 어려운 문제를 푸는 것과 똑같거든요. 그리고 이런 대사도 나옵니다.

"규정이 있으면 지켜야 합니다."

"다 법을 안 지켜서 문제가 되는 거지…… 법은 아름다운 겁니다."

"법은 수학하고 똑같아요. 문제가 정확하면 답도 정확하죠. 모순이 없어요."

이런 태도는 자연이 보편 법칙에 따라 한 치의 어긋남도 없이 돌아가듯 우리 인간사회도 정해진 규칙에 따라 돌아가야 한다는 기대감이 크게 반영된 결과입니다. 아마 이공계 출신이라면 정도의 차이는 있겠지만 어느 정도 이런 생각을 갖고 있다고 봅니다.

진행자 S 석궁 교수는 실정법이 자연법의 이상을 구현하고 있다고 믿기도 하지요. 저는 법의 보편성에 대해 회의적인 입장입니다. 인간 세상이 꼭 그렇게 정해진 대로만 돌아가면 지나치

◆ 전 성균관대 수학과 김명호 교수를 일컫는다. 그는 당시 대학 입학시험에 출제된 수학 문제에 오류가 있다고 지적한 뒤 교수 재임용에서 탈락했고, 이에 부당함을 호소하며 소송을 제기하지만 2005년 이 소송에서도 패소할뿐더러 항소심마저 정당한 사유 없이 기각된다. 급기야 그는 2007년 당시 재판장이었던 박홍우 부장판사를 찾아가 석궁으로 쏜 혐의로 기소되었다. 이후 대법원에서 징역 4년을 확정받았으며, 2011년 1월에 만기 출소했다.

게 각박하지 않을까요?

이종필 그런 면이 있겠지만, 지금 한국사회의 갖은 병폐는 법률의 보편성이 지켜지지 않아서 생기는 것이 굉장히 많잖아요. 우리 현실은 말하자면 유전무죄의 천상계와 무전유죄의 지상계로 양분된 아리스토텔레스적인 세상입니다. 법이 보편적으로 적용되지 않아요. 사실 보편적이지 않으면 법으로서의 자격도 박탈되는 겁니다. 그건 말 그대로 '편법'인 것이죠. 과학자의 눈으로 보면 이런 세상은 전혀 아름답지 않습니다. 흔히 '법 앞에 만인이 평등하다'는 말로써 법의 보편성을 얘기하는데, 예전에 노회찬 의원이 TV 토론에서 말했듯이◆ 한국사회에서는 법 앞에 만 명만 평등한 것 같습니다. 어제 끝난 〈추적자〉란 드라마가 인기를 끈 것도 그런 이유에서가 아닌가 싶습니다. 그 드라마의 주인공인 백홍석 형사는 자기 딸을 뺑소니 사고로 잃게 됩니다. 그 범인이 유력한 대선 후보의 부인이라서 재판은 조작되고 진실이 은폐됩니다. 부인은 자살하고요. 끝내 백홍석이 총을 들고 재판장에 난입하는 그런 이야기입니다.

진행자 S 어떤 때에 법의 보편성이 무너진 것 같은지, 그 사례를 좀 들어주세요.

◆ 노회찬은 2007년 『법은 만 명한테만 평등하다』라는 책을 발간했으며, 이와 같은 발언으로 한국사회의 법을 여러 차례 비판한 바 있다. 2014년에도 9월 12일 국가정보원법과 공직선거법 위반 혐의로 기소된 원세훈 전 국정원장에 대해 국가정보원법만 유죄로 인정되자 "이명박 정부를 위해 한 일은 국정원법 위반으로 유죄, 박근혜 후보를 위해 한 일은 선거법 위반 무죄로 판결. 전형적인 무권유죄 유권무죄"라며 "역시 법 앞에 만인이 평등한 게 아니라 만 명만 평등한 나라"고 말했다.

이종필 돈 많은 재벌 회장이나 힘 있는 정치인들이 실형을 사는 일은 거의 없잖아요. 최근의 예를 들자면, 유력한 대권 후보인 박근혜 의원이 5.16 군사반란을 불가피한 최선의 선택이었다고 발언한 바 있습니다.◆ 군사반란은 헌법을 유린한 국가 변란이기 때문에 법을 어긴 위법한 사항 중에서도 가장 엄중한 것에 속한다고 봅니다. 이 점은 한번 생각해봐야 할 문제입니다. 만약 박근혜 의원이 대통령에 당선됐는데 그때 누군가가 군사반란을 일으켜놓고서 "불가피한 최선의 선택이었다"고 한다면 그것을 과연 박근혜가 보편적으로 용인할 수 있을지도 의문입니다.

전두환의 12.12 군사반란 및 5.18 내란과 관련된 대법원 판례를 보니 이런 말이 있더군요.◆◆ "우리나라의 헌법 질서 아래에서는 헌법에 정한 민주적 절차에 의하지 아니하고 폭력에 의하여 헌법 기관의 권능 행사를 불가능하게 하거나 정권을 장악하는 행위는 어떠한 경우에도 용인될 수 없는 것이다." 이 조항이 보편적으로 적용된다면 박정희의 5.16 군사반란 또한 대한민국의 헌법 질서 아래에서 용인될 수 없는 것이겠죠.

진행자 S 홍사덕 의원은 "박근혜에게 5.16을 묻는 것은 세종에게 이성계를 묻는 것과 같다"는 발언을 하기도 했지요.◆◆◆

이종필 그 논리를 과학자들이 하듯이 보편적으로 적용시키

◆ 2012년 7월 16일 박근혜 경선 후보는 언론사 합동 토론회에 참석해 "5.16 쿠데타는 아버지로서는 불가피한, 최선의 선택이었다고 생각한다"고 말했다.

◆◆ 대법원 판례 1997. 4. 17, 96도3376, 제1장.

◆◆◆ 『한겨레』 등에서 2012년 7월 11일 홍사덕 의원이 "5·16에 관한 평가를 박근혜 전 대표에게 묻는 것은 세종대왕에게 태조 이성계가 나라를 세운 게 역성혁명이냐 군사쿠데타냐고 묻는 것과 같다"고 발언했다.

면, 북한의 김정일이나 김정은에게도 같은 말을 할 수 있습니다. 즉 홍사덕의 논리대로라면 김정일이나 김정은에게 한국전쟁에 대한 입장을 물어볼 수도 없어요. 물론 이런 점은 명확히 할 필요가 있습니다. 김정일이나 김정은은 김일성과 달리 전쟁의 당사자가 아니거든요. 그래서 단지 그들이 김일성의 후손이라는 이유만으로 전쟁의 일차적인 책임을 이들에게 물을 수는 없을 것입니다. 하지만 김정일과 김정은은 김일성의 권력을 물려받아 지금까지 북한을 통치해왔고 또 우리와 직접 군사적으로 대치하고 있는 당사자이기 때문에 선대의 전쟁에 대해서 이들이 어떻게 생각하는지가 우리에게는 매우 중요한 문제입니다.
박근혜도 마찬가지라고 생각합니다. 그가 독재자의 딸이라는 이유만으로 비난받아서는 안 되지만, 그 자신이 박정희 정권의 퍼스트레이디였고, 또 지금은 가장 유력한 대권 후보이기 때문에 5.16을 어떤 관점에서 바라보는가라는 문제는 한국사회의 미래를 좌우할 수 있다고 생각합니다.

진행자 S 사실 대통령이나 대통령이 되겠다는 사람부터 가장 성실하게 헌법과 법률을 지켜야 보편적인 법치가 가능하지 않겠습니까?

이종필 물론입니다. 박근혜 의원은 2012년 3월 총선 기간에 부산에서 손수조 후보와 함께 이른바 카퍼레이드 퍼포먼스를 한 적이 있었습니다. 이것은 차량을 이용한 선거운동을 금지한 선거법 91조 3항을 사실상 위반한 것입니다.◆ 지난 2004년에 노무현 전 대통령이 국회에서 탄핵된 사유가 말에 의한 선거법 위반◆◆이었던 점을 떠올려본다면 중대한 사안입니다. 그럼에도 선관위가 오히려 변명을 대신해주고 당사자는 이렇다 할 해명이나 사과도 하지 않았죠. 박근혜 의원은 평소 법과 원칙을 강조해왔고 또 가장 유력한 대권 후보인데, 보편적인 법 적용이라는 관점에서 이해하기 힘든 사례라 생각됩니다. 우리 사회가 중세의 아리스토텔레스적인 이분법적 세계에서 여전히 벗어나지 못한 것 아닌가, 대한민국의 법 조항이 전혀 적용되지 않는 그런 천상계가 존재하는 것은 아닐까 하는 생각이 들어서 안타깝습니다.

◆ 현행 공직선거법 91조 3항은 "누구든지 자동차를 이용하여 선거운동을 할 수 없다"고 규정하고 있다. 255조는 자동차를 이용한 선거운동을 했을 경우 2년 이하의 징역이나 400만 원 이하의 벌금에 처하도록 하고 있다.

◆◆ 노무현 대통령은 기자회견에서 "총선에서 국민이 열린우리당을 지지해줄 것으로 믿는다"는 발언을 한 바 있다. 이것이 시발점이 되어 공직선거 및 선거부정방지법 위반에 해당된다며 탄핵의 핵심 빌미가 되었다.

4할 타자가 사라진 이유_2012.07.25

진행자 S 오늘은 야구 이야기를 좀 나눠봤으면 해요.

이종필 마침 프로야구 올스타전이 있었고, 이제 후반기 레이스가 막 시작됐는데요. 야구에도 과학의 원리가 곳곳에 숨어 있습니다. 그중에서 사라진 4할 타자에 관한 이야기를 해보려 합니다.

진행자 S 프로야구를 좋아하거나 응원하는 팀이 있나요?

이종필 저도 프로야구 아주 좋아합니다. 저는 부산 출신이라 어렸을 적부터 롯데자이언츠 팬이었습니다. 한동안 자이언츠의 성적이 크게 부진했었죠. 그때는 경기를 보지 않다가 몇 년 전 로이스터 감독이 맡고부터 성적이 향상돼 '기회주의적으로' 다시 자이언츠 팬이 됐습니다. 올해는 '가을야구'를 할 수 있을 것 같아서 무척 기대됩니다.

진행자 S 4할 타자라면 타율이 4할이라는 뜻이죠? 야구에 대해 잘 모르는 독자들을 위해 타율이 무엇인지 설명 좀 해주세요.

이종필 야구는 통계의 스포츠입니다. 그래서 선수들의 기량과 경기 내용이 모두 수치로 잘 정리돼 있습니다. 타자의 능력을 평가하는 수치 중 타율이라는 게 있습니다. 타율은 타자가 타격에 나선 횟수에 대한 안타의 비율입니다. 보통 그 비율을 할푼리로 표현하죠. 예를 들어 세 번 타격에 나서서 한 번 안타를 쳤다면 타율이 3분의 1이 되어서 0.333, 즉 3할3푼3리가 됩니다. 볼넷이나 몸에 맞는 공, 희생번트, 희생플라이는 타격 횟수에서 제외됩니다.

진행자 S 타자가 4할 타율을 기록하는 것이 그렇게 어려운가요?

이종필 한 시즌 3할대 타자면 아주 우수한 편입니다. 전반기를 마친 한국 프로야구 올 시즌 기록을 보니 지금 현재 타격 1위는 한화의 김태균 타자인데요. 타율이 3할9푼8리입니다. 4할 타율은 말하자면 전설의 타율로서, 한국 프로야구에서는 원년인 1982년에 감독 겸 선수로 활약한 백인천 감독이 4할1푼2리를 기록한 것이 유일합니다. 2012년 5월 은퇴한 이종범 선수가 1994년 시즌에 3할9푼3리의 타율을 기록한 적이 있습니다. 그때 이종범이 시즌 중 설사로 한동안 타율을 많이 까

먹은 적이 있었죠. 타격감으로 봐서는 설사만 아니었다면 4할 타율을 넘지 않았을까 싶습니다. 다만 4할 타자가 되려면 시즌 내내 자신의 몸 관리와 컨디션 조절을 잘해야 한다는 것도 맞는 말입니다.
김태균 선수가 시즌 초반에는 4할 타율을 유지했는데요. 올 시즌 과연 4할 타율로 끝낼 수 있을지 어떨지 무척 기대가 됩니다.[1]

진행자 S 그런데 4할 타자가 사라진 데에도 과학적인 이유가 있다고요?

이종필 이 문제를 처음 과학적으로 분석한 사람은 생뚱맞게도 미국의 진화생물학자인 스티븐 제이 굴드였습니다. 그가 1996년에 『풀하우스』라는 책을 썼는데요.[2] 내용 중 미국 메이저리그에서 4할 타자가 사라진 이유를 진화론의 관점에서 흥미롭게 분석한 것이 있습니다.

진행자 S 스티븐 제이 굴드는 어떤 인물인가요?

이종필 저도 전공이 물리학이라서 잘 알진 못합니다. 굴드는 1941년에 태어나서 2002년에 사망했습니다. 1967년부터 하버드대에서 지질학 교수로 재직했고요. 매우 르네상스적인 인간이었다고 합니다. 라틴어에도 능통했고 건축과 음악에도 일가견이 있었으며 특히 야구 광팬이었다고 합니다. 학자로서도 대단해서 그가 남긴 저서가 22권, 논문이 497편이라고 하네요.[3]

굴드는 진화론에서 이른바 단속평형론을 주장한 것으로 유명합니다. 생물의 진화가 완만하게 일어나는 것이 아니라 급작스럽게 단절적으로 일어난다는 것이 그의 주장입니다. 굴드에 따르면 진화는 비교적 짧은 기간에 급격한 변화로 야기되는데 그 뒤로는 또 오랜 기간 큰 변화가 없는 안정기를 갖는다는 겁니다.[4] 이처럼 굴드는 다방면에 걸쳐 정통 다윈주의에 반기를 든 학자로 알려져 있습니다. 이 때문에 정통 다윈주의자라고 할 수 있는 리처드 도킨스와는 다소 대립적인 관계에 있죠.

『풀하우스』는 굴드의 대표작 중 하나로서, 이 책에 보면 말의 진화와 관련된 잘못된 인식을 바로잡는 내용이 나옵니다. 보통 생물학 교과서에 실린 말의 진화 그림이 지나치게 단편적이라 실제 말의 진화와는 다를 수 있다는 건데요. 현생 말은 말의 전체적인 진화 계통에서 극히 일부의 계통 가지에 해당된다는 것이 굴드의 주장입니다. 최근에 국내 창조학회 쪽에서 이 말 그림을 문제 삼아 교과서에서 빼라고 해서 또 논란이 있었죠.◆ 진화에 대한 설명이 잘못됐다는 것과 진화 자체가 틀렸다는 것은 전혀 다른 문제입니다. 그걸 마구 뒤섞어서

◆ 2012년에는 '교과서진화론개정추진회'(교진추)의 청원으로 중 · 고등학교 과학교과서에 실린 '말馬의 진화'와 '시조새' 관련 부분이 수정 혹은 삭제됨으로 인해 오랫동안 이어져 온 '창조론 대 진화론' 대결이 다시금 격화된 바 있다.

마치 진화론 전체가 틀렸다는 느낌을 주는 것은 분명 잘못된 처사입니다.

진행자 S 그런데 굴드는 『풀하우스』에서 4할 타자가 사라진 것을 어떻게 설명하고 있나요?

이종필 미국 메이저리그의 마지막 4할 타자는 굴드가 태어난 1941년의 테드 윌리엄스였습니다. 그때 타율이 4할6리였다고 합니다. 이해에 조 디마지오가 56 경기 연속 안타라는 불멸의 기록도 세웠죠. 테드 윌리엄스는 아직도 메이저리그의 마지막 4할 타자로 남아 있습니다. 굴드는 4할 타자가 사라진 이유를 이렇게 설명합니다. 즉 타자들의 실력이 상향평준화돼서 선수들 사이의 실력 차이가 현격히 줄어들었기 때문이라고 말입니다. 다시 말해 '상향평준화에 의한 변이의 감소'라고 정리할 수 있습니다.

진행자 S 타자가 잘 치던 시대에서 투수도 잘 던지는 시대가 되면서 그만큼 타자가 잘 치기는 어려워졌다, 이런 뜻인가요?

이종필 그것도 한 가지 요인이지만, 상황이 그렇게 단순하지는 않아요. 타자들의 기량이 향상되는 만큼 투수나 야수들의 기량도 함께 상승합니다. 그리고 야구가 흥행하려면 투타의 균형이 잘 이뤄져야 합니다. 실제 메이저리그에서는 스트라이크 존을 바꾸거나 반발력이 높은 공을 도입하는 식으로 타자들의 평균 타율을 2할6푼 수준으로 유지해왔습니다. 이 점이 중요한데요. 평균 타율은 항상 일정한 수준으로 유지되면서도 선수들의 기량은 계속 향상돼왔다는 거죠. 그런데 인간의 신체적 한계 때문에 선수들의 기량이 향상되는 데에는 물리적 한계가 있을 수밖에 없습니다. 따라서 세월이 지나면 인간의 한계에 근접한 기량을 가진 선수가 많아질 것입니다. 그러면 그 선수들 사이의 실력 차이는 별로 없겠죠. 그런 선수들의 평균 타율이 대략 2할6푼이라는 얘기입니다. 그러니까 그들 속에서 4할 타자가 나올 확률은 지극히 낮아지는 것입니다. 흔히 4할 타자가 사라진 것은 타자들의 기량이 상대적으로 떨어졌기 때문이라는 게 통설이었는데 굴드는 그런 통설을 완전히 뒤집은 것이지요.

진행자 S 현재의 타자 대 투수는 2할6푼이 안정선이지만 천재적인 기량을 지닌 타자가 등장한다면 상황이 바뀔 수도 있지 않을까요? 굴드의 논리대로 말하자면 돌연변이 타자가 나오는 것이죠.

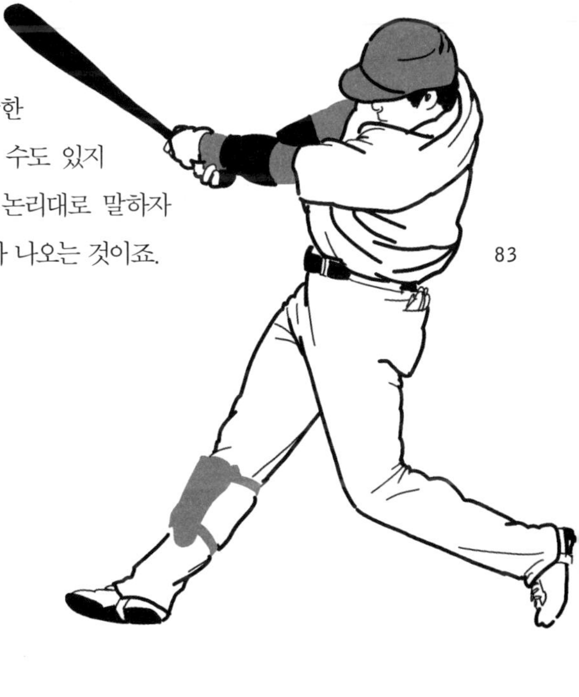

이종필 물론 그렇습니다. 타자들의 기량이 평균적으로 향상되면 확률적으로 4할 타자가 나올 가능성이 줄어든다는 뜻이지 전혀 나올 수 없다는 말은 아니거든요.
저는 굴드의 논리를 이런 비유로 이해합니다. 초등학교 저학년을 대상으로 구구단 챔피언을 뽑는 것은 나름 의미가 있는 일입니다. 반면 고등학교 3학년 수험생들을 대상으로 구구단 챔피언을 뽑는 것은 의미가 없겠죠. 왜냐하면 어지간한 고3들에게는 구구단 실력이 더 이상 향상될 여지가 없을 만큼 상향평준화되어 있을 것이기 때문입니다. 고3이라면 누구나 구구단을 잘 알고 있을 겁니다. 그래서 이들 사이의 우열을 구구단으로 가리기란 무척 힘들다는 거죠.
야구식으로 말하자면, 초등학교 저학년생에서는 구구단의 4할 타자가 나올 가능성이 높은 데 반해 고3 수험생들에서는 구구단의 4할 타자가 나오기 어렵다는 겁니다. 이것이 상향평준화에 의한 변이의 감소가 뜻하는 바입니다.

진행자 S 그러면 굴드가 실제로 자신의 주장을 증명했나요?

이종필 네, 굴드는 1982년 복부중피종이라는 암에 걸려서 투병했는데요. 그 당시 병에서 회복될 때 메이저리그의 『야구백과』를 뒤적이면서 자료 분석을 시작했다고 합니다. 특히 타자들 타율의 표준편차가 해를 거듭할수록 줄어드는 경향이 뚜렷하다는 것을 실제 계산해보였습니다. 이것은 선수들이 상향 평준화돼서 실력 차가 줄어들었다는 것을 명확하게 보여줍니다. 놀랍죠? 같은 과학자로서 굴드의 이런 자세는 크게 본받을 만하다고 생각합니다.

진행자 S 『풀하우스』라는 책에서는 야구 이야기가 주를 이루나요?

이종필 그렇진 않아요. 굴드는 이 책에서 진화라는 것이 진보나 발전이 아니라 다양성의 증가임을 주장하고 있습니다. 4할 타자가 사라진 이유를 추적한 것도 그런 맥락과 관계있고요. 이 책은 흥미로울 뿐 아니라 진화에 대해서 우리가 통상적으로 지니고 있는 잘못된 관념을 교정하는 데에도 도움이 됩니다. 굴드는 진화학계에서 도킨스와 양대 산맥을 이뤘던 인물인 만큼 그의 저작은 한 번쯤 읽어볼 만합니다.

진행자 S 그러면 굴드의 논리가 한국 프로야구에도 그대로 적용될 수 있을까요? 이것을 연구한 사람은 없는지요?

이종필 마침 카이스트의 정재승 교수가 2011년부터 트위터로 연구자들을 모아서 그 작업을 진행했습니다.[5] 한국 프로야구의 마지막 4할 타자가 앞서 언급한 대로 백인천 감독이고, 그런 까닭에 백인천 프로젝트라는 이름으로 연구를 진행했습니다. 그 결과를 지난 4월 12일 발표했습니다. 백인천 감독의 타율 4할1푼2리를 기념한 날이죠. 그런데 마침 그날이 4.11 총선 다음 날이라서 큰 주목을 받지는 못한 듯합니다.

진행자 S 백인천 프로젝트에서도 한국 프로야구 선수들의 기량이 상향평준화되고 있다는 증거를 확인했나요? 이게 확인되면 굴드의 논리가 한국에서도 적용된다는 이야기겠죠?

이종필 백인천 프로젝트의 결과에 따르면 한국 타자들의 평균 타율이 2할7푼에 가깝다고 하더군요. 그리고 타자들 타율의 편차가 줄어든 것을 이번 연구에서 확인했습니다. 선수들의 기량이 상향 평준화되고 있음도 확인했고요. 다만 타자들의 기량 향상은 수치적으로도 보이는데 투수들의 기량은 오히려 조금씩 떨어졌다고 해요. 투수들에 대해서는 좀더 자세히 연구해봐야 할 것 같습니다.
지금 타격 1위가 한화의 김태균 선수로, 전반기 타율이 3할9푼8리였습니다. 과연 두 번째 4할 타자가 될 수 있을지는 시즌이 끝나봐야 알 것 같습니다만, 현재 한화의 성적이 워낙 부진해서요. 2012년에는 그렇게 믿었던 류현진 투수도 작년만 못한 듯해 안타깝습니다. 팀 성적이 좋고 다른 타자들이 잘해줘야 김태균 선수가 집중 견제를 피해 좋은 성적을 낼 수 있는데 그 면이 좀 아쉽습니다. 그래도 김태균 선수가 올스타전에서 홈런더비 타격하는 것 보니 역시 김태균이더군요. 야구팬의 한 사람으로서 저도 김태균 선수의 4할 타율을 간절히 기원합니다.◆

진행자 S 4할 타자가 사라진 원리를 사회의 다른 분야에도 적용해볼 수 있나요?

이종필 이런 생각도 가능합니다. MB 정권 들어서 고위 공직자들의 위장전입이나 부동산 투기 또는 논문 표절 문제가 많이 드러났잖습니까. 만약 공직자들의 도덕성이 상향평준화되어 있다면, 그들의 비리 행위는 별로 다양하지 않을 겁니다. 법을 어긴 점이 전혀 없거나 교통신호 위반 정도의 경미한 사항들만 있겠죠. 이것도 상향평준화에 의한 변이의 감소로 볼 수 있을 겁니다.

그런데 지금의 현실은 말하자면 도덕성이 하향평준화돼서 비리의 다양성이 폭발한 것과도 같습니다. MB 정권 내내 고위 공직자들이 보여준 비리 혐의가 얼마나 다양했습니까. 장관이 되려면 위장전입이나 부동산 투기 정도의 흠은 기본이었고요. 심지어 대법관 후보 되는 이들도 다운계약서◆◆ 쓰고 위장전입한 의혹들이 제기되더라고요. 노무현 정권 때는 그런 의혹들 하나만 나와도 공직에 못 나갔잖아요. 그에 비하면 MB 정권 들어서 도덕성이 하향평준화된 것은 분명한 사실

◆ 2012년에 한화 김태균은 8월 3일(89경기)까지 4할을 지켰다가 결국 그에 한참 못 미치는 3할6푼3리로 시즌을 마감했다.

◆◆ 부동산의 매도인과 매수인이 합의해 실제 거래 가격이 아닌 허위 거래 가격으로 계약한 계약서다. 세금을 덜 내기 위해 하며 대개 매수인의 제안으로 매도인이 수락하곤 한다.

인 듯합니다.

진행자 S 대통령 친인척 측근 비리도 만만치 않죠?

이종필 이명박 대통령은 도덕적으로 완벽한 정권이라고 했는데요.◆ 현실을 보면 지금 대통령의 친형 이상득, 멘토인 최시중, 왕차관 박영준, 사촌처남 김재홍, 실세 차관이라는 신재민 전 차관, 전 감사위원 은진수 등 권력 최상층이 전부 감옥에 모여 있습니다. 대통령 본인도 내곡동 사저 문제로 실정법 위반 혐의가 있고요. 또 청와대가 주도한 민간인 불법 사찰과 증거 인멸도 가령 미국에서라면 당장 대통령이 탄핵되는 중대한 범죄 행위 아니겠습니까. 한마디로 보통 사람들이 무엇을 상상하든 그 이상의 버라이어티한 위법 행위가 많이 터져나왔지요. 어제(2012년 7월 24일)는 대통령의 대국민 사과도 있었잖습니까.
고생물학에서는 캄브리아기 대폭발이라는 말이 있습니다. 지금부터 약 5억5000만 년 전에 갑자기 다양한 종류의 생물이 폭발적으로 출현한 현상을 일컫는데요. 저는 이번 정권을 보면 정말 부정비리의 "MB 시대 대폭발"이라는 말이 나중에 생기지 않을까 하고 걱정되기도 합니다.
도덕적으로 상향평준화돼 있으면 그 속의 변이가 크지 않기 때문에 후보군 중 누구를 고르더라도 큰 하자가 없을 가능성

◆ 이명박 대통령은 2011년 9월 30일에 열린 확대비서관 회의에서 "우리는 도덕적으로 완벽한 정권이므로 조그마한 허점도 남기면 안 된다"고 말했다.

이 높습니다. 도덕성의 4할 타자가 없을 정도가 되면 비리의 4할 타자가 없을 가능성도 그만큼 높으니까요. 그래서 사회 전체의 도덕성 수준을 높이는 것이 매우 중요하다고 봅니다.

올림픽 체조가 보여준 과학의 힘_2012.08.01

진행자 S 런던올림픽이 개막한 지 거의 일주일입니다. 올림픽 때마다 스포츠 과학 관련 뉴스가 많이 나오던데요. 오늘은 어떤 종목에 대해서 얘기해볼까요?

이종필 2012년 런던 올림픽에서 가장 관심이 쏠리는 분야 중 하나가 체조입니다. 특히 도마의 양학선 선수가 체조 분야에서 사상 첫 금메달을 딸 것인지에 대해 온 국민이 관심을 기울이고 있죠. 그래서 양학선 선수의 도마 경기와 관련된 과학을 살펴봤으면 합니다.[1]

진행자 S 양학선 선수는 신기술로도 유명하죠? 우선 그 기술부터 자세히 설명해주셨으면 합니다.

이종필 우선 도마라는 종목은 25미터를 달려와서 도마라 불리는 뜀틀을 짚고 공중 연기를 펼치는 종목입니다. 여홍철 선수가 1996년 애틀랜타 올림픽 때 이 종목에서 은메달을 딴 적이 있습니다. 양학선 선수가 주목을 받는 이유는 바로 그 자신이 개발한 신기술 때문입니다. 처음에는 양1 기술로 불렸죠. 한마디로 말하자면 공중3회전 몸 비틀어 돌기입니다. 3회전이면 1080도 회전이죠. 양학선 선수가 원래는 여홍철 선수가 개발했던 여2 기술을 특기로 지녔다고 합니다. 여2는 공중 두 바퀴 반을 도는 기술로서, 광저우 아시안 게임 때 양학선 선수가 이걸로 도마에서 금메달을 땄습니다.

양 선수는 여2 기술에서 반 바퀴를 더 도는 기술을 연마해서 성공시켰는데 바로 양1 기술입니다. 이 기술이 얼마나 대단하냐면, 그 전에는 공중에서 세 바퀴 도는 것을 불가능하다고 여길 정도였습니다. 이 기술을 처음 선보인 때가 2011년 7월 9일 고양 국제대회였고, 여기서 사상 처음으로 공중3회전을 양학선 선수가 선보인 겁니다. 이때 심판들이 난도 7.4를 매겼다고 해요. 그리고 같은 해 10월 16일 도쿄에서 열린 세계 선수권대회에서 결선 1차 시기에 이 기술을 성공시켜 금메달을 땄고요.

진행자 S 이 기술이 국제체조연맹 채점 규칙으로 공식 등재가 됐다면서요?

이종필 2012년 1월 25일 국제체조연맹 채점 규칙으로 등재됐습니다.[2] '양학선 기술'이라는 이름으로 올라갔고요. 기술을 등재할 때는 처음 그 기술을 만들거나 국제대회에서 선보인 사람 이름을 따는 게 아니라 그 기술을 처음으로 성공시킨 사람의 이름을 딴다고 하는군요. 양학선 선수는 자신이 개발해서 자신이 첫선을 보이면서 성공까지 해낸 경우입니다.

이 양학선 기술이 난도 7.4로 등재됐습니다. 7.4 난도는 양학선 기술이 사상 최초입니다. 지금까지 최고 난도는 7.2로, 그와 같은 급의 기술이 세 개 있습니다. 드라굴레스쿠 파익트 기술, 리샤오펑 기술, 그리고 북한 선수 이름을 딴 리세광 기술입니다. 한편 양학선 선수의 특기인 여2 기술의 난도는 7.0이고요. 그런 까닭에 처음 양1 기술을 선보일 때 이게 여2 기술에서 반 바퀴를 추가한 것이니 난도 7.2쯤으로 예상했다는군요. 그런데 난도 7.4를 얻게 돼서 모두 놀랐다고 합니다.

진행자 S 공중에서 세 바퀴나 돌려면 정말 쉽지 않을 텐데요. 양학선 선수에게 뭔가 특별한 점이 있나요?

이종필 우선 쉽게 생각해보면 체공 시간이 길수록 3회전에 유리할 겁니다. 그리고 같은 체공 시간이라도 몸을 더 빨리 회전시킬 수 있으면 3회전을 좀더 쉽게 할 수 있겠죠. 양학선 선수는 이 두 가지 요소에 몸과 기술이 최적화돼 있습니다.

우선 체공 시간부터 살펴보겠습니다. 도마는 기본적으로 출발

선에서 도마까지 직선으로 달려가는 운동이 도마를 짚으면서 2차원 포물선 운동으로 바뀌는 과정으로 볼 수 있습니다. 따라서 체공 시간이 길려면 처음에 얼마나 큰 에너지로 달려오느냐, 그리고 도마를 짚을 때 얼마나 효과적으로 수직운동으로 전환시키느냐 하는 두 가지가 관건입니다.

처음에 도마까지 달려가는 에너지는 속도의 제곱에 비례하는데요. 중·고등학교에서 배웠듯이 운동에너지는 $\frac{1}{2}mv^2$이지 않습니까. 여기서 m은 질량이고 v가 속도입니다. 양학선 선수는 도마에 진입하는 속도가 초속 7.83미터입니다. 다른 선수들이 초속 6미터인 것과 비교하면 대단한 속도입니다. 양학선 선수의 키가 158.8센티미터, 몸무게가 51.9킬로그램인데요. 100미터를 12초대에 뛴다고 하는군요. 체공 시간은 이 진입 속도에 정비례합니다.

진행자 S 도마를 짚는 시간도 중요하다면서요?

이종필 아무래도 도마를 오래 짚으면 그만큼 달려오는 에너지를 도약 에너지로 전환시키기 어렵겠죠. 양학선 선수가 도마를 짚는 순간은 불과 0.15초입니다. 이 시간이 0.18초를 넘어가면 힘이 분산돼서 충분한 도약을 할 수 없다고 합니다. 도마를 짚는 시간이 0.18초에서 0.15초로 줄어들면 회전할 때 초당 136도 더 돈다고 하는군요.[3, 4*]

그리고 도마를 짚을 때 엄지손가락에 큰 하중이 실리기 때문에 손가락 보호를 위해서 양학선 선수는 손톱을 5밀리미터 정도 기른다고 합니다. 또한 도마를 짚는 각도도 45도로 아주 이상적입니다. 그래서 양학선 선수는 체공 시간이 무려 1.3~1.5초에 달한다는군요. 제가 TV 중계를 보면서 다른 선수들의 시간을 재보니, 체공 시간이 1초 내외더라고요. 양학선 선수의 체공 시간이 엄청나게 긴 것이죠.[3, 4]

진행자 S 다시 말해 도마에 진입하는 속도가 크고 도마를 짚는 시간이 짧기 때문에 체공 시간이 길다는 이야기이군요. 그렇다면 몸을 회전시키는 데에는 어떤 과학이 필요한가요?

이종필 양학선 기술은 머리끝에서 발끝까지 잇는 선을 축으로 하며 몸을 1080도 회전시키는 기술입니다. 이것을 이해하려면 우선 회전운동의 물리학을 알아야 합니다. 회전운동에

서 가장 중요한 물리량은 각운동량이라고 하는 양입니다. 한마디로 말해서 회전의 효과를 측정하는 양이라고 보면 됩니다. 이 각운동량은 물체의 (질량)×(회전각속도)×(회전반경의 제곱)으로 주어집니다.

회전각속도는 초당 몇 회전 하는가를 나타내는 양입니다. 자동차에 보면 rpm 계기판이 있죠. rmp이란 revolution per minute의 약자로서 분당 회전수를 나타냅니다. 그래서 이 rpm도 바로 각속도의 일종입니다. 회전반경은 물체가 축에서 얼마나 멀리 떨어져서 회전하는가를 나타냅니다. 직관적으로 생각해봐도 회전반경이 클수록 회전의 효과가 크겠죠.

어쨌든 (질량)×(각속도)×(회전반경의 제곱)으로 주어지는 각운동량 값이 대단히 중요하다는 점을 기억해두었으면 합니다.

진행자 S (질량)×(각속도)×(회전반경의 제곱)이요. 그런데 이 각운동량이 왜 중요한 겁니까?

이종필 외부에서 힘이 작용하지 않는 고립된 물리 시스템에서는 각운동량이 항상 보존됩니다. 물리학에서는 보존되는 양이 매우 중요한데요. 에너지가 중요한 이유도 그래서입니다. 사실 상대성이론의 관점에서 보자면 운동량과 에너지가 본질적으로 같습니다.[5]

각운동량 보존만 이해해도 우리 일상생활에서 벌어지는 많은

현상을 손쉽게 이해할 수 있습니다. 대표적인 예가 헬리콥터입니다. 헬리콥터에는 수평으로 회전하는 주날개와 함께 수직으로 회전하는 꼬리날개가 있습니다. 꼬리날개가 필요한 이유는 바로 각운동량 보존 때문입니다. 주날개가 회전하면 헬리콥터는 없던 각운동량이 갑자기 생깁니다. 따라서 각운동량을 보존하기 위해 주날개에 의한 각운동량을 상쇄하려는 회전이 생깁니다. 이로 인해 동체가 주날개의 반대 방향으로 돌게 됩니다. 이걸 막기 위해서 꼬리날개가 달려 있습니다. 영화에서 꼬리날개가 파손된 헬리콥터가 빙글빙글 도는 걸 볼 수 있죠. 이것이 바로 각운동량 보존 때문입니다.
미 육군의 치누크 헬기를 보면 꼬리날개가 따로 없고 주날개가 앞뒤로 달려 있으면서 서로 반대 방향으로 돕니다. 또 러시아 공격 헬기 KA-50기를 보면 두 개의 주날개가 겹쳐져 서로 반대 방향으로 도는 이중 반전로터 구조를 갖고 있습니다. 이들은 모든 동력을 기체의 양력으로 쓸 수 있기 때문에 효율적이죠.

진행자 S 헬리콥터에 그런 비밀(?)이 있었군요.

이종필 그런데 이건 잘 생각해보면 당연한 면이 있어요. 주날개가 회전한다는 것은 헬기 동체에 대해서 회전한다는 건데요. 그러니까 엄밀히 말해 동체를 반대 방향으로 밀어야만 주날개가 원하는 방향으로 회전할 수 있는 겁니다. 자기가 원하는 방향으로 가려면 다른 것을 반대로 밀어야 한다는 거죠. 이는 마치 로켓이 앞으로 나가기 위해서 연료를 뒤로 내뿜어야 하는 것과 같은 원리입니다.

1986년에 보이저 2호가 목성 근처를 지날 때였습니다. 당시에는 촬영한 사진을 자기테이프에 감아서 저장을 했습니다. 테이프를 감기 위해서는 뭔가가 돌아야 하죠. 그 때문에 우주선 자체는 미세하지만 그 반대 방향으로 돌아야만 합니다. 그래서 우주선 자체가 계속 틀어지게 되죠. 처음에는 지상 관제소에서 그 이유를 알지 못했다고 합니다.

비슷한 예를 지상에서 볼 수도 있어요. 오토바이가 얼음판에서 미끄러지면 본체는 뒷바퀴의 반대 방향으로 천천히 돌게 됩니다. 이 모든 것이 각운동량 보존의 결과입니다. 천체운동에도 이 보존법칙이 잘 적용됩니다. 그 때문에 달은 조금씩, 매년 38밀리미터씩 지구에서 멀어지고, 지구의 자전 속도는 매년 100만 분의 17초 정도 느려집니다.

진행자 S 이 각운동량 보존법칙이 양학선 기술과 어떤 관계가 있나요?

이종필 앞서 언급했듯 각운동량은 (질량)×(각속도)×(회전반경의 제곱)으로 주어집니다. 각운동량이 보존된다는 말은 이 세

양의 곱이 항상 일정한 값으로 유지된다는 뜻이죠. 가령 각속도가 커지면 회전반경은 작아져야 합니다. 반대로 회전반경이 커지면 각속도는 줄어들어야겠죠. 그래야만 각속도에 회전반경의 제곱을 곱한 양이 일정하게 유지될 겁니다. 이 사실이 대단히 중요합니다. 결론적으로 말해서 각속도를 높이려면 회전반경을 줄여야만 합니다.
같은 체공 시간 동안 몸의 회전수를 높이려면 각속도가 커야겠죠. 그래서 몸을 구성하는 모든 원자의 회전반경을 최소한으로 줄이는 게 가장 효과적입니다. 바로 그 이유로 체조 선수들이 몸을 회전시킬 때 팔을 몸에 밀착시킵니다. 이것은 피겨 스케이팅의 김연아 선수가 공중 3회전 점프를 할 때도 마찬가지입니다.

진행자 S 그러면 착지할 때 팔을 쭉 펴는 것은 반대로 각속도를 줄이기 위해서인가요?

이종필 그렇습니다. 팔을 쭉 펴면 팔을 구성하는 원자들의 회전반경이 그만큼 커지니 각운동량 보존에 의해 회전각 속도는 줄어들 수밖에 없습니다. 그러면 착지해서 몸의 균형을 잡기가 훨씬 더 쉽겠죠. 피겨 스케이팅에서는 공중3회전 점프하고 착지할 때 한쪽 다리도 쭉 뻗지 않습니까. 그만큼 회전각 속도도 크게 줄어듭니다.

양학선 선수는 최대 각속도가 나올 때 조사해보니 오른팔과 몸통의 각도가 약 22도였다고 합니다. 이때는 초당 632도 회전했다고 하고요. 이 각도가 66도로 벌어지면 초당 회전수가 557도로 줄어든다고 하네요.

양학선 선수는 신체 구조가 회전에 유리한 편으로, 특히 어깨가 좁고 가운데 중심 쪽으로 몰려 있다고 합니다. 그러니 어깨를 구성하는 원자들의 회전반경이 어깨가 넓은 선수들에 비해 작아지겠죠. 그만큼 각속도에서 이득을 볼 수 있습니다. 이것은 양학선 선수의 타고난 이점이라고 할 수 있겠죠. 몸의 좌우 밸런스도 완벽에 가깝다고 하더군요. 그리고 보통 체조 선수들의 체지방율이 7~8퍼센트인 데 반해 양학선 선수는 4.1퍼센트밖에 안 된다고 합니다. 체중 대비 근육량이 탁월한 셈이죠. 따라서 도마를 짚고 나서 몸을 튕길 때 더 큰 각운동량으로 회전을 시작할 수 있을 겁니다.

진행자 S 종합하면 양학선 선수는 일단 도마까지 진입 속도가 빠르고, 도마를 짚는 시간이 짧고, 탁월한 근육량으로 회전을 많이 넣고, 신체 구조도 회전에 적합하다는 것이군요.

이종필 공중에서 많은 회전을 할 수 있는 핵심 요소는 모두 갖췄죠. 예전 기사를 보니 양학선 선수가 자신의 신기술을 더욱 발전시켜서 세 바퀴 반 회전을 시도하고 있다고 하더군요.

진행자 S 양학선 선수의 경기가 8월 6일이던가요?

이종필 네. 지난 7월 28일 예선전을 무난히 통과했는데, 그때는 양학선 기술을 쓰지 않았습니다. 닭 잡는 데 소 잡는 칼을 쓸 이유가 없었겠죠. 그리고 한국 시각으로 8월 6일 밤 11시 35분에 결승전을 시작할 예정입니다. 이때 드디어 올림픽에서 공중 3회전 기술을 처음 선보이게 됩니다. 도마에서 유일한 난도 7.4의 기술을 선보이는 것도 이번이 처음이니까 국민 여러분께서도 한번 감상해보시기 바랍니다.◆

◆ 양학선은 2012년 8월 6일(이하 현지시간) 런던 노스그리니치 아레나서 열린 남자 기계체조 도마 결선에서 1, 2차 시기 평균 16.533점을 얻어 금메달을 획득했다. 이는 한국 체조 사상 첫 금메달이다.

맨해튼 프로젝트의 비밀_2012.08.08

진행자 S 해마다 광복절이 되면, 다른 이슈 말고도 우리가 광복하게 된 결정적 계기인 히로시마와 나가사키의 핵폭탄이 떠오릅니다.

이종필 히로시마에 핵폭탄이 떨어진 때가 1945년 8월 6일이고 나가사키에 떨어진 것이 8월 9일이었습니다. 곧이어 일본이 항복하면서 제2차 세계대전이 끝났고 우리도 해방되었습니다. 그러니 미국이 어떻게 핵폭탄을 만들어서 히로시마와 나가사키에 투하하게 됐는지 그 과정을 추적해보는 것도 흥미로울 것입니다.[1, 2, 3, 4] 앞서 한번 이 주제를 다룰 때는 핵폭탄의 일반적인 원리와 성질밖에 이야기하지 못했습니다. 여기서는 미국이 제2차 세계대전 중 진행시킨 핵무기 개발 계획, 이른바 맨해튼 프로젝트에 대해 풀어봤으면 해요.

진행자 S 맨해튼 프로젝트는 언제 시작되었습니까?

MANHATTAN PROJECT

이종필 1942년에 시작해 1946년 끝납니다. '맨해튼'이라 불리게 된 것은 이 프로젝트의 본부가 맨해튼 브로드웨이가 270번지에 있어서였습니다. 맨해튼 프로젝트를 수행하기 위한 각종 연구소 등은 미 전역에 걸쳐 있었는데, 제일 유명한 것이 로스 알라모스 연구소입니다. 지금도 존속하고 있죠.

맨해튼 프로젝트의 총비용은 24억 달러(약 2조4000억 원)였습니다. 현재 가치로 환산하면 이보다 최소 10배는 됩니다. 즉 현재 화폐 가치로 24조 원쯤 되죠. 한국의 4대강 예산과 비슷합니다. 이 프로젝트의 군사 분야 책임자는 레슬리 그로브스 장군이었고, 과학 분야 책임자는 로버트 오펜하이머였습니다.

진행자S 오펜하이머는 유명한 물리학자 아닙니까?

이종필 네, 원래 이론물리학자입니다. 버클리 대학 교수였고요. 중성자별을 연구해서, 어떤 한계 이상의 질량을 가진 중성자별은 중력 붕괴를 이기지 못하고 블랙홀이 될 거라고 예측하기도 했습니다. 오펜하이머가 원래부터 천재적인 인물이지만 엄청난 명성을 얻은 것은 맨해튼 프로젝트의 결과라고 할 수 있습니다. 1904년생인 그가 맨해튼 프로젝트 책임자가 된 것은 나이 마흔 살인 1943년이었습니다. 제 나이가 올해 만으로 마흔한 살인데요. 오펜하이머를 보면 나는 그동안 뭘 하고 살았나 하는 생각이 듭니다.

오펜하이머는 당시에 공산주의 운동에도 관심이 많았습니다. 그래서 맨해튼 프로젝트 내내 빨갱이라는 의심을 샀고, 이후에도 의회 청문회에서 자격을 박탈당하는 등 수모를 겪었죠. 당시 매카시 광풍이 몰아칠 때라 오펜하이머도 피해갈 수 없었습니다. 최근에 『아메리칸 프로메테우스』라는 오펜하이머 평전이 나왔습니다. 무려 1000쪽이 넘습니다. 이 책을 한마디로 말하면, 오펜하이머는 빨갱이가 아니다라는 내용입니다. 사실 오펜하이머 주변에 공산주의자가 많긴 했습니다. 동생과 더불어 오펜하이머의 정부로 알려진 진 태트록도 공산주의자였습니다. 그의 아내 키티의 집안도 예사롭지 않아요. 히틀러 시대 독일의 육군 원수 카이텔 장군의 사촌이었다고 합니다. 오펜하이머가 네 번째 남편이었고요.[5, 6]

진행자 S 맨해튼 프로젝트가 1942년에 본격적으로 시작되었는데, 핵폭탄을 처음 만든 것은 언제인가요?

이종필 최초로 핵폭탄 실험을 한 것은 1945년 7월 16일이었습니다. 우리가 해방되기 꼭 30일 전이죠. 이 실험은 트리니티 실험으로 불립니다. 오펜하이머가 직접 이름을 붙였습니다. 이 날 실험한 것은 플루토늄 폭탄이었습니다. 앞서도 말했듯이, 우라늄탄은 비교적 만들기 쉽습니다. 임계질량에 조금 못 미치는 우라늄 235 두 덩어리를 따로 떼어놓았다가 폭약을 터뜨려 두 덩어리가 하나로 합쳐지게 하면 바로 핵폭발이 일어납니다. 포신형 혹은 대포형이라고 앞서도 언급했죠.
반면에 플루토늄은 불순물 때문에 조기 폭발이 생길 수 있어 포신형으로 만들지 못하고 내폭형으로 만듭니다. 이것은 구형의 플루토늄 덩어리 주변에 여러 조각의 재래식 폭약을 설치한 뒤 일시에 터뜨려 플루토늄을 한꺼번에 공의 한가운데로 집중시키는 방식입니다. 기술적으로는 이 내폭형이 좀더 어렵습니다. 그래서 실전에 사용하기 전에 시험 폭파를 해보기로 한 겁니다.
여기에는 플루토늄 239를 얻기가 비교적 쉬웠던 이유도 있었습니다. 우라늄 235는 1945년 7월이 돼서야 겨우 폭탄 하나 만들 정도의 양을 정제할 수 있었기 때문에 이것을 실험용으로 쓸 수는 없었습니다. 다행히 우라늄 폭탄은 포신형으로 쉽게 만들 수 있는 이점이 있어 곧바로 실전에 투입 가능했습니다.
마침 트리니티 실험이 있던 7월 16일 새벽 4시경 샌프란시스코 만 조선창에 정박 중이던 순양함 인디애나폴리스호에 실전에 쓰일 우라늄 폭탄의 일부가 선적됩니다. 그리고 그날 새벽 5시 29분 뉴멕시코 주 호르나다 사막에 위치한 트리니티 실험장에서 사상 최초의 원자폭탄 실험을 수행했습니다.

진행자 S 트리니티 실험은 성공적이었나요?

이종필 큰 성공을 거뒀죠. 이날은 밤새 지독한 폭풍우 때문에 실험 자체가 이뤄질 수 있을지조차 불투명했지만 새벽 4시경부터 구름이 흩어지기 시작했고, 이에 새벽 5시에 30분 경 실험을 강행하기로 결정을 내렸습니다. 사실 이런 핵분열 폭탄을 이전에 터뜨려본 적이 없었기 때문에 누구도 그 위력을 정확하게 예측할 수 없었습니다. 당대 최고의 물리학자 가운데 이탈리아 출신의 엔리코 페르미가 있었습니다. 페르미는 핵폭탄이 지구 대기에 불을 붙여 전 세계를 파멸시킬지도 모른다고 말했습니다.
실제로 폭발이 일어났을 때 페르미는 다른 사람들처럼 참호 속에서 몸을 엎드리지 않고 밖으로 나가 핵폭탄의 위력을 추정하기 위해 종이 조각을 허공에 날렸습니다. 이렇게 종이 조각들이 날려가는 것을 보고 페르미가 추정한 플루토늄 폭탄의 위력은 TNT 약 1만 톤 규모였는데요. 나중에 정확히 조사한 바로는 TNT 2만 톤 규모였습니다.
폭발 뒤 처음 1000분의 1초 동안 폭심의 온도가 6000만 도까지 올라갔습니다. 이것은 태양 표면 온도의 1만 배에 달합니다. 그 중심 기압은 무려 1000억 기압인데, 충격파가 시속 수백 킬로미터의 속도로 퍼져나갑니다. 그 때문에 320킬로미터 밖에 있는 집의 유리창이 모두 박살났다고 합니다.
그리고 트리니티 실험 3시간 반 뒤에 샌프란시스코에 있던 순양함 인디애나폴리스호가 서태평양의 사이판 바로 옆에 있는 티니언 섬으로 출항합니다.[1, 3*]

진행자 S 플루토늄 폭탄으로 최초의 핵폭탄 실험을 했던 바로 그날, 실전에 곧바로 쓰일 우라늄탄을 서태평양의 티니언 섬으로 이송했다는 말이군요. 티니언 섬이 미군의 전진기지였나 보죠?

이종필 그렇습니다. 이 섬은 1944년 7월 미국이 일본으로부터 빼앗은 뒤 섬 북쪽에 당시로서는 세계 최대의 공군 기지를 건설했습니다. 티니언에서 일본 남부까지는 2400킬로미터, 일본 본토까지 왕복 비행 13시간 거리입니다. 여기서 핵폭탄 폭격 임무를 맡은 부대가 509혼성대대였습니다. 대대 책임자는 폴

티베츠 대령이었는데요. 폭격을 위해 태어난 폭격기 조종사라는 별칭이 따라붙었습니다.
509혼성대대는 딱 한 가지 훈련만 반복했습니다. B29 폭격기를 몰고 9.5킬로미터 상공에서 폭탄을 투하하는 훈련이었습니다. 이 폭탄은 투하 43초 뒤에 터질 예정이고요. 비행기는 투하 즉시 60도 각도로 급선회해서 도망갑니다. 그리고 7월 20일에는 실제로 도쿄 인근에서 모의탄 투하 연습도 했습니다. 당시에는 미 공군이 제공권을 완전히 장악한 터여서 일본의 60개 도시가 초토화된 상태였습니다.

진행자 S 당시까지는 히로시마가 폭격을 피해간 도시였겠군요?

이종필 맞아요. 1945년 4월 27일 공격목표 선정위원회, 그러니까 최초의 핵폭탄을 투하할 도시를 고르는 회의가 처음 열렸는데요. 3월 9일 도쿄 대공습 이후로 6주 만에 일본의 주요 도시가 파괴돼서 더 이상 폭격할 대상이 없다는 것이 문제였다고 합니다. 당시 회의 비망록을 보면 히로시마는 미군의 제21폭격사령부의 우선 폭격 대상 목록에서 누락된 가장 큰 미폭격 도시인 점을 강조하고 있습니다.
그리고 5월 10일 공격목표 선정위원회 2차 회의가 로스알라모스에 있는 오펜하이머 사무실에서 열렸습니다. 여기서 5개 도시가 후보에 오릅니다. 교토, 히로시마, 요코하마, 고쿠라, 니가타. 이 중에서 당시 미국의 전쟁장관이었던 헨리 스팀슨은 교토 폭격에 반대합니다. 스팀슨은 1926년과 1929년에 아내와 함께 교토를 방문한 적이 있었습니다. 그는 교토가 일본의 정신적·문화적 중심지라 오히려 역효과가 날지도 모른다며 반대했습니다.

반면에 맨해튼 프로젝트의 군사 분야 책임자 그로브스 장군은 바로 그 이유로 교토를 선호했다고 합니다. 특히 히로시마 인구는 30만인 데 비해 교토 인구는 100만이라 신형 폭탄의 위력을 가장 잘 보여줄 수 있으리라 생각한 것이죠.[1*]

한편 그로브스 장군이 초안을 작성한 공식 폭격명령서가 육군참모총장 마샬과 전쟁장관 스팀슨의 승인을 거쳐 45년 7월 25일자로 태평양 전략공군사령관인 칼 스파츠 대장에게 전달됩니다.[7] 이 명령서에 따르면 1항에 8월 3일 이후 날씨가 좋아져 육안으로 폭격이 가능해지는 즉시 다음 목표 중 한 곳에 최초의 특수폭탄을 투하한다고 돼 있습니다. 그 목표는 히로시마, 고쿠라, 니가타, 나가사키였습니다. 그리고 준비가 되는 대로 추가 폭탄을 위 표적에 투하한다고 2항에 적혀 있습니다.

진행자 S 핵폭탄 투하 여부에 대해서도 찬반양론이 있었을 것 같은데요.

이종필 그렇습니다. 전쟁장관 스팀슨 자신이 좀 회의적이었고요. 아이젠하워 당시 연합군 최고사령관은 이렇게 말했습니다. "첫째, 일본은 항복할 준비가 돼 있어서 그런 끔찍한 무기로 공격할 필요가 없다. 둘째, 우리 조국이 그런 무기를 사용하는 첫 번째 국가가 되는 꼴을 보고 싶지 않다." 윌리엄 리히 백악관 비서실장은 "나는 그런 식으로 전쟁을 수행하라고 배운 적이 없다. 여자와 아이들을 살육하면서까지 전쟁을 이길 수는 없다"고 했고, 커티스 러메이라는 장성은 "소이탄 폭격이 대단히 성공적이어서 우리가 침공하기 전에 일본은 무너질 것"이라고 하며 핵무기 사용은 불필요하다고 했습니다.[8, 9, 10] 반면 찬성론자들은 단 하나의 폭탄으로 도시를 절멸시켜서 일본의 기세를 완전히 꺾어 무조건 항복을 유도해야 한다는 논리를 폈습니다. 소련에 큰 위협이 되리라는 점도 중요한 이유였고요. 결국 5월 31일 트루먼 대통령은 일본에 대한 사전 시범이나 경고 없이 핵폭탄을 사용할 것을 승인합니다.

진행자 S 어쨌든 히로시마가 최종적으로 선택된 것은 나중의 일이군요?

이종필 그렇습니다. 히로시마를 폭격한 날이 1945년 8월 6일 월요일 아침이었습니다. 폭격 이틀 전인 8월 4일 오후 4시 티니언 공군 기지에서 509혼성대대의 마지막 브리핑이 있었습니다. 이때 공격 목표가 히로시마, 고쿠라, 나가사키로 좁혀졌고, 총 일곱 대의 B29기가 출격하기로 했습니다.

진행자 S 그러면 폭격기 한두 대가 가서 폭탄을 투하한 것이 아니었네요.

이종필 기상관측조가 석 대, 타격조가 석 대, 비상대기조가 한 대였습니다. 기상관측조는 타격조보다 한 시간 먼저 히로시마, 고쿠라, 나가사키로 각각 출격해서 기상 조건을 통보하는 것이 임무였습니다.
그리고 타격조 석 대 중 티베츠 대령이 모는 빅터82가 핵폭탄을 탑재했고요. 다른 한 대는 촬영 장비를 싣고 나머지 한 대는 폭발 계측 장비를 실었습니다. 출격 시각은 8월 6일 새벽 2시 45분이었습니다. 티베츠는 출격 전날 자신의 비행기 이름을 바꾸는데요. 자기 어머니의 이름을 비행기에 다시 페인트로 도장을 했습니다. 그 이름이 바로 에놀라 게이였습니다. 그 덕분에 에놀라 게이라는 이름이 역사에 남겨집니다.

진행자 S 티베츠 대령이 몰았던 에놀라 게이가 싣고 간 핵폭탄이 우라늄 폭탄이었던 거죠?

이종필 맞아요. 7월 16일 트리니티 실험을 하던 날 인디애나폴리스호가 운송한 바로 그 우라늄 폭탄이었습니다. 이 폭탄의 별칭이 little boy였습니다. 우리말로 꼬맹이 정도 되겠죠. 꼬맹이 폭탄은 총중량이 약 4톤이고 우라늄 235가 약 60킬로그램이었습니다. 이 폭탄은 사전 폭발 실험도 전혀 없이 실전에 투입된 겁니다.

진행자 S 그 꼬맹이 폭탄이 일종의 스마트 폭탄이었다는데 사실인가요?

이종필 꼬맹이 폭탄은 논리 회로를 갖춘 스마트 폭탄이었습니다. 오펜하이머가 계산한 바에 따르면 핵폭탄의 위력을 극대화하기 위해서는 지상 560미터 정도에서 터져야 했습니다. 560미터이면 대략 관악산 정상쯤 되는 높이입니다.
꼬맹이가 터지는 과정은 총 3단계로, 우선 폭탄이 투하되면 폭탄 내부 회로에 전력이 공급되면서 8개의 시계가 작동합니다. 투하 15초 뒤에 2단계로 넘어가는데, 이때는 기압계가 작동하기 시작합니다. 폭탄이 떨어지면서 기압이 높아지면 약 2,000미터 상공에서 3단계로 넘어갑니다. 3단계에서는 네 개의 레이더가 지상에 전파를 쏘아서 높이를 감지합니다. 그래서 네 개의 레이더 중 두 개의 고도가 560미터가 되면 분리된 우라늄 한쪽의 재래식 폭탄이 터지면서 두 개의 우라늄 덩어리가 합쳐집니다. 그러면 100만 분의 1초 동안 격렬한 핵분열에 의한 핵폭발이 일어납니다.

진행자 S 만약 꼬맹이가 에놀라 게이 안에서 터진다든가 혹은 에놀라 게이가 추락한다면 큰일 아닌가요? 그에 대한 대비도 있었나요?

이종필 사실 그게 큰 골칫거리였습니다. 티니언에서 B29기가 폭격을 위해 출격할 때면 소이탄과 항공 연료 때문에 중량이 초과해서 활주로에 추락하는 일이 종종 일어났다고 합니다. 에놀라 게이의 경우 4톤에 이르는 꼬맹이 폭탄에다가 일본까지 갔다 오는 왕복 연료 때문에 무려 7톤이나 중량 초과였다고 해요. 그래서 사실 출격할 때도 겨우겨우 이륙에 성공합니다. 어쨌든 비행기가 그렇게 추락하더라도 핵폭탄이 터지지 않도록 하는 게 중요한 일인데요. 그런 이유로 기폭 장치는 비행기가 이륙한 뒤 비행기 안에서 조립하기로 합니다. 꼬맹이 폭탄에는 우라늄이 두 덩어리로 나뉘어 있습니다. 한쪽 끝에 있는 우라늄 뒤에서 재래식 폭약을 터뜨려 우라늄 덩어리를 발사시키면 반대편에 있는 우라늄 덩어리와 합쳐져 핵폭발이 일어납니다. 그러니까 이 재래식 폭약이 없으면 핵폭발이 일어나지 않습니다. 그래서 이 폭약을 이륙한 뒤에 장착하기로 합니다. 이 임무를 담당한 사람이 병기 전문가 딕 파슨스였습니다. 실제로 파슨스는 이륙 15분 뒤인 8월 6일 새벽 3시에 에놀라 게이의 폭탄 탑재실로 내려가 핵폭탄을 분해한 뒤 기폭 장치를 장착하고 다시 조립하는 과정을 진행합니다. 이 작업에 약 15분이 소요됐습니다. 이 일을 위해 파슨스는 전날 오후 내내 지상에서 폭탄 분해와 조립 연습을 했다고 합니다.

또 한 가지, 만에 하나 일본군이 꼬맹이의 주파수를 알아내서 미리 폭발시킬지도 모른다는 우려가 있었기에 전자전 담당관이던 제이컵 비저 중위가 에놀라 게이에 동승합니다. 비저 중위의 역할은 일본군의 레이더 주파수를 감시하는 것이었는데요. 탑승 전 네 개의 레이더에 사용할 주파수가 적힌 쪽지를 넘겨받습니다. 만약 일이 잘못돼서 일본군에 생포되면 그걸 삼키라는 명령을 받았다고 합니다.

그리고 우연히 일본군이 폭탄의 주파수를 알아낼 가능성에 대비해 각종 수신기, 열 인식 스펙트럼 분석기, 광각촬영 장치 등 온갖 비밀 장비를 탑재했다고 알려졌습니다.[1*]

진행자 S 일본군은 눈치 채지 못했죠?

이종필 전혀 몰랐습니다. 8월 6일 아침 7시 9분경 히로시마로 기상 관측을 나갔던 스트레이트 플러시가 메시지를 보냅니다. 구름 덮인 지역이 20퍼센트 정도여서 우선 폭격을 제안합니다. 그제야 비로소 히로시마가 최종 공격 목표로 확정된 거죠. 실제 투하되기 약 한 시간 전입니다. 이때 히로시마에서는 기상관측조 비행기를 보고 20분간 공습경보를 울렸다가 해제합니다. 그래서 타격조는 아무런 저항 없이 히로시마 상공에 진입했고요.
폭격 조준 지점은 히로시마 가운데를 흐르는 오타 강이 둘로 갈라지는 지점에 있는 T자형 다리였습니다. 이 다리의 이름이 아이오이바시, 우리말로 상생의 다리였다고 합니다.
폭탄이 투하된 시각은 8월 6일 월요일 아침 8시 15분 15초였고, 43초 뒤 폭탄이 히로시마 상공에서 터집니다. 이후 상황은 널리 알려져 있죠. 타격조는 폭탄을 투하한 뒤 급선회 기동으로 그 지역을 빠져나갑니다. 티베츠는 티니언 기지에 귀환하자마자 미 전략공군 태평양 지역 사령관이었던 칼 스파츠 대장으로부터 십자무공훈장을 수여받습니다.

진행자 S 나가사키는 어땠습니까?

이종필 나가사키는 3일 뒤인 8월 9일 목요일 12시 2분에 척 스위니 대위가 조종한 폭격기 '복스카'가 폭격했습니다. 이때 투하된 폭탄은 7월 16일 트리니티 실험에 썼던 것과 똑같은 플루토늄 폭탄이었고요. 별칭이 fat man, 즉 뚱뚱이였습니다. 에놀라 게이에 탑승했던 전자전 전문가 비저 중위가 복스카에도 탑승했습니다. 유일하게 두 폭격에 모두 참가한 사람입니다. 사실 이날 원래 표적은 이보다 160킬로미터 동북쪽에 있는 고쿠라였는데요. 짙은 구름 때문에 나가사키로 변경했습니다. 하지만 나가사키의 기상이 더 나빴던 터라 다시 고쿠라로 갈까 했으나, 연료가 부족할 것을 우려해 나가사키에 그대로 투하합니다. 뚱뚱이 폭탄은 꼬맹이보다 위력이 더 컸지만 이게 산중턱 계곡 아래로 떨어지는 바람에 산이 후폭풍을 막아서 상대적으로 피해는 적었다고 합니다. 뚱뚱이가 터진 폭심지는 마침 미쓰비시 군수 공장이었습니다. 진주만 공격에 쓰인 어뢰도 여기서 만들었다고 하죠.[1*]

진행자 S 미쓰비시는 조선인 강제노역으로도 악명을 떨친 회사 아닙니까?

이종필 그렇습니다. 2012년 5월 18일 발사된 아리랑 3호 위성을 미쓰비시의 H2A 로켓이 쏘아올렸죠. 앞서도 말했지만 일본은 이미 핵무기를 수천 개 만들 수 있는 플루토늄을 확보하고 있고, 발사체 기술도 상당한 수준입니다. 그걸 만든 회사가 제2차 세계대전 때 잘나가던 군수 회사였다고 하니 식민지의 고통을 겪었던 우리 입장에서는 갖은 생각이 들 수밖에 없습니다.

과학계의 얼룩, 데이터 조작의 역사_2012.08.15

진행자 S 과학의 역사를 살펴보면 여느 분야와 다름없이 과학자들의 업적과 관련된 논란이 많이 있었죠? 법칙이 지배하는 세계이니만큼 언제나 공평무사할 것 같은데 꼭 그렇지만은 않은가봅니다.

이종필 과학활동도 어차피 인간이 하는 것이기 때문에 아무리 주의를 기울여도 그런 문제가 없을 수 없습니다. 이번에 소개할 사례는 미국의 물리학자인 로버트 밀리컨에 관한 것입니다.

진행자 S 밀리컨은 어떤 인물인가요?

이종필 1923년 노벨물리상을 받은 과학자로, 1868년에 태어나 1953년에 사망했습니다. 그가 받은 것으로 미국은 두 번째 노벨물리상을 기록하게 됐고 그만큼 영향력 있는 물리학자였습니다. 그는 노벨상을 포함해 16개의 상과 20개의 명예 학위를 받았고, 후버 대통령과 루스벨트 대통령 자문, 미국과학진흥협회AAAS 회장을 지내기도 했습니다.
밀리컨은 원래 그리 유명하지 않은 시카고 대학 교수였는데, 나중에는 캘리포니아 공대, 즉 칼텍을 세계적인 대학으로 만든 주역입니다. 밀리컨은 시카고 대학 시절이던 1908년부터 과학사에서 유명한 실험을 하나 하게 됩니다. 그 때문에 일약 과학계의 스타로 떠오르죠.

진행자 S 어떤 실험인가요?

이종필 전자의 전하량을 측정한 것입니다. 전자는 원자핵과 함께 원자를 구성하는 기본 입자이고, 전하량이라는 것은 전자가 가지고 있는 전기의 양입니다. 전자는 다들 알다시피 마이너스 전기를 가지고 있는데요. 그 당시에는 전자가 가지고 있는 전기량, 즉 전하량이 얼마인지 정확하게 알지 못했습니다. 그래서 밀리컨이 실험을 통해 전자의 전하량을 측정하려고 했습니다. 이를 위해 밀리컨이 기름방울을 이용했고, 그래서 이 역사적인 실험은 기름방울 실험, 혹은 한자로 유적油滴실험이라 불립니다.[1]

진행자 S 기름방울이라, 그걸로 어떻게 전자의 전기량을 측정할 수 있나요?

이종필 이 기름방울이 일단 대단히 작아서 맨눈에 잘 안 보일 정도입니다. 분무기를 뿌리면 조그만 물방울들이 날아다니잖아요. 그것보다 더 작습니다. 그래서 이 실험이 상당히 까다롭습니다. 저도 대학 3학년 때 이 실험을 해봤는데요. 데이터 자체를 얻기 힘들 정도로 가장 어려운 실험이었습니다.

어쨌든 이 기름방울에 X선을 쬐거나 하면 기름방울들이 전기를 띠게 됩니다. 그러니까 기름방울들이 어떤 전하량을 갖게 되는 거죠. 전기 전하가 기름방울에 입혀진다고 보면 됩니다. 그러면 기름방울들에 전기장을 걸었을 때 힘을 받게 됩니다. 실제로 밀리컨은 이렇게 전기적으로 대전된 기름방울을 자유낙하시키면서 이 기름방울에 수직 방향으로 전기장을 걸었습니다. 이때 전기장의 방

향을 잘 조정하면 기름방울에 작용하는 전기에 의한 힘과 중력, 그리고 공기에 의한 저항력이 상쇄되게 할 수 있습니다.

진행자 S 그러면 중력과 공기저항력과 전기력이 상쇄되는 순간을 찾으면 기름방울에 대전된 전하량을 측정할 수 있다는 얘기인가요?

이종필 정확히 그렇습니다. 전기적으로 대전된 입자가 받는 힘은 그 전하량에 비례하기 때문에 중력을 상쇄하는 전기장의 크기와 공기저항력을 정확하게 알면 기름방울에 대전된 전기량의 크기를 알 수 있습니다. 그런데 당시에는 자연에 존재하는 전하량이 연속적으로 임의의 값을 가질 수 있는지 아니면 특정한 값의 정수배로만 존재할 수 있는지가 큰 관심거리였습니다. 밀리컨은 전하량이 전자가 가진 전하량의 정수배로만 존재한다고 믿었고, 그의 실험 결과도 그렇게 발표했습니다. 자연

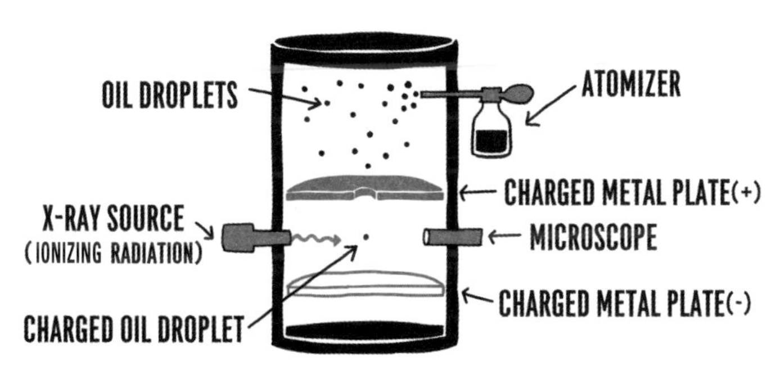

에는 전자가 가진 전하량의 한 배, 두 배, 열 배, 이런 식으로만 존재할 수 있다는 거죠. 그러니까 자신의 실험에서 측정한 기름방울의 전하량이 전자 전하량의 정수배로만 존재했다는 겁니다. 이것은 여전히 과학적 사실로 받아들여지고 있습니다.

진행자 S 언뜻 생각하기에는 전하량이라는 게 대략 전기량이니까 아무 값이나 가능할 듯도 한데요. 그런 주장을 했던 과학자는 없었습니까?

이종필 바로 오스트리아 빈 대학의 펠릭스 에렌하프트라는 물리학자가 전자의 전하량보다 더 적은 전하량, 말하자면 전자 전하량의 절반이나, 50분의 1이나, 1000분의 1이 되는 전하량도 존재할 수 있다고 주장했습니다.[2, 3] 특히 밀리컨의 1910년 논문에 대해서는 밀리컨 데이터의 편차를 지적하면서 전자의 전하량보다 더 적은 전하량을 갖는 입자, 이른바 '아전자'라는 개념을 주장합니다. 영어로는 subelectron이라고 하는데, 학계에서 이 문제를 두고 논쟁이 벌어집니다.
밀리컨은 1913년에 58개의 기름방울에 대한 새로운 실험 결과를 내놓았습니다. 이 논문에는 다음과 같은 문장이 있습니다. "60일 연속 58개의 다른 모든 기름방울에 대해 위와 같이 일련의 모든 관찰을 수행한 결과를 표20에 모두 정리했다."[1*]
그런데 바로 이 논문으로 인해 문제가 생깁니다.

진행자 S 어떤 문제였나요?

이종필 제럴드 홀턴이라는 인물은 미국에서 가장 권위 있는 과학사학자로 꼽힙니다. 그가 1978년 밀리컨의 실험에 대한 논문을 발표했습니다. 즉 밀리컨이 직접 작성했던 실험 노트를 분석한 것입니다. 그 결과 밀리컨이 실험에 사용한 기름방울은 58개가 아니라 총 140개였다고 합니다. 게다가 그 실험 노트에는 어떤 데이터의 경우 뭔가 잘못됐다고 하면서 기각시키고 또 다른 데이터는 훌륭해서 꼭 발표해야지 하는 주석들이 적혀 있었습니다. 그러니까 밀리컨이 자신의 논문에서 그 결과가 실험에 사용된 모든 기름방울이며 선별과정을 거치지 않았다고 쓴 것은 사실이 아니라는 이야기죠.[4, 5]

진행자 S 그렇다면 밀리컨은 자신이 원하는 실험 결과를 얻기 위해 데이터를 조작했다는 것인가요?

이종필 한마디로 말하면 제럴드 홀턴이 주장한 바는 그렇습니다. 당시 밀리컨은 에렌하프트와 논쟁 중이었고 자연에 존재하는 전하량은 전자의 전하량의 정수배로만 존재한다고 주장했는데요. 이에 부합하는 데이터만 선별해서 논문을 썼다는 것이지요. 홀턴의 영향력 때문에 밀리컨의 기름방울 실험은 과학의 역사에서 데이터를 조작한 대표적인 사례 가운데 하나로 꼽히고 있습니다. 밀리컨은 특히나 기름방울 실험을 통해 전자의 전하량을 측정한 공로로 노벨상을 수상했고(다른 공로도 있지만) 미국에서 영향력이 가장 큰 과학자였기 때문에 홀턴의 주장은 큰 충격이 아닐 수 없었습니다. 그래서 니콜라스 웨이드와 윌리엄 브로드가 쓴 『진실을 배반한 과학자들』이라는 책에서도 역사 속의 기만행위로 소개돼 있습니다.[5*]

한국에서도 2005년 황우석 사태가 터졌을 때 그를 지지했던 많은 사람이 밀리컨을 예로 들었습니다. 밀리컨도 데이터를 조작해서 노벨상을 받고 아무 문제가 없었는데 왜 황우석 교수만 문제 삼느냐는 논리였죠.

진행자 S 황우석 사태 당시 밀리컨의 사례가 인용되기도 했는데, 이런 연유가 있었군요. 그런데 밀리컨이 데이터를 조작했다는 홀턴의 주장은 확실히 믿을 만한가요?

이종필 앨런 프랭클린이라는 물리사학자는 조금 다른 견해를 내놓습니다. 그 역시 밀리컨의 실험 노트를 분석했습니다. 프랭클린에 따르면 밀리컨이 실험한 60여 일 동안 사용한 기름방울은 홀턴이 주장했던 140개가 아니라 107개였다고 합니다. 그러니까 107개 중 49개를 버리고 58개를 논문에 썼다는 거죠. 그런데 자신이 원하는 결과와 달라서 버린 데이터는 6개에 불과했다는 게 프랭클린의 주장이었고요, 특히 그 6개의 데이터를 포함하더라도 밀리컨의 최종적인 결과는 크게 바뀌지 않았을 거라고 합니다. 그러니까 프랭클린의 결론을 요약하면 밀리컨이 의도적으로 데이터를 조작하지는 않았다는 것이죠.[4*]

진행자 S 140개든 107개든 어쨌든 실험에 사용한 기름방울은 58개가 전부였다는 밀리컨의 주장이 사실이 아님은 확실하군요.

이종필 그 점에 대해서는 밀리컨이 할 말이 없을 겁니다. 현대적인 실험에서는 어떤 데이터를 어떤 기준에 의해서 배제했다, 라고 명확하게 밝히는 것이 관례입니다. 사실 실험물리학에서는 이 과정이 대단히 중요합니다. 어떤 데이터를 무슨 기준으로 선별했다는 과정 자체가 과학적으로 굉장히 엄밀한 기준에 의해서 진행돼야만 하기 때문이에요. 밀리컨은 분명히 이런 과정을 밝히지 않았던 탓에 프랭클린의 주장이 옳다고 하더라도 문제가 좀 있다는 비판은 피할 수 없지 않나 생각합니다.

진행자 S 밀리컨의 이 실험에는 또 다른 논란도 있다면서요?

이종필 당시 밀리컨의 대학원생 가운데 하비 플레처가 있었습니다. 플레처는 전자의 전하량 측정에 관한 연구로 박사학위 논문을 썼는데요. 그가 자기 친구한테 남긴 메모가 있습니다. 그 메모는 플레처가 자기 사후에 공개하라고 부탁해서 『피직스 투데이』라는 학술 매거진의 1982년 6월호에 공표가 됐습니다.[6] 플레처는 1981년에 사망했고요. 그 메모에 따르면 전하량 측정 실험에 기름방울을 사용할 것을 제안한 사람은 자신이었다고 합니다. 그리고 처음으로 기름방울 실험을 해서 최초로 전하량을 측정한 사람도 자신이었다고 합니다. 그래서 전자의 전하량을 측정한 실험 결과를 발표한 논문에 자기 이름이 밀리컨과 공동으로 실릴 줄 알았는데 밀리컨이 자기 이름을 뺐다고 주장했습니다. 그래서인지 위키피디아에서 밀리컨이나 기름방울 실험을 검색해보면 밀리컨과 플레처가 함께 실험했다, 이런 표현들이 나오고 있습니다.

진행자S 밀리컨이 자기 학생의 공적을 가로챈 것인가요?

이종필 적어도 플레처의 주장에 따르면 그런 셈이죠. 이 실험과 관련된 논문을 총 다섯 편 발표했는데요. 『피직스투데이』에 실린 플레처의 비망록을 보면 밀리컨이 첫 논문을 자기 단독 논문으로 발표하는 대신 다섯 번째 논문을 플레처 단독 저자로 해서 이걸 플레처의 박사학위 논문으로 하자는 거래를 했다고 합니다. 어쨌든 밀리컨이 자기 학생의 업적을 가로챘다는 이런 이야기는 데이터 조작 스캔들보다는 좀 덜 알려져 있습니다.

진행자 S 학계에서 그런 일이 얼마나 벌어지나요? 학계는 올림픽보다 더 공정해야 할 거 같은데요.

이종필 안타깝게도 그런 일들이 꽤 벌어지는 듯합니다. 과학의 역사에서 가장 유명한 사례로는 천체물리학 분야에서 조지 가모와 랠프 앨퍼, 그리고 한스 베테가 저자로 돼 있는 이른바 알파 베타 감마 논문을 들 수 있습니다. 빅뱅 직후 수소와 헬륨과 같은 가벼운 원소들이 어떻게 합성되었는지를 규명한 기념비적인 논문입니다. 이 경우에는 당시 대학원생이었던 앨퍼의 이름이 빠진 것은 아니지만 그 작업에 아무런 기여도 하지 않았던 베테의 이름이 들어가는 바람에 앨퍼의 역할이 빛 바래고 말았습니다. 사실 알파 베타 감마 논문은 굉장히 중요한 논문이고 그 내용이나 뒷얘기 또한 상당히 흥미로운 면이 많습니다.

진행자 S 한국은 이런 면에서 어떤가요?

이종필 국내에서는 제가 직접 보고 듣고 겪은 사례가 많습니다. 가장 흔한 것은 알파 베타 감마 논문의 사례처럼 아무 일도 안 했는데 논문에 이름이 들어가는 경우입니다. 보통 지도교수가 별로 한 일도 없이 이름을 올리곤 하죠. 외국과 비교할 때 한국이 특히 더 심하다는 이야기를 주위에서 많이 하더라고요. 그리고 논문에 똑같이 이름이 들어가더라도 누가 가장 큰 기여를 했느냐, 누구는 얼마만큼의 기여를 했느냐 하는 문제로 간혹 잡음이 생깁니다. 제자의 업적인데 지도교수가 마치 자신이 주도한 것처럼 보이려고 기상천외한 방법을 동원하는 경우도 봤습니다.
게다가 한국에서는 학자의 업적을 평가할 때 주저자인지 교신저자인지를 엄밀하게 따집니다. 주저자는 보통 제1저자를 말하는데요. 사실 제 전공인 입자물리 분야는 이름을 알파벳 순서로 쓰기 때문에 주저자의 의미가 크게 없거든요. 그리고 교신저자는 대외적으로 논문을 대표하는 저자로서 주로 학술지와 그 심사위원들과의 공식적인 소통 창구라고 보면 됩니다. 그래서 교신저자가 반드시 큰 기여를 하지 않았을 수도 있어요. 행정 편의상 맡기도 하니까요. 그런데 평가는 주저자나 교신저자 중심으로 진행되니 힘 있는 사람들이 교신저자를 하려고 하겠죠.

진행자 S 최근 한국에서도 『네이처』 표지 논문에서 학생 이름이 빠진 일이 있어 소란이 좀 일었죠?

이종필 이화여대 특임교수였던 남모 교수가 다른 두 교수와 함께 쓴 논문이 『네이처』 표지 논문으로 실려 화제가 됐는데요. 이때 보조연구원이었던 대학원생 전 모씨가 자신의 연구 성과를 남 교수가 가로챘다며 인터넷에 글을 올려 파문이 일었죠. 결국 이 문제를 이화여대 윤리위원회에서 조사했습니다. 윤리위원회는 전씨의 주장을 일부 받아들여 전씨도 저자로 이름을 올려야 한다고 결론 내리고 『네이처』 지에 정정 요청을 했습니다.

하지만 남 교수는 이런 결정에 대해서 윤리위원회가 편파적으로 학생 편을 든다, 자신은 학계 상식에 어긋나는 일을 하지 않았다고 주장했습니다. 그리고 저자 수정도 원래 저자들이 모두 동의해야 가능한 일인데 남 교수를 포함해 두 명이 반대하고 있는 상황이고요. 전씨도 인정하는 바는 남 교수가 연구 주제를 생각하고 제안했다는 것인데, 실제 실험해서 결과를 기록하는 일은 자신이 했다는 겁니다.[7]

어쨌든 연구자들의 업적과 기여를 어느 정도로 어떻게 평가해야 하는가라는 것은 굉장히 민감하면서 미묘한, 쉽지 않은 문제입니다. 스포츠 선수들이 4년 동안 피땀 흘려 노력한 것이 오심이나 편파 판정으로 물거품이 돼서는 안 되듯이 과학자들도 자기 업적이 정당하게 평가받을 수 있는 그런 환경이 마련돼야 합니다.

일본은 왜 기초과학 분야에서 뛰어난가_2012.08.29

진행자 S 이번에는 일본의 기초과학에 대해서 논해봤으면 합니다.

이종필 요즘 국제관계에서 한국과 일본 간의 기류가 심상치 않습니다. 축구 한일전에서는 종종 우리가 일본을 이깁니다만, 기초과학에서만큼은 우리가 일본에 비해 한참 뒤처져 있는 게 사실입니다.

진행자 S 일본은 노벨상 수상자도 많이 배출했잖아요?

이종필 2012년 현재까지 총 17명의 노벨상 수상자를 배출했습니다. 분야별로 살펴보면 물리학상이 6명, 화학상이 7명, 문학상 2명, 의학상 1명, 평화상 1명입니다. 2008년 노벨물리상을 공동 수상한 난부 요이치로는 양친이 모두 일본인이고 일본에서 태어난 100퍼센트 일본인인데요. 미국으로 건너가서 미국 국적을 취득했습니다. 난부 요이치로까지 포함하면 총 18명입니다.◆ 한 가지 놀라운 사실은 이들 모두가 일본의 국립대학교 출신이라는 점입니다.

진행자 S 일본에서 이처럼 다수의 노벨상 수상자를 배출할 수 있었던 동력이 뭘까요?

이종필 다른 분야는 논외로 하고, 물리학 분야를 보자면 우선 현대 물리학을 적시에 받아들여 일본 내에 전파했다는 점이 주효했던 듯합니다. 일본 현대 물리학의 아버지라 불리는 인물로 니시나 요시오(1890~1951)가 있습니다.[1] 니시나는 도쿄 대학 전기공학과를 졸업한 뒤 리켄연구소로 가면서 본격적으로 물리학을 연구했습니다. 그리고 1921년부터 유럽으로 건너가 영국과 독일을 거쳤고 1923년부터 1928년까지는 덴마크 코펜하겐 대학의 이론물리학 연구소에서 닐스 보어로부터 지도를 받았습니다.

진행자 S 1921년에 니시나가 유럽에 유학을 갔다면 현대 물리학을 제대로 배웠겠군요.

이종필 물론입니다. 1921년이면 아인슈타인의 상대성이론이 모두 완성되었지만, 양자역학은 이제 막 태동하던 시기였습니

◆ 2014년 노벨물리상으로 아카사키 이사무와 아마노 히로시 그리고 미국 국적의 나카무라 슈지가, 2015년 노벨물리상으로 가지타 다카아키가, 같은 해 생리의학상으로 오무라 사토시가, 2016년 생리의학상으로 오스미 요시노리가 추가로 이름을 올렸다.

다. 양자역학의 거두가 바로 코펜하겐 대학의 닐스 보어였고요. 닐스 보어는 당대 최고의 물리학자일 뿐 아니라 양자역학의 아버지라고 할 만한 인물입니다. 아인슈타인이 양자역학을 거부하자 맞짱 토론을 벌인 것으로도 유명합니다. 하이젠베르크가 양자역학을 정초한 논문을 쓴 때가 1925년이고, 양자역학에서 그 유명한 슈뢰딩거 방정식이 나온 것이 1926년입니다. 그러니 니시나가 유럽에서 유학했던 시기는 양자역학이 막 만들어지던 학문적 격변기의 한가운데였고, 특히 니시나가 머물렀던 코펜하겐 이론물리연구소는 당시 세계 최고의 물리학 연구소였습니다.

그런 니시나가 일본으로 돌아간 뒤 리켄연구소에 자리를 잡았고, 최신 양자물리학을 일본에 전파하는 데 큰 공헌을 합니다.

진행자 S 니시나 밑에서도 훌륭한 학생이 많이 배출됐겠군요?

이종필 니시나의 지도를 받았던 학생 가운데 특히 유가와 히데키와 도모나가 신이치로가 있습니다.[2] 두 사람이 나란히 일본인 노벨상 1, 2호를 기록합니다. 모두 물리학상이었죠. 일본의 노벨물리상 수상자 6명 중 5명이 입자물리학인 데에는 이런 역사적 배경도 있습니다. 이런 걸 보면 일본이 조선에 철도 깔고 공장 지어준 걸로 조선을 근대화시켰다는 말이 얼마나 허무맹랑한지 잘 알 수 있습니다.

진행자 S 일본에 처음으로 노벨상을 안긴 유가와 히데키는 어떤 연구를 했습니까?

이종필 유가와가 노벨상을 받은 연구 주제는 사실 중학생 수준에서 던질 수 있는 질문이었습니다. 모든 물질의 기본 단위는 원자이죠. 원자는 음의 전기를 가진 전자와 양의 전기를 가진 원자핵으로 구성돼 있습니다. 원자핵에는 전기적으로 양의 전기를 가진 양성자와 전기가 없는 중성자가 여럿 뭉쳐져 있는데요. 이렇게 되면 양성자들이 전기적인 반발력을 어떻게 이기면서 원자핵으로 뭉쳐져 있을 수 있는가라는 문제가 생깁니다. 이런 의문은 사실 중학생 정도만 돼도 품을 수 있죠.
유가와는 중간자라는 새로운 입자를 도입해서 이 문제를 해결했습니다. 양성자와 양성자, 양성자와 중성자가 중간자를 서로 주고받으면서 전기적인 반발력을 이긴다고 생각한 것입니다. 유가와가 중간자 이론을 발표한 때가 1935년입니다. 1947년에는 우주에서 날아오는 입자들을 분석한 결과 파이온이라는 중간자를 관측하게 됩니다. 이듬해인 1948년에는 실험실에서 중간자를 인공적으로 만들어냈고요. 마침내 1949년 유가와가 중간자를 이론적으로 예측한 공로로 노벨상을 받았습니다. 유가와는 일본 내에서 길러낸 토종 과학자였다는 점도 시사하는 바가 큽니다.

진행자 S 일본은 정부 차원의 지원도 상당하다면서요?

이종필 네, 대표적인 예로 2008년 노벨물리상을 들 수 있습니다. 이해 노벨물리상은 두 가지 업적에 대해 수여됐는데, 그중 한 가지에 대한 수상자가 일본 나고야 대학 출신의 고바야시 마코토와 마스카와 도시히데였고, 다른 한 가지에 대한 수상자는 일본계 미국인인 난부 요이치로였습니다.[3]
자연에는 양성자나 중성자를 만드는 쿼크라는 소립자가 있습니다. 현재까지 3개의 세대가 알려져 있고, 각 세대에는 쿼크가 2개씩 있습니다. 고바야시와 마스카와는 2세대의 쿼크까지만 알려져 있던 1970년대에 과감하게 3세대 쿼크를 도입합니다. 이렇게 되면 물질과 반물질 사이의 비대칭성을 쉽게 설명할 수 있습니다.[4] 이것을 실험적으로 검증하려면 3세대 쿼크로 구성된 입자를 인위적으로 만들어내서 실험할 필요가 있었습니다. 그래서 일본 정부는 1994년 이 목적을 위한 실험 계획을 승인합니다.

진행자 S 그러면 일본 정부가 고바야시와 마스카와한테 노벨상을 안겨주려고 실험 계획을 승인한 셈이군요?

이종필 그렇습니다. 이것은 벨Belle 실험이라고 부르는데요. 한마디로 말해서 입자가속기와 입자검출기를 건설하는 겁니다. 벨은 입자검출기의 이름이고, 입자가속기는 KEKB라고 합니다. 둘레가 3킬로미터 정도이고요. 이게 완공되고 본격적으로 데이터를 받기 시작한 때가 2000년 전후입니다.[5] 가속기 건설에 300억 엔, 검출기 건설에 100억 엔, 연간 경비 30억 엔, 그래서 2008년 고바야시와 마스카와가 노벨상을 받을 때까지 700억 엔 정도가 소요됩니다. 한국 돈으로 8000억 원쯤 되겠죠. 10년 넘는 기간에 그 정도 돈을 들여서 노벨상 받았으면 남는 장사가 아닌가 합니다. 뿐만 아니라 벨 실험은 21세기 초기의 전 세계 물리학계에서 대단히 큰 비중을 차지하는 실험이기도 합니다. 5년 동안 22조 원 들여서 강바닥 파고 있는 우리 입장에서 보자면 그저 부러울 따름이죠.
사실 고바야시-마스카와는 학계에서 오래전부터 노벨상 0순위로 꼽혀왔습니다. 제가 2008년 여름에 『신의 입자를 찾아서』라는 책을 한 권 냈는데, 거기서도 고바야시-마스카와 두 사람의 업적을 설명하면서 노벨상 0순위라고 썼거든요. 그해 10월에 두 사람은 실제로 노벨상을 수여했습니다.

진행자 S 일본은 지금까지도 노벨상을 많이 받았지만 앞으로도 몇몇 노벨상은 따놓은 당상이라면서요?

이종필 특히 중성미자 연구에서 일본은 독보적인 지위를 선점하고 있습니다. 그래서 중성미자와 관련된 업적으로 향후 일본인이 노벨상을 받을 가능성이 높습니다. 사실 2002년에 일본의 고시바 마사토시가 중성미자 연구에 대한 업적으로 이미 노벨상을 받았습니다.[6] 중성미자는 말 그대로 전기적으로 중성인 데다 질량도 거의 없어서 그 존재를 실험적으로 관측하기가 무척 어렵습니다. 그런데 과학자들은 이미 태양에서 수없이 많은 중성미자가 쏟아지고 있다는 것을 알았습니다. 고시바는 일본의 가미오카에 있는 지하 1000미터 광산에 거대한 중성미자 검출기를 건설해서 태양으로부터 날아오는 중성미자를 포착하는 데 성공합니다. 이것이 1988년이었고, 1987년에는 대마젤란 성운에서 터진 초신성에서 나온 중성미자도 운 좋게 포착합니다.

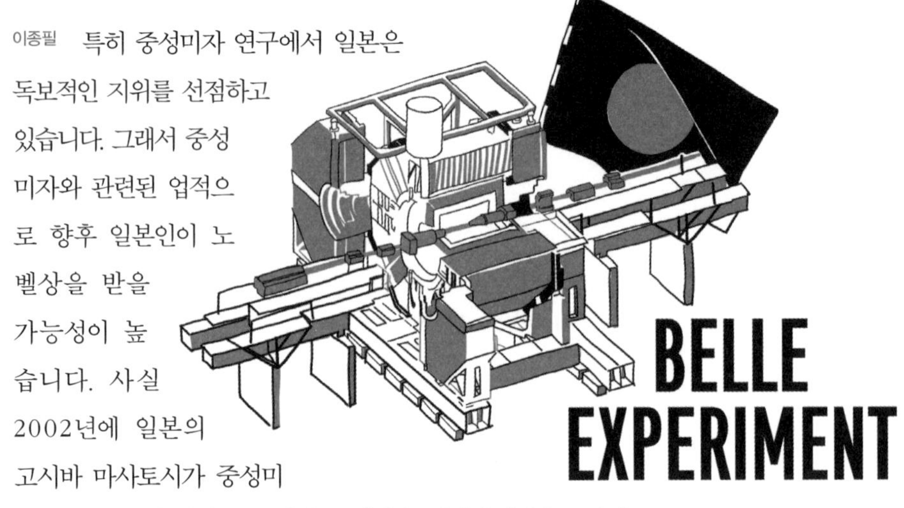

고시바가 중성미자를 검출한 그 설비를 가미오칸데라고 부릅니다. 지금은 이것이 슈퍼 가미오칸데로 업그레이드돼서 중성미자와 관련된 중요한 발견을 이미 많이 했습니다. 그래서 전공자들 사이에서는 슈퍼 가미오칸데가 당장은 아니더라도 머지않아 또 노벨상을 받지 않겠느냐고 오래전부터 예상하고 있습니다.◆

진행자 S 중성미자는 전기뿐 아니라 질량도 거의 없다고 했는데, 그런 입자를 어떻게 실험적으로 검출할 수 있나요?

이종필 그게 참 어려운 일입니다. 한 가지 방법은 물탱크를 이용하는 것입니다. 중성미자가 물속을 날아가면 중간에 물속의 전자나 원자핵과 충돌합니다. 그 결과 전기를 띤 입자가 매우 빠른 속도로 튕겨나가는데, 이때 일종의 충격파로 빛을 방출합니다. 이게 체렌코프 복사로 알려진, 아주 신기한 현상입니다. 체렌코프 복사는 원뿔형으로 희미한 빛을 냅니다. 그런 까닭에 물탱크 벽면에 이 희미한 빛을 감지할 수 있는 감응 장치를 도배하면 고리 모양의 신호가 포착되겠죠. 이것을 분석하면 중성미자가 어느 방향에서 어떻게 날아왔는지를 알 수 있습니다.

가미오칸데는 바로 이 방법으로 중성미자를 검출했습니다. 가미오칸데는 한마디로 말해서 높이 16미터, 지름 15.6미터 정도 되는 원기둥형 물탱크입니다. 여기에 약 3000톤의 물을 채우고, 원기둥 안쪽 벽면에 빛을 감지하는 광자증폭관으로 도배를 합니다. 원래 가미오칸데는 양성자가 붕괴하는 현상을 관측하기 위해서 만들었는데 고시바가 이것을 가미오칸데 2로 업

◆ 고시바아의 제자였던 다카야키 가지타는 슈퍼 가미오칸데 실험에서 중성미자 진동현상을 발견한 공로로 2015년 노벨물리학상을 수상하였다(아서 맥도널드와 공동 수상).

그레이드해서 중성미자를 관측한 겁니다.

진행자 S 슈퍼 가미오칸데는 가미오칸데 2를 다시 업그레이드한 건가요?

이종필 그렇습니다. 슈퍼 가미오칸데는 높이가 41.4미터, 지름이 39.3미터이고 물 5만 톤이 채워져 있습니다. 그리고 이 원기둥 물탱크 안쪽 벽면에 도배된 광자증폭관이 무려 1만 1200개인데요. 광자증폭관은 광자, 즉 빛 알갱이 하나를 감지할 정도로 대단히 민감한 장치로서 그 크기가 50센티미터 정도 됩니다. 개당 가격은 300만 원쯤 해요. 그러니까 이것을 1만 개 이상 도배하는 데는 광자증폭관 가격만 300억 원이 들어간 셈입니다. 참고로 말씀드리면 지금 한국에서 하고 있는 중성미자 실험은 총 예산이 160억 원밖에 안 됩니다.
슈퍼 가미오칸데는 1996년에 완공되었습니다. 1998년에는 대기 중에 있는 중성미자를 관측한 결과 중성미자도 미세하지만 질량을 갖는다는 놀라운 결과를 내놓게 됩니다. 그래서 노벨상 0순위라는 말이 나오게 됐죠.[7, 8]
실제 슈퍼 가미오칸데가 관측한 현상은 중성미자 진동이라고 합니다. 중성미자의 종류가 시간에 따라 바뀌는 현상인데요. 중성미자의 질량이 꼭 있어야만 가능한 현상입니다. 슈퍼 가미오칸데의 발견은 당시 빌 클린턴 미국 대통령이 MIT 졸업

연설에서도 소개했을 만큼 대단히 중요한 업적입니다.

진행자 S 한국과 비교했을 때 일본 학자들의 연구 풍토나 분위기는 어떤가요?

이종필 상당히 다릅니다. 저는 직접 겪어보진 않았지만, 일단 일본은 교수들이 학생들에게 굉장히 친절하다고 합니다. 한국에서는 보통 대학원생들에게 뭔가를 직접 가르치거나 하는 일은 별로 없고, 대체로 학생 혼자 알아서 경쟁에서 살아남기를 기다립니다. 일 하나 시켜놓고 잘하나 못 하나 체크만 하는 거죠.
그런데 일본 교수들은 학생을 옆에 앉혀놓고 논문을 한 줄 한 줄 같이 읽어가면서 굉장히 친절하게 가르쳐주기도 한다는군요. 한국에서는 좀 상상하기 힘든 광경입니다. 물론 사람마다 차이는 있겠지만, 대체적인 분위기가 그렇다는 겁니다. 그리고 일본은 연구 그룹별로 조직화가 잘돼 있어요. 그래서 처음 시작할 때 보면 일본 학생들이 한국 학생보다 못하는데, 일단 자기 연구 그룹에 들어가서 그 사이클을 한번 돌고 나면 완전히 딴사람이 돼서 나온다고 합니다. 그만큼 그룹별로도 자생력이 잘 갖춰져 있다는 말이겠죠. 그게 좀 폐쇄적이라는 단점도 있지만 나름대로 잘 작동해온 측면도 분명히 있습니다. 반면 한국은 전체적으로 봐서도 아직 자생력을 갖추지 못한 게 아닌가 생각합니다.

진행자 S 이야기를 듣고 보니 일본은 정부에서도 확실하게 지원을 해주는 것 같네요.

이종필 지금까지 말씀드린 것 외에 일본은 대형 기초과학 프로젝트를 여러 개 추진하고 있습니다. 참 인상적이었던 것은 사람 관리부터 체계적으로 한다는 점인데요. 저처럼 박사학위를 받고서 아직 교수가 되지 못한 사람을 박사후 연구원이라고 합니다. 일명 포스닥이라고 하죠. 일본도 최근에는 한국만큼은 아니지만 교수 자리가 많이 나지 않아서 박사후 연구원들이 자리를 못 잡고 여기저기서 떠돌이 생활을 합니다.
그런데 일본은 이미 자리를 잡은 교수들이 앞장서서 그 실태를 체계적으로 파악하고 대책을 세우는 거예요. 정부 관리들과 함께요. 한국에서는 전혀 상상할 수 없는 장면입니다. 한국에서는 그냥 각자도생일 뿐이거든요. 실제로 안정적인 교수직을 얻지는 못하더라도 내가 어떻게든 정부나 교수들로부터 관리와 관심을 받고 있구나라는 것과 나 혼자 어떻게든 살아남아야겠구나라는 것은 이후 학자로서의 삶에도 엄청난 차이를 가져올 겁니다. 저도 아직 비정규직 연구원이라서 그런 점이 참 부럽습니다.

진행자 S 우리가 일본의 기초과학을 따라잡을 수 있을까요? 어떤 방법이 있겠습니까?

이종필 솔직히 요원해 보입니다만, 전혀 불가능하지는 않을 겁니다. 저도 사실 이 문제를 여러 방면으로 생각해봤습니다. 하나만 꼽자면 제 생각에는 무엇보다 기초과학으로 먹고사는 사람이 일단 많아져야 합니다. 그래야만 최소한의 자생력이 생기거든요. 어느 분야든 그 분야가 성공하려면 거기에 종사하는 사람 수가 어떤 임계점을 넘어야 한다고 생각합니다. 한국의 기초과학은 일단 그 사람 수가 임계점 이하인 게 분명합니다. 우리 정부의 정책은 전체적인 판을 키워서 기초과학 분야 인력층을 확대하기보다는 최상위에서 잘하는 사람 몇몇에게만 집중하는 경향이 있거든요. 잘하는 이들을 확실하게 밀어주는 것도 중요하지만, 그보다 더 중요한 것은 전체적인 생태계를 튼튼하게 만드는 게 아닐까요?

과학계의 떠오르는 혜성, 중국

_2012.09.05

진행자 S 일본 기초과학 분야를 짚어봤으니, 가까이에 있는 중국의 기초과학에 대해서도 살펴봤으면 합니다.

이종필 제가 아는 분야를 중심으로 해서 중국인들이 이룩한 과학적 성과를 소개해볼게요.

진행자 S 중국의 노벨상 수상자 가운데 과학 분야 수상자는 비중이 얼마나 되나요?

이종필 자료를 찾아보니, 중국인 국적으로 노벨상을 받은 사람이 총 4회에 걸쳐 다섯 명(2017년 기준)입니다. 중국 국적이었다가 노벨상 수상 시점에 다른 나라 국적이었던 사람이 총 3회에 걸쳐 세 명이고요. 이 중에서 물리학상이 3회에 걸쳐 네 명, 문학상 2회 두 명, 생리의학상과 평화상이 각 한 명입니다.

진행자 S 중국계 가운데 노벨상을 처음 수상한 인물은 누구인가요?

이종필 때는 1957년으로, 노벨물리상이었습니다. 1922년 중국의 안후이 성 허페이에서 태어난 양전닝, 그리고 1926년 상하이에서 태어난 리정다오가 공동 수상을 했습니다.[1] 양전닝은 1945년 미국으로 가 시카고 대학에서 박사학위를 받았는데 그 지도교수가 수소폭탄의 아버지로 불리는 에드워드 텔러였습니다. 노벨상을 받을 당시에는 프린스턴 고등연구원에 있었고, 여기서 리정다오와 공동 연구를 하게 됩니다. 양전닝은 입자물리학과 통계물리학 등에 뚜렷한 족적을 남긴, 아주 뛰어난 물리학자입니다. 뉴욕 주립대 스토니브룩에는 양전닝의 이름을 딴 양전닝 이론물리연구소가 있을 정도입니다. 지난 2004년에 그의 나이 82세일 때 당시 28세이던 대학원생과 결혼해서 화제가 되기도 했습니다.
일화가 하나 있어요. 덩샤오핑이 노벨상을 수상한 양전닝에게 이렇게 말했답니다. "중국의 과학 발전을 위해서 뭐가 필요한가? 내가 다 들어주겠다." 그때 양전닝이 "적어도 한 나라에서 과학을 한다고 말하려면 입자가속기 하나쯤은 있어야 한다"고 했답니다. 실제 지금 중국에서 베이징 전자 양전자 충돌기와 베이징 입자검출기를 가동 중입니다. 우리나라 포항에 방사광 가속기가 하나 있죠. 이것을 건설할 때 중국 과학자들이 도움을 주었다고 합니다.

그런데 양전닝이 2000년대 중반 미국 생활을 청산하고 중국으로 들어갔을 때 칭화대에서 그런 얘기를 했다고 합니다. 중국도 이제는 미국을 본받아서 금융공학 같은 데 매진해 돈을 많이 벌어야 한다는 취지의 내용이었다고 해요.

진행자 S 의외군요. 그러면 공동 수상자인 리정다오는 어떤 인물입니까?

이종필 리정다오는 1946년 시카고 대학으로 가서 당대 최고의 물리학자였던 엔리코 페르미의 박사과정생으로 들어갑니다. 시카고 대학 시절의 리정다오와 양전닝은 아주 성실하고 똑똑한 학생으로 널리 알려졌다고 합니다. 한 가지 일화를 소개하자면, 찬드라세카라는 인도 출신의 천재적인 천체물리학자가 있었습니다. 그는 별의 진화에 관한 연구로 노벨상까지 받은 인물로, 1947년 시카고 대학에서 찬드라세커에게 겨울방학 동안 고급물리학 특강을 해달라고 했습니다. 당시에 찬드라세커는 시카고 대학 교수였는데, 위스콘신에 있는 여키스 관측소에서 연구활동을 하고 있었습니다. 얼마 뒤 대학에서 수강생이 두 명밖에 없어 폐강해야 한다는 연락이 왔습니다. 하지만 찬드라세커는 그건 아무래도 상관없으니 두 수강생이 누구인지 알려달라고 했어요. 그렇게 양전닝과 리정다오에 관한 정보를 듣고서 찬드라세카는 최종적으로 강의를 하겠다고 승낙했습니다. 단 두 명의 수강생을 위해서 찬드라세카는 미시간 호 연안의 그 추운 겨울 동안 눈보라를 뚫고 왕복 160킬로미터 차를 몰아 일주일에 두 번씩 하루도 빠짐없이 강의를 했답니다.

그 두 학생이 불과 10년 뒤 노벨상을 받은 셈이죠. 그래서 양전닝과 리정다오는 이렇게 말했다고 합니다. "이 상을 받게 된 것은 우리 두 사람을 앞에 놓고 열정적으로 강의했던 찬드라세카 박사님 덕분입니다."

하지만 이 일화는 과장됐다는 얘기도 있습니다. 실제로는 수강생이 몇 명 더 있었다고 해요. 스승이었던 찬드라세카가 노벨상을 받은 것은 제자들이 노벨상을 받은 지 20년도 훨씬 지난 1983년이었습니다.[2] 리정다오는 1950년에 박사학위를 받고 1953년부터 지금까지 컬럼비아 대학에서 교수로 지내고 있습니다. 나중에는 양전닝과 리정다오가 노벨상 아이디어를 누가 냈느냐, 누구 공이 더 크냐 하는 문제로 사이가 크게 안 좋아졌다고 들었습니다.

진행자 S 그들은 어떤 공적으로 노벨상을 수상했습니까?

이종필 자연에는 네 가지 힘이 있습니다. 중력과 전자기력은 오래전부터 인류가 알던 힘이고 지금도 일상생활에서 쉽게 접할 수 있습니다. 그리고 20세기에 들어와서 인간이 처음으로 알게 된 힘으로 강한 핵력과 약한 핵력이 있습니다. 강한 핵력은 양성자와 중성자를 강력하게 붙들어서 원자핵으로 뭉쳐져 있게 하는 힘입니다. 앞서 소개했던 유가와 이론이 강한 핵력을 설명하는 이론입니다.
약한 핵력은 가장 신비로운 힘이라고 할 수 있어요. 입자의 종류를 바꾸는 힘이기 때문입니다. 중성자가 양성자로 바뀌면서 전자와 중성미자를 내는 반응이 약력이 작용하는 대표적인 현상입니다. 그런데 이 약한 핵력에서는 좌우 대칭성이 깨질지도 모른다는 놀라운 사실을 양전닝과 리정다오가 제안합니다. 실제로 1957년에 역시 중국계 물리학자였던 우젠슝의 연구진이 이것을 실험적으로 증명했습니다.[3] 그 공로로 양전닝과 리정다오가 1957년 노벨상을 수상하게 됩니다.

진행자 S 좌우 대칭성이 깨진다는 말은, 즉 자연이 왼손과 오른손을 구분한다는 뜻인가요?

이종필 그렇습니다. 사람과 마찬가지로 소립자들도 그 성질에 따라 왼손잡이와 오른손잡이를 구분할 수 있습니다. 이것은 오른 나사가 시계 방향으로 돌면 앞으로 나아가고 왼손 나사가 그 반대인 것과 비슷합니다. 그런데 약한 핵력은 실험 결과 왼손잡이 입자들만 관여하는 것으로 밝혀졌습니다. 그래서 흔히 신은 왼손잡이다, 라는 말을 합니다. 참 신기한 일이죠. 자연이 왜 왼손잡이를 선호하는지는 여전히 밝혀지지 않은 커다란 수수께끼 가운데 하나입니다.

진행자 S 그 실험을 했던 우젠슝은 왜 함께 노벨상을 받지 못했나요?

이종필 정설은 아니지만, 우젠슝이 여성이라서 못 받았을 거라는 게 대체적인 시각입니다. 원래 노벨상은 세 명까지 줄 수 있으니 지금 기준으로 보면 우젠슝도 당연히 같이 받았어야 합니다. 그게 벌써 1957년의 일입니다. 서구 선진사회도 당시에는 얼마나 편협했는가를 보여주는 하나의 예가 아닐까 싶네요.

DAYA BAY HALL

진행자 S 그런 일도 있었군요. 중국은 요즘 유인 우주선도 쏘는 등 기초과학 분야에서도 두각을 드러내고 있죠?

이종필 일단 중국에서 양산하는 논문의 수가 양적으로 크게 증가한 것은 사실입니다. 아직까지 인용지수나 영향력이 크진 않지만 시간이 흐르면서 서구를 어느 정도 따라잡을 것 같습니다. 더욱이 중국은 독자적으로 중요한 실험들을 수행하고 있습니다. 그중 하나가 중성미자의 성질을 연구하는 다야 베이Daya Bay 실험인데요.[4] 이 실험이 한국 연구진과 경쟁이 붙어 세계적으로도 큰 관심을 불러일으킨 바 있습니다.

진행자 S 어떤 실험인가요?

이종필 중성미자에는 세 종류가 있다고 알려져 있습니다. 가령 소녀시대의 태연, 티파니, 서현이 미니유닛으로 활동하기도 했는데, 편의상 그렇게 이름을 붙여보죠. 중성미자는 미세하지만 0이 아닌 질량을 갖고 있기 때문에 시간에 따라서 그 종류가 바뀝니다. 태연이 티파니로, 티파니가 서현으로, 서현이 다시 태연으로 되는 식이죠. 이것은 양자역학의 놀라운 현상 가운데 하나로서, 이 현상을 중성미자의 진동이라고 부릅니다. 중성미자의 진동은 중성미자가 질량을 갖고 있다는 가장 강력한 증거로 여겨집니다. 앞서 언급한 일본의 슈퍼 가미오칸데가 발견한 것도 바로 이 현상이었죠.

이런 현상이 생기는 근본적인 이유는 태연, 티파니, 서현이라는 중성미자의 얼굴 상태와 그 질량 상태가 서로 다르기 때문입니다. 거시세계에서는 세 명의 얼굴 상태, 태티서 상태가 되겠죠. 그 상태와 세 명의 질량 상태, 말하자면 경량급·중량급·헤비급, 이 상태를 서로 일치시킬 수가 있습니다. 예컨대 태연은 경량급·중량급·헤비급 가운데 딱 하나인 거죠. 나머지 티파니와 서현도 마찬가지입니다.

그런데 미시세계에서는 놀랍게도 경량급·중량급·헤비급이라는 세 개의 질량 상태가 뒤섞여서 하나의 얼굴 상태, 이를테면 태연을 만듭니다. 다르게 뒤섞이면 티파니나 서현의 상태가 되는 거죠. 그러니 세 개의 질량 상태가 어떻게 뒤섞여 있는가가 물리적으로 굉장히 중요한 문제입니다. 그중에서도 경량급과 헤비급이 어떻게 얼마나 섞여 있는지가 지금까지 미스터리로 남아 있었는데, 이것을 측정하기 위한 실험에 한국과 중국, 그리고 프랑스가 뛰어든 겁니다.

진행자 S 태연이 티파니가 되고 질량 상태가 뒤섞이고 한다니 이해가 잘 안 되는데요? 좀더 쉽게 설명해줄 수 있나요?

이종필 비유적으로 말하면 이렇습니다. 남자도 나이가 들면 여성 호르몬인 에스트로겐이 상대적으로 많이 나온다고 하지 않습니까? 이에 따라 성격도 좀 변한다고 하죠. 드라마를 보면서 막 울기도 하고요. 그러니까 한 남자의 캐릭터는 남성 호르몬과 여성 호르몬이 얼마의 비율로 섞여 있느냐에 따라 달라진다고 볼 수 있습니다. 이와 비슷하게 중성미자의 세 가지 질량 상태가 어떻게 섞여 있느냐에 따라 그 얼굴 상태가 달라지는 거죠. 이것을 상태의 중첩이라고 합니다. 양자역학이 지배하는 미시세계에서는 흔히 있는 일입니다.

진행자 S 국내에서도 그런 중요한 중성미자 실험을 했다는 사실을 일반 대중은 잘 모를 것 같아요.

이종필 이것은 조금 전문적으로 말하자면 질량 상태 1번과 3번 사이의 섞임각을 측정하는 실험으로, 원자력발전소에서 나오는 중성미자를 이용합니다. 한국에서는 영광발전소 앞에다가 중성미자 검출장치를 지어서 실험을 했고요. 실험 프로젝트명이 리노RENO였습니다. Reactor Experiment for Neutrino Oscillation의 약자입니다.[5] 리노 실험에 들어간 돈은 116억 원이고, 국내 12개 대학 34명이 연구진으로 참가하고 있습니다. 외국 전문가들은 그 돈과 인력으로는 그와 같은 실험이 불가능할 거라고 예상들을 했습니다. 중국은 광둥 성 해안가에 있는 다야 베이의 원자력발전소에서 실험을 했기에 이 실험을 다야 베이라고 부릅니다. 다야 베이에는 600억 원이 들어갔고요. 중국 안팎의 38개 연구 기관에서 270여 명이 참여하고 있습니다. 한국의 리노 실험과는 비교 자체가 안 되죠.
다야 베이는 검출기도 총 6대를 건설할 예정이어서 2003년부터 공사에 들어가 2012년 8월에 완공 예정이었습니다. 반면 한국의 리노는 2006년 3월에야 공사에 들어갔는데, 정말 초인적인 노력으로 2011년 2월에 설비를 완공하고 8월부터 본격적인 실험을 시작합니다. 그래서 일정상으로는 리노가 가장 먼저 2012년 4월 중으로 실험 결과를 발표하기로 돼 있었습니다. 그러니까 한국의 리노 연구진이 중성미자 1번과 3번 사이의 섞임각을 측정한 결과를 세계 최초로 공표할 예정이었죠. 그런데 문제가 좀 생겼습니다.

진행자 S 어떤 문제였나요?

이종필 중국의 다야 베이 연구진은 2011년 11월 서울에서 있었던 중성미자 학회에 참석했다가 학계 동향과 한국 리노 실험의 진척 상황을 보고 리노가 정말로 2012년 봄에 의미 있는 결과를 발표할 것이라 직감했습니다. 그래서 다야 베이 연구진은 중국으로 돌아가자마자 자신들의 설비를 조금 급조해서 조정한 뒤 2011년 12월 24일부터 데이터를 받기 시작해 55일간 모은 데이터 결과를 2012년 3월 9일 전격적으로 발표합니다. 이건 학계에서 전혀 예상하지 못한 일이었고 또 상당한 의외였습니다. 보통은 학계에 자기 연구진의 일정을 가감 없이 보고하는 게 관례이거든요. 저도 그날 인터넷으로 다야 베이의 결과 발표를 보고서 충격을 받았습니다. 그 결과는 오차도 상당히 작았는데, 작아도 너무 작아서 이게 55일 동안 실험한 결과가 맞나 하는 의구심이 들 정도였습니다. 어쨌든 이 때문에 한국의 리노는 세계 최초라는 타이틀을 놓치게 됐습니다.

진행자 S 참 안타까운 일이네요. 우리 연구진들도 속이 상했겠습니다.

이종필 다야 베이 결과가 나온 며칠 뒤 리노 실험을 책임지고 있는 서울대 김수봉 교수님과 통화를 했습니다. 김수봉 교수님은 오히려 덤덤하시더라고요. 그리고 역시 맨파워가 많이 모자랐던 점을 무척 안타까워했습니다. 중국은 600억 예산에 270명인데 한국은 116억 예산에 34명이었으니까요. 리노는 약 3주 뒤인 4월 3일에 그 결과를 발표합니다. 국내 한 일간지에서는 다 잡은 노벨상감을 놓쳤다는 식의 제목으로 기사를 내기도 했습니다만,[6] 사실 3주 정도면 거의 동시 발견으로 인정해줍니다. 그리고 1, 3번 섞임각을 측정한 것이 노벨상감인가 하는 데에는 좀 회의적인 의견이 많은 듯합니다.

설령 그렇다 하더라도 리노 실험은 한국에서도 세계적으로 중요한 기초과학 실험을 할 수 있다는 좋은 선례를 남겼습니다. 리노의 실험 결과는 학계에서도 중요한 데이터로 인용되고 있고요. 제가 듣기로는 34명의 연구진이 좋은 데이터를 얻기 위해 이루 말할 수 없을 정도의 고통스러운 나날을 보냈다고 합니다. 국내에도 이렇게 보이지 않는 곳에서 묵묵히 연구에 정진하면서 인류의 과학 발전에 큰 공헌을 하고 있는 과학자들이 존재한다는 사실이 널리 알려졌으면 합니다.[7]

갈릴레오와 종교재판_2012.09.12

진행자 S 9월 11일 하면 2001년을 기점으로 미국에서 일어난 테러를 가장 먼저 떠올리게 됐죠. 일종의 트라우마처럼. 하지만 인류 역사의 시간대로 보자면 다른 사건도 많이 있었을 거예요.

이종필 1822년 9월 11일은 태양중심설이 공식적으로 인정받은 날입니다. 이와 관련된 이야기를 해보죠.

진행자 S 태양중심설을 공식 인정했다는 것은 가톨릭교회로부터의 승인을 뜻하나요?

이종필 정확히 말하면 가톨릭 추기경단이 태양중심설을 설명하는 책을 출판하는 것을 허용한다고 결정한 날이 1822년 9월 11일이고, 2주 뒤인 9월 25일 당시 교황 비오 7세가 승인합니다.[1]

HELIOCENTRISM

진행자 S 태양중심설과 가톨릭교회 문제라면, 종교재판까지 받은 갈릴레오를 빼놓을 수 없을 텐데요. 우선 갈릴레오란 인물에 대해 설명해주세요.

이종필 갈릴레오 갈릴레이는[2, 3] 1564년 2월 15일 이탈리아 피사에서 태어났습니다. 갈릴레오가 피사의 사탑에서 낙하실험을 했다는 유명한 일화가 있는데요. 때는 1591년으로 실제로 갈릴레오가 그 실험을 했는지 여부에 대해서는 회의적인 의견을 보이는 사학자가 많습니다. 뉴턴이 떨어지는 사과를 보고 만유인력의 법칙을 생각했다는 일화와 함께 갈릴레오의 낙하 실험 일화는 사실이 아닐 가능성이 매우 높은 과학사의 대표적인 에피소드입니다.[4]

그리고 이듬해인 1592년에 갈릴레오는 파도바 대학으로 갑니다. 조선에서는 임진왜란이 일어난 해죠. 파도바는 베네치아에서 남쪽으로 30킬로미터 정도 떨어진 조그만 도시입니다. 갈릴레오가 파도바에서 했던 가장 중요한 일은 망원경으로 하늘을 관측한 것이었습니다.

진행자 S 갈릴레오가 망원경을 처음으로 제작했다는 이야기도 있는데, 사실인가요?

이종필 그렇게 알고 있는 사람이 많지만, 망원경을 처음 만든 인물은 네덜란드에서 안경을 만들던 사람이었다고 합니다. 그 소식을 전해 들은 갈릴레오가 당시로서는 아주 성능

이 좋은 망원경을 만들었습니다. 당시에는 10배율짜리 망원경이 주를 이뤘는데 갈릴레오는 60배율 망원경을 만들어서 베네치아 총독에게 선물했습니다. 베네치아에 가면 산마르코 광장에 산마르코 대성당이 있죠. 거기서 가장 높은 곳이 성당의 종탑인데, 그 종탑에 올라가서 신형 망원경으로 해안가를 둘러봤다고 합니다. 사람들은 당연히 놀랐겠죠. 1609년 8월의 일이었으니까요. 이게 성능이 워낙 좋아서 베네치아가 군사적으로나 경제적으로 큰 이득을 봤다고 합니다. 갈릴레오도 돈을 꽤 벌었지요.

하지만 갈릴레오는 과학자였던만큼 망원경이 대단히 훌륭한 과학 기구임을 금세 알아차렸습니다. 이에 그는 자신의 망원경을 하늘로 돌려서 천체를 관측하기 시작합니다.

진행자 S 그러면 갈릴레오는 망원경으로 천체를 관측한 최초의 인간이었겠군요?

이종필 그렇습니다. 물론 갈릴레오보다 먼저 망원경으로 하늘을 본 사람이 있을지 모르지만, 과학적으로 의미 있는 관측을 해서 기록으로 남긴 이는 갈릴레오가 최초였습니다. 바로 1609년의 일입니다. 1609년이면 조선조 광해군이 즉위한 이듬해죠. 우리는 이해에 임진왜란 후 일본과 통상을 재개하는 기유약조를 체결했고요.

어쨌든 그래서 지난 2009년에는 갈릴레오의 천문 관측 400주년을 기념해 유엔이 세계 천문의 해로 지정하기도 했습니다. 제가 마침 그해 5월 파도바에서 열린 국제학회에 참석했는데, 파도바가 온통 갈릴레오로 뒤덮였더군요. 기념 전시회에 가보니 60배율 망원경 모형도 있었어요.
또한 2009년은 다윈 탄생 200주년이면서 『종의 기원』 발간 150주년이 되던 해라 다윈의 해이기도 했습니다. 천문의 해이면서 다윈의 해였는데 국내에선 큰 관심 없이 조용히 지나갔습니다. 그해에 우리는 전직 대통령 두 분이 돌아가시는 비극적인 일을 겪은 이유도 있겠지만, 400년 전이나 지금이나 우리가 세계사의 흐름에 잘 조응하지 못하는 게 아닌가 싶습니다.

진행자 S 그렇군요. 그런데 구체적으로 갈릴레오는 망원경으로 무엇을 관측했나요?

이종필 제일 먼저 달을 봤고, 이후에 목성, 금성, 그리고 태양도 관측했습니다. 기존의 아리스토텔레스나 천동설을 주장했던 프톨레마이오스의 세계관에서는 천상의 세계가 완벽한 세계였습니다. 그런데 달 표면에 운석 구덩이나 골짜기 같은 게 보이니까 천상이 완벽한 세계가 아니라는 증거를 직접 관찰하게 된 거죠. 그리고 목성의 위성 네 개를 관측합니다. 실제로 목성의 위성은 무려 66개에 달합니다. 그중에서 50개는 지름이 10킬로미터 미만이어서 1975년 이후에 발견되었습니다. 갈릴레오는 그중 가장 큰 네 개의 위성을 발견했는데요. 목성에서 가까운 것부터 이오, 유로파, 가니메데, 칼리스토입니다. 이것을 갈릴레오 위성이라고 부릅니다.

진행자 S 행성의 위성에 이름을 붙이는 데 규칙이 있나요?

이종필 갈릴레오와 동시대 인물인 천문학자 케플러가 제안한 명명법이 있는데, 태양계 행성은 로마의 신 이름을 따서 붙여졌습니다. 목성은 영어로 주피터죠. 그래서 그 위성은 주피터, 즉 제우스의 연인들 이름을 따서 붙였습니다.
이오는 제우스와 정을 통한 뒤 헤라의 의심을 피하려고 제우스가 암소로 둔갑시켜버렸다죠. 이탈리아와 그리스 사이의 앞바다 이름이 이오니아 해잖아요. 그 암소가 헤라를 피해 도망치면서 그 바다를 건넜다고 해서 붙여진 이름입니다.
유로파, 혹은 에우로파는 이오의 후손이라고 합니다. 제우스가 꽃 따러 나온 에우로파에게 반해서 황소로 변한 뒤 에우로파를 태우고 크레타 섬으로 납치했다고 합니다.
가니메데는 대단한 미소년이었습니다. 제우스가 또 납치를 했답니다. 여기에는 동성애코드가 들어가있죠. 그런 까닭에 가니메데에서 파생한 단어인 캐터마이트catamite가 동성애 상대로서의 미소년을 뜻한다고 합니다.
칼리스토는 처녀신 아르테미스를 따르던 요정이었습니다. 제우스가 아르테미스로 변신해서 접근한 뒤 둘 사이에 아르카스라는 아들을 두었습니다. 요즘 같으면 제우스한테 전자발찌 채우고 화학적 거세를 하지 않았을까요. 어쨌든 이에 헤라가 앙심을 품고 칼리스토를 큰곰으로 만들었다죠. 나중에 장성한 아르카스가 사냥 길에 칼리스토를 만나 활을 쏘려 하니까 제우스가 불쌍히 여겨서 칼리스토는 큰곰자리로, 아르카스는 작은곰자리로 만들었다고 합니다. 큰곰자리는 북두칠성이 포함된 별자리이고 작은곰자리는 북극성이 포함된 별자리죠.[5]
갈릴레오 자신은 당시에 투스카니 지역을 지배하고 있던 메디치가에 자신의 발견을 기록한 책을 헌정하면서 이 위성들을 '메디치의 별'이라고 불렀답니다.

진행자 S 듣고 보니 과학자들에게도 상당히 낭만적인 면이 있습니다. 그런데 목성의 위성을 관측한 것이 과학적으로 어떤 의미를 지닙니까?

이종필 당시의 지배적인 세계관은 프톨레마이오스의 지구중심설이었습니다. 여기서는 지구가 우주의 중심이었기 때문에 지구 이외의 천체가 위성을 가질 것이라고는 생각을 못 했습니다. 그런데 목성의 위성들은 지구가 아닌 다른 천체의 주변을 도는 것이므로 프톨레마이오스의 우주론과 상충하는 현상을 발견한 셈이죠.
또한 금성을 관측한 것도 결정적이었습니다. 갈릴레오는 금성도 달과 마찬가지로 초승달, 반달, 보름달 등등처럼 상변화를 한다는 사실을 알게 됐습니다. 이것은 금성이 지구가 아닌 태양을 중심으로 돈다는 강력한 증거로 여겨졌습니다.

진행자 S 다시 말해 갈릴레오는 망원경 관측을 통해 태양중심설을 처음으로 확인한 셈이군요.

이종필 그렇습니다. 하지만 당시 사회 분위기는 별로 우호적이지 않았어요. 도미니크회 수도사 톰마소 카치니는 1614년 12월 20일에 지동설은 이단이라고 주장했으며, 니콜로 로리니 신부는 1615년 2월 7일 로마 종교재판소에 이를 고발했습니다. 이때 바티칸의 종교재판위원회는 지동설을 이단으로 규정했고, 1616년 2월 25일 교황은 코페르니쿠스 학설을 가르치거나 옹호하지 못하게 했습니다. 그리고 태양중심설을 처음 체계적으로 주장했던 책이 바로 1543년에 나온 코페르니쿠스의 『천구회전에 관하여』입니다. 이 책은 1616년 3월 금서 목록에 오릅니다.[2*]

진행자 S 그러면 세상에 널리 알려진 종교재판은 그 뒤에 벌어진 건가요?

이종필 맞아요. 평소 갈릴레오에게 우호적이었던 추기경 바르베리니가 1623년 교황 우르바노 8세가 됩니다. 바르베리니는 갈릴레오와 함께 피사에서 대학을 다녔다고 합니다. 갈릴레오는 새 교황과 여섯 차례나 알현하기도 하고요. 그래서 갈릴레오는 새 교황을 설득하기 위해 대화체의 책을 한 권 씁니다. 바로 『두 가지 주요 세계 체계에 대한 대화』입니다. 흔히 줄여서 『대화』라고 부르죠.[6] 여기엔 세 명의 인물이 등장합니다.
갈릴레오 자신의 입장을 대변하는 역할로 살비아티라는 인물을 내세웠고, 그 반대편에서 아리스토텔레스학파를 대변하는 인물로 심플리치오를 만들어냅니다. 심플리치오는 그 이름에서 짐작할 수 있듯이 단순한 얼간이로 그려집니다. 그리고 일반 교양인 입장에서 둘의 대화를 중재하는 듯하면서 은근히 심플리치오를 조롱하는 역으로 세그레도를 내세웠습니다. 살비아티와 세그레도는 실제로 피렌체와 베네치아에서 살았던 사람들로, 평소 갈릴레오가 좋아했다고 합니다. 그때는 이미 둘 다 죽은 시점이었고요.
갈릴레오가 이 책을 쓴 때가 1624년부터 1629년까지였고 출판된 해는 1632년이었습니다. 이 무렵 우리는 어떤 상황이었냐면, 1624년은 인조반정 이듬해로 이괄의 난이 있었고,

1627년 정묘호란, 1636년 병자호란, 1637년에 삼전도의 굴욕이 이어졌죠.
한편 가톨릭교회가 이 책에 강경한 입장을 보인 데에는 몇 가지 현실적인 이유가 있었습니다. 우선 1618년 신교도들이 프라하에서 일으킨 반란으로 시작된 30년 전쟁이 계속돼서 교황으로서는 강력한 리더십을 보여줄 필요가 있었습니다. 그리고 교황은 『대화』에 등장하는 심플리치오가 교황 자신을 비유적으로 묘사해서 모욕한 것으로 여기게 됩니다.

진행자 S 교황이 인간적으로도 갈릴레오에게 좋지 못한 감정을 가졌겠군요.

이종필 많은 학자가 그렇게 봅니다. 이 종교재판은 1633년 4월 12일에 시작해 6월 22일 판결이 내려집니다. 가장 큰 이슈는 갈릴레오의 책 『대화』가 1616년 교황의 결정을 어겼느냐 아니냐였습니다. 재판과정에서 갈릴레오는 지구가 돈다고 적극적으로 주장했다기보다 자신의 책이 대화와 토론 형식을 띠므로 특정 학설을 받아들이거나 옹호하지 않았다는 주장을 폅니다.
이때 재판에 참석했던 10명의 추기경 가운데는 갈릴레오에게 우호적인 사람도 몇 명 있었습니다. 특히 교황의 조카였던 프란체스코 바르베리니가 그랬고, 그는 최종 선고에 서명하지 않은 세 명 중 한 명이었다고 합니다. 덕분에 갈릴레오가 받은 형은 무기한 가택연금에 『대화』를 금서로 지정한 것이었습니다. 당시 연금된 가택(로마의 토스카나 대사관)은 방이 5개인 아파트로, 하인까지 거느리고 와인을 즐겼다고 합니다. 나중에는 피렌체 자택에서 연금되었고요. 그렇다고 해도 1564년생인 갈릴레오가 1633년이면 한국 나이로 일흔입니다. 지금으로 치자면 100세 넘은 노인이라 할 수 있겠죠. 그 나이에 타향에서의 연금생활이 그렇게 안락하지만은 않았을 겁니다. 그리고 재판과정에서 갈릴레오가 "그래도 지구는 돈다"라는 말을 했다는 일화가 전해지지만, 이 역시 사실이 아닐 거라는 견해가 우세합니다.[2*]

진행자 S 그 뒤로 1822년 9월 11일이 되어서야 출판의 자유가 허용된 건가요?

이종필 그렇습니다. 갈릴레오는 1642년 1월 8일에 사망했고요, 1718년에는 『대화』를 제외한 갈릴레오의 모든 저작이 해금됩니다. 1741년에는 갈릴레오의 모든 저작에 대한 출판이 허용되지만 『대화』는 검열을 받게 되죠. 1758년에는 태양중심설을 옹호하는 모든 책의 출금 조치가 해제되지만 갈릴레오의 『대화』와 코페르니쿠스의 『천구회전에 관하여』는 여전히 검열을 받습니다. 그러다가 1822년 9월 11일 태양중심설을 다루는 일반적인 저작물의 출판을 허용하게 되고요. 검열이 완전히 폐지된 것은 1835년이었습니다.

진행자 S 이 논란이 21세기까지 이어졌다면서요?

이종필 1939년 교황 비오 2세가 갈릴레오를 "가장 대담한 영웅적인 연구자"라고 표현했고, 1965년 교황 바오로 6세가 당시 재판에 대해 언급하면서 재평가가 이루어집니다. 1992년 교황 요한 바오로 2세는 재판의 부당함을 인정하고 갈릴레오에게 유감을 표명합니다.
하지만 1990년에 추기경인 라트징거가 로마의 사피엔자 대학에서 "갈릴레오에 대한 교회의 판결은 이성적이며 정당했다"고 주장했으며, 2003년 9월에는 교황청 교리성성의 안젤로 아마토 대주교가 우르바노 8세는 갈릴레오를 박해하지 않았다고 주장했습니다.
그런데 1990년에 교회를 옹호하는 발언을 했던 추기경 라트징거가 바로 지금 교황인 베네딕토 16세입니다.◆

진행자 S 그러면 뭔가 문제가 생기지 않았나요?

이종필 네, 이분이 2005년 4월 교황이 된 뒤 2008년 1월 15일 사피엔자 대학을 다시 방문하려 합니다. 이때 이 대학 물리

◆ 2005년 4월 제 265대 교황으로 선출되었고, 2013년 2월 교황직을 사임했다.

학과에서 1990년 발언을 문제 삼아 교황 방문을 반대합니다.[7] 당시에 물리학과 교수 전원을 포함해서 총 67명의 교수와 수많은 학생이 교황 방문을 반대했죠. 담벼락에 플래카드도 내걸고요. 저는 사실 평소에 이탈리아가 왜 G7에 들어가는 강대국인지 잘 이해하지 못했어요. 리라화를 쓸 때는 원화보다 가치가 더 낮았고요. 조상 잘 둔 덕에 관광 수입으로 먹고사는 나라라는 이야기도 주위에서 많이 들었습니다만, 2008년의 그 소식을 듣고는 역시 이탈리아는 선진국이구나, 문명 국가이구나라는 것을 실감했습니다.

그런데 며칠 뒤 교황을 옹호하는 그 대학의 많은 학생이 교황청 광장 앞에 몰려가서 다시 자기 대학을 방문하라는 시위를 열기도 했다는군요. 어쨌든 2008년 3월 교황청은 바티칸 벽에 갈릴레오 동상 건립을 제안했고, 그해 12월 교황 베네딕토 16세가 갈릴레오의 업적을 찬양하기에 이릅니다. 아마 앞으로는 이런 입장을 다시 뒤집기는 어렵지 않을까 싶습니다.

북한의 수소폭탄 시험, 어떻게 될 것인가_2016.01.20

진행자 S 2016년 1월 6일 북한이 소형화된 수소폭탄 시험에 성공했다고 발표했습니다. 이번이 4차 핵실험에 해당하는데요. 이에 관한 내용을 짚어보죠. 먼저 핵폭탄과 수소폭탄은 어떤 차이가 있나요?

이종필 핵폭탄은 우라늄이나 플루토늄을 연쇄적으로 핵분열시켜 매우 짧은 시간 동안 엄청난 에너지를 쏟아내게 하는 무기입니다. 우라늄을 예로 들면, 우라늄 235라는 물질이 있습니다. 원자핵 속의 양성자와 중성자 개수를 합쳐서 235개라는 말이죠. 이 물질에 중성자를 때리면 원자핵이 쪼개져 크립톤과 바륨이 생깁니다. 이 과정에서 양성자 질량의 약 20퍼센트에 해당되는 질량 결손이 발생합니다. 그 정도 양이 저 유명한 $E=mc^2$의 공식을 통해 에너지로 방출됩니다. 이때 중성자 두세 개가 함께 방출되는데, 이 중성자들이 다시 주변의 원자핵을 때려서 연쇄적으로 원자핵을 분열시킵니다. 다시 말해

원자핵 하나를 분열시키면 중성자가 계속 방출되면서 두 개, 네 개, 여덟 개…… 핵분열 반응을 이어나갑니다. 이것이 약 100만 분의 1초 동안 80세대까지 내려가는데요. 단계마다 양성자 질량의 20퍼센트에 해당되는 에너지가 나오는 것이므로 전체적으로 엄청난 양의 에너지가 순식간에 쏟아져 나옵니다. 이것이 바로 핵폭발입니다.

진행자 S 수소폭탄은 어떤 원리로 터지는 것인가요?

이종필 한마디로 태양 에너지를 이용하는 폭탄이라고 할 수 있습니다.[1] 태양이 불타는 이유는 양성자들이 모여 핵융합 반응을 통해 헬륨 원자핵을 만드는 과정에서 에너지가 방출되기 때문입니다. 이 핵융합 반응을 인위적으로 일으켜서 에너지를 얻는 폭탄이 수소폭탄입니다. 그래서 융합형 폭탄이라고도 합니다. 이때 핵융합 반응을 일으키는 기폭 장치 역할을 하는 게 앞서 말한 핵분열형 폭탄입니다. 그러니까 1단계에서 핵폭탄을 터뜨리고 그 에너지를 이용해 2단계에서 핵융합 반응을 일으키는 것이죠. 핵융합의 재료로 중수소와 삼중수소를 쓰기 때문에 수소폭탄이라는 이름이 붙었는데, 삼중수소를 쉽게 만들고자 보통 리튬을 집어넣습니다.
핵융합 반응으로도 물론 큰 에너지가 나오지만, 이때 고에너지의 중성자가 다량 방출됩니다. 그래서 그 주변을 우라늄으로 둘러싸면 2차 핵분열에 의해 엄청난 폭발력을 얻을 수 있습니다.

진행자 S 핵무기와 핵발전소는 어떤 차이가 있나요?

이종필 핵발전은 핵분열을 천천히 일으켜서 에너지를 얻는 과정입니다. 핵발전에도 역시 우라늄 235를 쓰는데, 자연에 존재하는 우라늄 235는 0.7퍼센트 정도밖에 안 됩니다. 이것을 핵무기로 만들려면 90퍼센트 이상으로 농축해야 하고요. 발전소에서 쓰는 핵연료로는 3~4퍼센트 정도의 저농축 우라늄을 씁니다. 비유하자면 알코올램프에 들어가는 알코올은 순도가 높아서 뭔가를 데우는 연료로 쓸 수 있습니다. 이것이 핵무기인 셈이라면, 맥주에 들어가는 알코올은 4퍼센트 정도밖에 안 됩니다. 이게 핵발전소라 할 수 있습니다. 그러니 핵발전소가 터지더라도 핵폭발이 일어나는 건 아닙니다. 원료 물질의 농도가 다르니까요.

H-BOMB

진행자 S 이런 핵무기의

위력이 구체적으로 얼마나 강력한가요?

이종필 히로시마에 떨어진 우라늄 폭탄이 재래식 폭탄인 TNT 기준으로 1만5000톤 규모였습니다. 그것 한 발로 도시 전체가 폐허로 변했고 폭발 직후 몇 초 동안 무려 8만 명이 사망했습니다. 최종적으로 전체 30만 인구의 절반가량이 죽었습니다. 지금 실전 배치된 전략 핵무기는 대체로 수소폭탄인데 메가톤급인 경우도 있습니다. TNT 100만 톤 규모죠. 히로시마에 떨어진 폭탄보다 100배 정도 큰 위력을 지닙니다. 만약 이런 폭탄이 서울 상공에서 터진다면 아마 서울 시민 대부분이 사망하지 않을까 싶습니다.

진행자 S 북한이 정말로 수소폭탄 개발에 성공한 것으로 봐야 할까요?

이종필 지금 정보가 제한적이어서 정확하게 말하기는 힘듭니다.[2, 3] 지진파의 세기로만 봐서는 수소폭탄이라고 하기엔 폭발력이 지나치게 약하고요. 대략 TNT 6000~1만2000톤 규모로 추정하고 있습니다. 이에 대해서 1단계 핵분열 폭발은 성공했으나 2단계 핵융합 단계까지는 가지 못했다는 분석이 나오고 있습니다. 또 기존 분열형 폭탄의 위력을 증가시킨 증폭형 핵분열탄이라는 의견도 제기됩니다. 이것은 핵분열 폭탄에 소량의 수소를 넣어서 약간의 핵융합을 일으켜 다량의 중성자를 방출시키는 폭탄으로, 본격적인 의미의 수소폭탄은 아닙니다. 어쨌든 이번 실험에서 관건 중 하나는 삼중수소입니다. 이게 자연에서 그냥 구하기가 쉽지 않거든요. 그래서 리튬을 넣으면 1단계에서 나오는 중성자와 반응해 삼중수소를 만듭니다. 북한도 이것을 시도했지만 핵융합까지는 못 간 게 아니냐고 생각할 수도 있습니다.
핵무기 실험을 하면 방사성 원소가 대기 중으로 나오게 됩니다. 이것을 면밀하게 분석해보면 어떤 핵무기였는지 좀더 정확하게 알 수 있습니다. 그래서 미국이 이미 대기 샘플을 채취해갔다는 보도도 나오고 있죠.

진행자 S 북한이 4차 핵실험 전후로 잠수함에서 미사일을 발사하는 영상을 공개했는데, 이건 어떤 의미를 지닐까요?

이종필 핵탄두가 있으면 그것을 목적지까지 운반하는 수단이 필요합니다. 대표적인 수단 세 가지가 대륙간탄도미사일, 전략폭격기, 그리고 핵추진잠수함입니다. 이 셋을 전략 핵무기 3종 세트라고 하며, 미국과 러시아만 이 셋을 모두 보유하고 있습니다. 이 중에서 특히 핵잠수함은 굉장히 은밀하게 움직이면서 장거리 탄도미사일을 수중에서 발사할 수 있으니까, 상대국으로서는 언제 어디서 미사일이 날아올지 모릅니다. 그래서 대표적인 비대칭 전력으로 꼽히는 무기 체계죠. 만약 어떤 나라가 선제 핵공격을 받아 본토의 핵무기 시설이 모두 파괴되더라도 핵잠수함은 상대 국가에 대해 보복 핵공격을 할 수 있기 때문에 아주 중요한 핵억지 전력으로 꼽힙니다. 한마디로 말해서 우리를 죽이면 너희도 죽는다, 이런 거죠. 북한이 아직 핵추진잠수함을 보유하지는 않은 것으로 알고 있습니다만, 그래도 잠수함에서 미사일을 발사할 수 있는 능력을 과시한 거죠.◆

◆북한은 이후 2016년 9월 9일 5차 핵실험을 강행했다. 국방부는 "지진 규모가 5.0으로 파악되며, 위력은 10킬로톤kt 정도로 추정된다"며 "현재까지의 핵실험 중 가장 큰 규모"라고 밝혔다.

스타워즈 광선검은 과학적으로 가능한가_2016.01.27

진행자 S 〈스타워즈 에피소드 7〉이 개봉해서 좋은 반응을 얻고 있습니다. 흥행이 계속될수록 영화 속 장면들이 과학적으로 가능한가에 대한 의문이 많이 제기되고 있습니다.

이종필 그러면 〈스타워즈〉 시리즈에서 가장 유명한 소재이자 대표적 아이콘인 광선검에 대해 이야기해봤으면 합니다.

진행자 S 영화에서 보는 것과 같은 광선검이 과학적으로 가능한가요?

이종필 딱 잘라 말하면, 현재의 과학기술로는 불가능합니다.[1, 2] 광선검의 길이는 약 1.2미터이고, 손잡이는 20~25센티미터 정도 됩니다. 광선검을 영어로는 lightsaber라고 하는데, 기본적으로 빛이라는 거죠. 빛의 실체는 물리적으로 광자라고 하는 매우 작은 알갱이의 흐름입니다. 거시적으로 보면 파동이고요. 우리가 경험적으로도 알고 있듯이 빛이 1.2미터 정도만 가다가 멈추는 일은 없습니다. 그렇다고 광선검 끝에 거울 같은 게 달려 있지도 않잖아요. 한 가지 억지로 생각해보자면, 엄청난 에너지로 광선검 주변의 시공간을 1.2미터쯤 휘어서 접어버리면 가능할지도 모르겠습니다. 그러면 빛은 그렇게 접힌 공간을 따라 움직이니까 우리가 보는 광선검의 모양을 만들 수 있겠죠. 하지만 그 경우 접힌 부분의 중력이 어마어마해서 주변의 모든 사물이 다 그쪽으로 끌려갈 텐데요. 영화에서 그런 장면은 나오지 않습니다.

진행자 S 일단 광선검이 가능하다고 가정했을 때, 광선검으로 칼싸움을 할 수 있나요?

이종필 빛은 둘 이상이 얽혀도 서로 중첩되잖아요. 이것이 거시적으로는 파동이라서 서로 겹쳐질 뿐, 철로 만든 검처럼 반발력이 전혀 생기지 않습니다. 이를테면 레이저 포인터 두 개로 칼싸움을 한다고 가정해봅시다. 칼싸움이 안 되겠죠. 그냥 허공을 서로 지나가고 마는 겁니다. 반발력이 있는 뭔가가 그 안에 있지 않으면 광선검으로는 보통의 검술을 할 때와 같은 상황이 벌어지지 않습니다.

진행자 S 제다이들은 광선검으로 광선총도 잘 막아냅니다. 이건 가능할까요?

이종필 광선총은 광선을 날리는 것이겠죠. 레이저라고 해도 기본적으로 빛이라서 마찬가지입니다. 그러면 이게 광속으로 날아오는 것이죠. 상대성이론에 따르면 우리 우주의 어떤 물리

적 신호도 빛보다 더 빠르진 않아요. 그러므로 제다이가 광선총에서 나오는 광선을 봤다는 것은 그냥 죽는다는 이야기입니다. 제다이가 이것을 막아내려면 광선총에서 광선이 발사되어 자신에게 도달하기 전에 광선검을 휘둘러야 합니다. 그것도 자신의 근육을 거의 광속으로 움직여야겠죠. 그런데 광선총의 광선이 아직 자신에게 도달하지 않았기 때문에 광선이 발사되었는지 알 길이 없습니다. 어떤 영화에서처럼 제다이의 포스가 강력하다면 제국군 병사들의 근육의 움직임을 미리 감지해서 선제 방어를 할 수는 있겠죠. 하지만 그것만으로 광선이 어디로 날아올지까지는 알지 못할 겁니다.

진행자 S 또 다른 문제점은 없을까요?

이종필 광선검이 정말 레이저 같은 빛이라면 옆에서 봤을 때 사실 잘 안 보이거든요. 손전등이나 레이저 포인터를 켜면 빛의 경로가 잘 안 보입니다. 주변에 먼지 같은 것에 부딪혀 튕겨나가야 잘 보이죠. 영화에서는 광선검이 어디서 보나 매우 선명하게 보입니다. 광선검의 그 엄청난 에너지가 어디서 나올까도 궁금해요. 광선검 하나면 뭐든 다 베어버리잖아요. 그런 에너지가 손잡이에서 나올 것 같지 않고…… 거기에 배터리 같은 게 있을 리 없잖아요. 물론 제다이의 포스에서 나오는 것이라고 하면 할 말은 없지만요. 그리고 광선검의 그 어마어마한 열기면 광선검을 쥐고 있는 손도 데지 않을까 싶습니다. 근접전이 벌어지면 얼굴 같은 신체 부위가 광선검에 굉장히 가까이 다가가는데 아무렇지도 않거든요.

진행자 S 플라즈마로 광선검 비슷하게 만들 수 있다고 하던데요?

이종필 플라즈마는 기체에서 핵과 전자가 분리돼 이온화된 상태를 말합니다.[3] 아주 높은 열을 가해주거나 전기를 흘려주거나 하면 이런 상태를 만들 수 있습니다. 형광등이나 네온사인 등에 들어 있는 기체가 플라즈마 상태입니다. 플라즈마는 기체가 이온화된 상태라 전기가 잘 흐르는 특성이 있습니다. 전기를 띤 물체는 자기장을 이용해 쉽게 컨트롤할 수 있어요. 그래서 플라즈마와 자석을 잘 써서 영화 속 광선검과 같은 모양을 만들 수는 있을 겁니다. 또한 플라즈마가 전기를 잘 통하므로 엄청난 에너지를 통과시킬 수도 있겠죠.

하지만 플라즈마도 뭔가 반발력을 지닌 물질이 아니기 때문에 이것으로 검을 만들어 칼싸움을 벌인다고 해도 그냥 서로 지나갈 뿐입니다. 금속제 칼이 맞부딪치며 힘겨루기를 하는 그런 장면은 나오지 않습니다. 광선검을 휘두를 때 검의 궤적도 금속제 검의 궤적과 다르겠죠.

진행자 S 그 밖에 〈스타워즈〉에서 과학적으로 좀 문제가 있다고 여겨지는 장면이 있나요?

이종필 〈스타워즈〉에는 우주공간에서 전투를 벌이는 장면이 많습니다. 영화의 효과를 극대화하기 위해 엄청난 효과음들이 전투 장면에 동원되는데요. 실제 우주 공간에는 공기가 없기 때문에 아무런 소리가 들리지 않습니다. 영화 〈그래비티〉를 보면 굉장히 조용하잖아요. 그게 사실적인 겁니다. 또한 팰콘 같은 우주선을 보면 초광속으로 날아다닙니다만, 현재 우리가 알고 있는 상대성이론에서는 광속을 능가하는 속도로는 이동할 수가 없습니다.
중력과 관련된 문제도 있습니다. 질량이 무거운 천체가 주변에 없는 우주의 망망대해에 우주선이 있다면 그 안은 무중력 상태겠죠. 그런데 영화 속에서는 모두 지구상에서와 똑같은 중력을 받는 것처럼 나옵니다. 뭔가 우주선에 특별한 장치가 있는지는 모르겠으나, 설명이 부족해요. 좀더 현실적인 영화, 이를테면 〈인터스텔라〉나 〈엘리시움〉 〈마션〉 같은 작품을 보면 우주선이 빙글빙글 돌잖아요. 그게 원심력으로 중력을 대체하는 것이거든요.
뿐만 아니라 영화에 나오는 모든 행성 표면의 중력은 지구 표면에서의 중력과 거의 같아 보입니다. 목성만 해도 지구 중력보다 2.5배나 세거든요. 영화에 나오는 생물 종은 그렇게 다양한데 중력은 어디서나 비슷하다는 건 거의 불가능한 일입니다. 게다가 대기 조성도 비슷한 것 같고요. 모든 생명체가 어느 행성에서나 무리 없이 호흡하잖아요. 화성에만 가도 우린 그렇게 못 하거든요.

당연히 외계인은 존재하지 않겠는가_2016.01.29

진행자 S 이번에는 외계 문명에 대해서 이야기해볼까요?

이종필 최근 외계 문명을 찾을 때 어느 곳을 찾아야 확률이 더 높을지에 대한 새로운 연구 결과가 나왔다고 합니다.

진행자 S 어디를 찾아봐야 하나요?

이종필 구상성단球狀星團이라고 공 모양으로 별이 아주 많이 모여 있는 집합체가 있습니다. 우리 은하에 150개 정도 존재하고요. 예전에는 과학자들이 이곳을 그리 눈여겨보지 않았는데 2016년 초에 발표된 한 연구에 따르면 구상성단에 고도의 외계 문명이 존재할 가능성이 높다고 합니다. 2016년 1월 『네이처』 지에서도 이 연구 결과를 소개한 바 있습니다.[1]

진행자 S 구상성단에 대해서 좀더 자세히 설명해주셨으면 합니다.

이종필 구상성단은 별이 수천 개에서 수백만 개가 공 모양으로 모여 있는 천체입니다.[2] 중앙에는 별들 사이의 중력이 강력하기 때문에 많은 별이 밀집해 있습니다. 그리고 구상성단에는 비교적 나이가 많은, 수십억 년에서 100억 년 이상 되는 오래된 별이 많습니다. 그런 까닭에 구상성단은 우주의 나이를 추정하는 데 도움이 되기도 합니다.

진행자 S 구상성단에 외계 문명이 존재할 가능성이 왜 높은가요?

이종필 사실 지금까지는 구상성단에서 그리 흥미로운 행성을 발견하지 못했습니다. 별들이 강력한 중력으로 모여 있다보니 별에 딸린 행성들이 그 중력에 튕겨서 멀리 달아나버리곤 했거든요. 그런 까닭에 구상성단은 외계 문명과 관련해 관심 영역 바깥에 있었어요.
이번에 나온 아이디어에 따르면, 구상성단에서는 별들이 매우 가깝기 때문에 그것이 오히려 문명을 유지하는 데 도움이 된다고 합니다. 별이 가깝다는 얘기는 별이 거느리고 있는 행성들, 즉 행성 시스템 사이의 거리도 가깝다는 뜻이죠. 비유적으로 말하면, 태양계 바로 옆에 태양계 비슷한 것이 많으리라는 얘기입니다. 태양의 경우 가장 가까운 이웃 별이 알파 센타우리인데 이게 약 4.4광년 멀리 있습니다. 구상성단의 경우 이웃한 별의 거리가 빛으로 14~140시간 정도면 갈 수 있을 정도로 가깝습니다. 명왕성 궤도의 두 배 정도밖에 안 되거든요. 그러면 행성을 옮겨다니면서 문명을 보존하기 훨씬 더 쉬울 것이다, 따라서 오래 지속된 외계 문명이 존재할 가능성이 높다는 주장입니다.

진행자 S 우리 은하에 외계 문명이 있다면 얼마나 많을까요?

이종필 그것을 추정하는 방법으로 드레이크 방정식◆이 있습니다.[3] 우리 은하에서 별이 얼마나 많이 만들어지는가, 그런 별이 행성을 보통 몇 개 가지고 있느냐, 그런 행성에서 고도의 지적 생명체가 진화할 가능성이 얼마인가 등을 확률적으로 따져서 외계 문명의 개수를 추정해보는 식입니다. 여기서 중요한 요소 가운데 하나가 문명이 지속되는 시간입니다. 외계 문명이 있더라도 금방 멸망해버리면 우리와 접촉할 수 없잖아요. 이

◆ 1960년대에 이 방정식을 최초로 고안한 프랭크 드레이크 박사의 이름을 붙였다. 그린 뱅크 방정식Green Bank equation 또는 세이건 방정식Sagan equation이라고도 한다. 페르미 역설과 밀접한 관련이 있다.

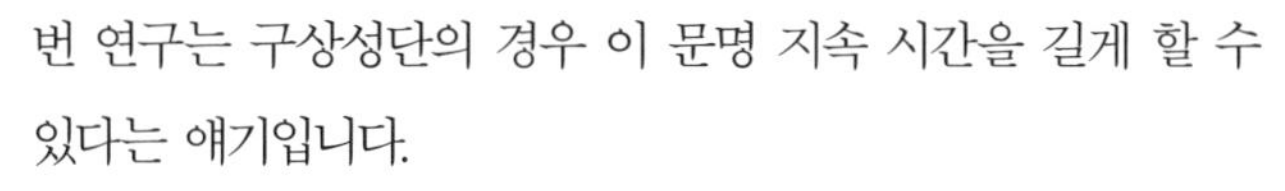

번 연구는 구상성단의 경우 이 문명 지속 시간을 길게 할 수 있다는 얘기입니다.

실제 드레이크 방정식을 계산해보면 외계문명의 개수가 작게는 1보다 훨씬 더 작은 값도 나오고, 크게는 몇백만 개가 나오기도 합니다.

진행자 S 외계인이 있다면 왜 아직 만나지 못했을까요? 다들 어디에 있는 건가요?

이종필 그 질문을 페르미의 역설이라고 합니다.[4] 엔리코 페르미는 이탈리아가 낳은 20세기의 가장 위대한 물리학자 중 한 명으로서 미국으로 망명해 핵무기 제조 계획인 맨해튼 프로젝트에도 참여했습니다. 페르미가 하루는 동료들과 점심을 먹으러 가면서 UFO 얘기를 하다가 이렇게 말했다고 합니다. “Where are they?” 페르미가 생각하기에 태양이나 지구나 모두 평범한 별과 행성이니 그렇다면 은하 어디에선가 우주여행을 할 수 있는 고등지적생명체가 있어야 하는 것 아니냐는 말입니다. 그러면 당연히 지구에도 왔을 텐데 한 번도 본 적은 없거든요.

여기에 대해서도 몇 가지 설명이 있습니다. 외계인이 지구에 왔어도 정체를 숨기고 있는 게 가능할 뿐만 아니라 우리가 전혀 인식하지 못하는 상태로 존재할지도 모릅니다. 또는 아직

항성 간 또는 은하 간 여행을 할 만큼의 기술력을 갖추지 못했을 수도 있습니다.

진행자 S 외계인이 있다고 생각하나요?

이종필 그렇지 않겠어요?[5, 6] 우리 은하에만 태양 같은 별이 최소 1000억 개 있고 우주 전체적으로는 이런 은하가 또 최소 1000억 개는 있거든요. 조디 포스터 주연의 SF영화 〈콘택트〉에 이런 말이 나옵니다. 이 드넓은 우주에 우리만 있다면 엄청난 공간 낭비라고요. 저도 그렇게 생각합니다.

사주팔자와 고전역학_2016.02.05

진행자 S 설 명절과 연관지어 나눠볼 만한 과학적 주제가 있습니까?

이종필 음력으로 새해가 시작되는 때인 만큼 신년 운세를 보는 사람이 꽤 있으리라 생각합니다. 그래서 사주명리학을 과학자 입장에서 한번 짚어보려 합니다.

진행자 S 사주 혹은 사주를 본다는 게 무슨 뜻인지부터 살펴봤으면 합니다.

이종필 사주四柱란 말 그대로 네 가지 기둥입니다. 한 사람이 태어난 생년·월·일·시 네 가지 정보가 바로 사주입니다. 사주명리학에서는 이 네 기둥마다 두 개의 한자를 부여합니다. 하나는 갑을병정무기경신임계甲乙丙丁戊己庚辛壬癸의 천간天干에서 고르고 나머지 하나는 자축인묘진사오미신유술해子丑寅卯辰巳午未申

酉戌亥의 지지地支에서 고릅니다. 그러면 총 여덟 글자가 주어지는 셈이죠. 그래서 사주팔자四柱八字라고 합니다. 이 사주팔자로 인생의 길흉화복을 설명하는 체계가 사주명리학입니다.[1, 2]
10개의 천간과 12개의 지지를 차례대로 결합시키면 갑자부터 계해까지 총 60가지 경우의 수가 나옵니다. 이것을 육십갑자六十甲子 또는 육갑이라고 해요. '육갑 떤다'라는 말이 있죠. 이것은 육십갑자를 어설프게 손가락으로 짚다가 틀리는 어수룩한 행위를 비속하게 이르는 말입니다.

진행자 S 그렇다면 생년월일시가 일생을 좌우하게 된다는 얘기잖아요. 과학적으로 봤을 때는 타당한가요?

이종필 흔히 인생 최대의 도박은 출생이라는 말이 있죠. 요즘 유행하는 말로 금수저 물고 태어났느냐 흙수저 물고 태어났느냐가 인생을 좌우한다고 하는데, 크게 틀린 말은 아닌 듯합니다. 그만큼 출생의 조건이 매우 중요하다는 것이겠죠. 그런데 과학에서도 정확하게 이런 구조를 갖고 있는 게 바로 뉴턴역학입니다. 고전역학이라고도 하죠. F=ma나 만유인력의 법칙은 다들 한 번쯤 들어봤을 겁니다. 고전역학의 철학을 한마디로 하면 이렇습니다. 초기 조건을 정확하게 알면 뉴턴 동역학을 이용해서 미래를 정확하게 예측할 수 있다는 것입니다. 인간에 대해서도 마찬가지입니다. 그러니까 사주와 다를 바 없

죠. 이런 세계관을 결정론적 세계관이라고 합니다. 실제로 뉴턴역학이 절정이던 시기에는 세상의 모든 것을 결정론적으로 다 정할 수 있다고 생각했습니다. 사람의 인생까지 포함해서요.[3]

진행자 S 그렇다면 사주명리학도 과학으로 볼 수 있나요?

이종필 그렇게 보기는 어렵습니다. 다만, 인간 출생의 초기 조건으로 일생을 예측한다는 구조 자체만 놓고 비과학적이라고 말한다면 뉴턴역학도 비과학적이라고 할 수 있으니 그런 비판은 좀 과한 면이 있죠. 과학자 입장에서 봤을 때는 사주명리학에서 초기 조건을 세팅하는 단계라든지, 그로부터 미래를 예측하는 단계에 구멍이 좀 많아 보입니다. 예를 들면 태어난 해는 육십갑자로 정보가 입력되니까, 이게 총 60가지이므로 60년을 주기로 순환하게 되겠죠. 그렇다면 지구가 태양을 60번 공전할 때마다 인간 세상에 영향을 주는 뭔가 반복되는 규칙이 있어야 하는데 우리가 아는 천문학적 혹은 지구과학적 지식 가운데는 그런 게 없거든요.

진행자 S 그런데 사주를 보면 정말 잘 맞는다고 하는 사람이 꽤 있어요. 왜 그런가요?

이종필 어쨌든 사주팔자는 초기 조건에 따라 인간을 몇 가지 유형으로 나누어서 설명하는 것이잖아요. 그 과정이 과학적이지는 않더라도 나뉜 유형에 따라 데이터가 많이 쌓이면 어떤 사람이든 그렇게 나뉜 유형 중 하나에 포함될 가능성이 높겠죠. 그리고 사주풀이로 설명하는 얘기를 들어보면 다소 애매해서 어떤 식으로든 해석 가능한 경우도 있는데요. 이런 때는 의뢰인이 자기 상황에 맞춰서 적극적으로 해석할 가능성이 높으니 사주가 잘 맞는구나라고 생각하게 될 겁니다.

진행자 S 현대 과학은 어떻습니까? 고전역학과 같은 결정론인가요?

이종필 현대 과학은 확률론입니다. 이것은 양자역학 때문입니니다. 동전 던지기를 예로 들어보죠. 뉴턴역학에서는 손바닥을 펴보기 전에 동전이 앞면인지 뒷면인지 정해져 있습니다. 동전을 던질 때의 초기 조건을 정확하게 안다면 최종적으로 앞면인지 뒷면인지 계산할 수 있다는 것입니다.

반면 양자역학은 그렇지 않습니다. 동전이 앞면인지 뒷면인지 그 확률만 알 수 있습니다. 게다가 손을 펴보기 전에는 앞면인지 뒷면인지가 정해져 있지 않다는 게 양자역학의 중요한 결과입니다. 손을 펴보는 순간 예측된 확률로 앞면과 뒷면이 정해집니다. 손을 펴보기 전에는 동전의 상태가 앞면이면서 동시에 뒷면인, 그런 이상한 상태에 머물러 있다고 이야기합니다(이것을 양자 중첩 상태라고 합니다). 물론 실제 동전 던지기를 하면 이렇다는 것은 아니고, 원자 이하의 미시세계에서 이런 일이 벌어진다는 겁니다.

진행자 S 혹시 사주를 보나요?

이종필 인생이 힘들 때 재미 삼아 본 적은 있습니다. 요즘 우리 삶이 안팎으로 팍팍하잖아요. 그 모든 것을 과학이 해결해주면 좋겠지만 그렇지 못한 부분도 많고요. 신년에 흥밋거리로 한번 보는 것도 괜찮다고 봅니다.

중력파의 발견_2016.02.14

진행자 S 과학계에서 큰 뉴스가 발표됐죠?

이종필 한국 시각으로 2016년 2월 12일 0시 30분에 과학계에 큰 소식이 있었습니다. 중력파를 검출했다는 내용인데요.[1] 중력파가 무엇인지, 왜 중력파 검출 소식에 전 세계 과학계가 흥분하는지를 다뤄보려 합니다.

진행자 S 중력파가 뭔가요?

이종필 한마디로 시공간의 출렁임이라고 할 수 있습니다.[2] 이것은 아인슈타인의 일반상대성이론에서 나온 것으로,[3] 일반상대성이론에서는 중력을 시공간의 뒤틀림, 즉 시공간의 곡률로 해석합니다. 그런데 블랙홀 같은 게 충돌한다든지 하면 그 때문에 시공간이 뒤틀리는 효과가 마치 물결이 파동치듯 주위로 퍼져나가겠죠. 이것이 중력파입니다.

진행자 S 시공간이 뒤틀린다거나 출렁거린다는 게 무슨 뜻인지 이해가 잘 되지 않습니다.

이종필 사실 굉장히 어려운 개념입니다. 아인슈타인 이전의 물리학, 19세기까지의 물리학에서는 시간과 공간이 어떤 상황에서도 고정불변인 그런 양으로 남아 있었습니다. 시간과 공간이 절대적인 것이죠. 어떤 상황에서든 1초의 간격 또는 1미터의 간격이 항상 똑같습니다.

이걸 뒤집은 사람이 바로 아인슈타인이었습니다. 그는 움직이는 사람의 시간-공간은 정지한 사람의 시간-공간과 다르다고 주장했습니다. 이게 특수상대성이론이고요. 특수상대성이론을 일반화해서 중력 현상에 적용한 것이 일반상대성이론입니다. 일반상대성이론에서는 태양같이 무거운 물체가 있으면 그 주변의 시공간이 휘어진다고 예상합니다. 마치 트램펄린 위에 사람이 올라가면 움푹 패는 것과 같다는 거죠. 그리고 트램펄린 위에서 사람이 풀쩍 뛰면 그 충격이 중심에서 사방으로 물결치듯 퍼져나가겠죠. 공간 자체도 그런 식으로 출

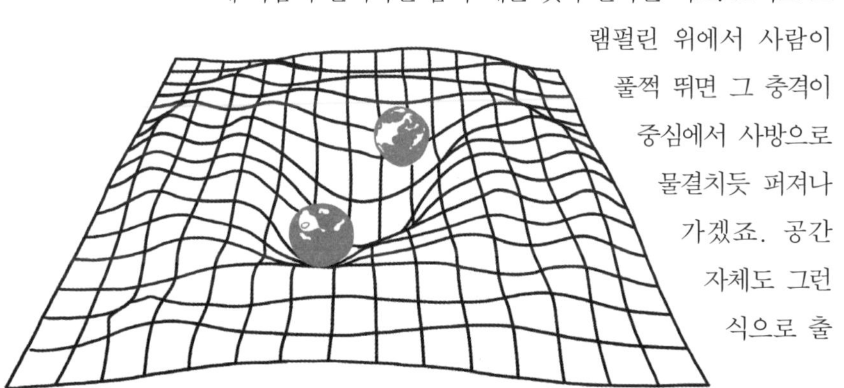

GRAIVITATIONAL WAVE

렁거리면서 퍼져나간다는 겁니다. 이게 중력파입니다.

진행자 S 이번에 중력파를 검출했다는 실험 그룹이 미국의 라이고The Laser Interferometer Gravitational-Wave Observatory라고 합니다. 여기서는 대체 시공간의 출렁임을 어떻게 측정했나요?

이종필 기본 원리는 똑같은 빛을 둘로 나눠서 하나는 수평 방향으로, 다른 하나는 수직 방향으로 보내는 것입니다. 양방향으로 똑같이 4킬로미터 정도 보내는데, 거기서 다시 빛을 반사시켜 출발점으로 돌아오게 합니다(실제로는 빛이 이 구간을 여러 번 왕복하게 합니다). 빛은 파동이잖아요. 그런 까닭에 만약 두 빛이 같은 거리를 왕복했다면 다시 만났을 때 똑같은 파동이 두 개 합쳐지는 겁니다. 파동의 골과 골, 마루와 마루가 정확하게 일치하겠죠. 그런데 만약 중력파가 지구를 휩쓸고 지나갔다, 이렇게 되면 일반적으로 수직 방향과 수평 방향이 서로 다른 영향을 받겠죠. 그러니까 라이고의 빛이 지나가는 수직 방향과 수평 방향의 경로에 미세한 차이가 생깁니다. 그 결과 두 빛이 다시 만나면 마루와 마루, 골과 골이 조금 어긋나 있을 겁니다. 이 차이를 감지했다는 겁니다. 이 차이가 어느 정도냐 하면 양성자 크기의 1천 분의 1정도 됩니다. 굉장히 미세한 차이죠.[4]

이런 검출기 두 개를 똑같이 만들어서 하나는 루이지애나 주

리빙스턴에, 다른 하나는 워싱턴 주 핸포드에 설치했습니다.

진행자 S 이번에 발표한 내용을 요약하면 어떻게 됩니까?

이종필 핵심은 라이고가 블랙홀 둘이 빙빙 돌면서 합쳐지는 현상을 관측했다는 것입니다. 지구에서 약 13억 광년 떨어진 곳으로 추정되는데요. 하나는 태양 질량의 29배이고 다른 하나는 태양 질량의 36배의 블랙홀입니다. 이 둘이 합쳐져서 최종적으로 태양 질량의 62배 되는 블랙홀을 만들었습니다. 나머지 태양 질량의 3배에 해당되는 에너지가 중력파로 방출되었습니다. 실제로 이 이벤트를 관측한 것은 2015년 9월 14일이었습니다. 이때 나오는 중력파는 독특한 파형을 만듭니다. 그걸 슈퍼컴퓨터로 미리 시뮬레이션해볼 수 있습니다. 2015년 9월에 실제 라이고의 두 검출기에서 똑같은 패턴의 파형을 봤다는 겁니다. 관측 결과를 시뮬레이션 결과와 비교해보면 어떤 블랙홀들이 어떻게 합쳐졌는지 자세하게 알 수 있습니다. 이번 관측은 라이고를 어드벤스드 라이고Advanced LIGO로 업그레이드한 직후에 운 좋게 신호를 포착한 것입니다. 그리고 이 결과는 미 국립과학재단의 40년에 걸친 꾸준한 투자와 지원이 있었기에 가능했다는 점도 주목할 만합니다.

진행자 S 이번 발견이 과학적으로 봤을 때 얼마나 중요한 사안입니까?

이종필 어마어마하죠. 아인슈타인이 일반상대성이론을 완성한 때가 1915년이고 이로부터 중력파를 예견한 때가 1916년이거든요. 무려 100년 만에 그 중력파를 직접 관측한 것입니다. 지난 100년 동안 일반상대성이론이 옳다는 간접적인 증거는 무수했지만, 가장 결정적인 중력파를 아직 못 봤거든요. 그래서 지난 세기부터 과학자들이 중력파를 검출하기 위해 필사적인 노력을 기울여왔습니다. 이 여정에 드디어 마침표를 찍은 셈이죠. 노벨상은 따놓은 당상입니다. 영화 〈인터스텔라〉로 유명한 킵 손 교수가 이 연구에 큰 공헌을 했는데, 당연히 노벨상을 받을 겁니다.

그리고 중력파를 통해 우주를 관측한 첫 사례이므로 중력파 천문학의 새 장을 연 셈이죠. 이것 역시 엄청난 성과입니다. 지금까지는 우주를 빛이나 전파로만 관측해왔습니다. 이건 모두 전자기파죠. 라이고는 전자기파가 아닌 중력파로 우주를 봤다는 점에서 그 의의가 큽니다. 중력파의 발견은 21세기 과학사에 길이 남을 업적이 아닐까 싶습니다.

진행자 S 중력파가 우리 일상생활과는 무슨 상관이 있나요?

이종필 제가 이렇게 반문해보죠. 만약 우리가 중력을 제어할 수 있다면 어떻게 될까요? 아주 재미있는 일들이 일어나지 않을까요? 아주 먼 미래에 그런 날이 온다면, 아마 그 출발점은 중력파를 실제로 검출한 2015년 9월로 기억될 겁니다.

미니 블랙홀의 위력_2016.02.21

진행자 S 최근 스티븐 호킹이 블랙홀과 관련해서 흥미로운 이야기를 했죠?

이종필 호킹이 미니 블랙홀로 지구에 에너지를 공급할 수 있다고 발표했습니다.[1] 이것이 어떻게 가능한지 따져보죠.

진행자 S 우선 블랙홀 개념부터 짚어보죠.

이종필 블랙홀이란 한마디로 표면 중력이 아주 강력한 천체입니다.[2] 표면 중력이 강하려면 좁은 영역에 엄청난 질량을 집중시키면 됩니다. 표면 중력이 어느 정도 강력해야 블랙홀이 되는가 하면, 중력이 너무 강력해서 빛도 빠져나올 수 없을 정도면 됩니다. 지구를 블랙홀로 만들려면 약 9밀리미터로 압축하면 됩니다. 태양의 경우는 약 3킬로미터이고요. 별이 태양보다 훨씬 더 무거우면 별의 진화 마지막 단계에서 자체의 중력 붕괴를 피할 수 없어 블랙홀이 되는 것으로 알려져 있습니다.
블랙홀에는 사건의 지평선이 있습니다. 이것은 블랙홀의 크기를 결정하는 가상의 경계선입니다. 이 선을 넘어가면 빛조차 다시 밖으로 빠져나오지 못하게 됩니다. 그래서 밖에서 봤을 때는 사건의 지평선 안쪽은 완전히 검게 보이겠죠. 이 경계선의 크기, 즉 블랙홀의 크기가 될 텐데, 이것은 블랙홀의 질량에 정비례합니다.

진행자 S 블랙홀이 어떻게 에너지원이 될 수 있나요?

이종필 이것은 주로 스티븐 호킹 덕분입니다. 1974년에 호킹은 굉장히 놀라운 결과를 발표합니다. 블랙홀이 열을 가지고 있고 그래서 에너지를 방출한다고 주장했습니다. 이것을 호킹 복사라고 합니다. 블랙홀이 빛이나 다른 소립자를 방출하면서 에너지를 낸다는 것이죠.
이 결과는 블랙홀 사건의 지평선 근처에서 일어나는 양자역학적인 효과를 계산한 결과로서 스티븐 호킹의 가장 대표적인 업적 가운데 하나입니다.[3] 호킹 복사를 둘러싼 흥미로운 논쟁이 아주 많습니다.

진행자 S 지구에 충분한 에너지를 공급하려면 어느 정도의 블랙홀이 필요합니까?

이종필 보통의 평범한 산 정도 되는 크기의 블랙홀이면 그 블랙홀에서 나오는 엑스선이나 감마선이 약 1000만 메가와트의 에너지를 낸다고 합니다. 지금 한국의 전력 생산 규모가 대략 8000만 킬로와트이니 메가와트로 환산하면 8만 메가와트이거든요. 1000만 메가와트면 8만 메가와트의 125배나 되는 에너지입니다. 이 정도면 전 세계가 쓸 만한 전력이라고 하더군요. 우주 초기에 이런 블랙홀들이 만들어졌을 가능성이 있다고 합니다. 이것을 잘 찾아서 에너지원으로 쓰자는 거죠.

진행자 S 블랙홀을 잘못 다루면 인류가 오히려 멸망하지 않을까, 그런 걱정이 들기도 하는데요.

이종필 그럴 수 있죠. 그래서 호킹의 아이디어는 블랙홀을 지구 궤도에 올려서 위성처럼 돌게 하자는 겁니다. 지구에 필적할 만한 질량의 블랙홀이라면 당연히 지구의 자전이나 공전에 큰 영향을 미치겠지만, 산 정도의 블랙홀이면 지구나 달에 비해 굉장히 작으니까 별 영향이 없을 겁니다. 말하자면 꽤 큰 인공위성을 하나 띄우자는 것이죠. 지속적으로 지구에 에너지를 공급할 수 있는…….
그런데 사실 저도 지구 궤도에 있는 블랙홀이 주변을 지나가는 소행성이나 위성을 잡아먹으면서 계속 커지면 어떻게 되나 하는 걱정이 들기도 합니다.

진행자 S 미니 블랙홀은 뭔가요?

이종필 미니 블랙홀 또는 마이크로 블랙홀은 보통 소립자 수준의 블랙홀을 말합니다.[4] 양성자 같은 입자를 입자가속기에서 굉장히 높은 에너지로 충돌시키면 그 결과 소립자 수준의 블랙홀이 생길 수 있다는 얘기인데, 이게 가능하기 위한 전제 조건이 있습니다. 우리가 사는 공간이 3차원이 아니라 4차원 이상이어야 합니다. 지금 우리가 살고 있는 3차원에서는 중력이 굉장히 약한 편인 까닭에 블랙홀을 만들기 어려워요. 만약 우리 우주가 4차원 이상이고 우리가 3차원에서만 살고 있는 거라면, 전체 고차원에서는 중력이 아주 강력할 수도 있습니다. 이 경우에는 지금 인류가 가지고 있는 입자가속기의 에너지로도 블랙홀을 쉽게 만들 수 있습니다. 실제 유럽의 입자가속기에서는 이런 미니 블랙홀의 신호를 검색하고 있는 상황입니다. 아직까지는 이렇다 할 만한 신호가 나오지 않았지만, 호킹은 이런 미니 블랙홀도 에너지원으로 쓸 수 있지 않느냐, 하고 제안하고 있습니다.

진행자 S 정말로 호킹의 아이디어가 실현될 수 있을까요?

이종필 어느 물리학자가 호킹의 아이디어에 대해 이런 논평을 했습니다. 원리적으로는 아무런 문제가 없다, 하지만 앞으로 1만 년 이내에는 실용화되지 못할 것이다. 그래도 호킹은 이것을 공학적으로 해결하는 엔지니어가 아니니까, 아이디어 차원에서는 충분히 가능하다고 봅니다.

가상현실 기술이 바꾸는 실제 세계_2016.02.28

진행자 S 가상현실이 커다란 이슈가 되고 있죠?

이종필 스페인 바르셀로나에서 2016년 2월 22일 모바일월드콩그레스MWC가 열렸습니다. 최첨단 모바일 통신 기술 경연장으로 알려진 전시회죠. 세계 3대 IT 전시회 중 하나라고 합니다. 2016년에는 여기서 특히 가상현실Virtual Reality, VR 기술을 많이 선보였다고 합니다.[1] 이에 대해 좀더 자세히 짚어봅시다.

진행자 S 가상현실이 무엇인지부터 간단히 이야기해주신다면요.

이종필 한마디로 말해서 컴퓨터가 만들어낸 가짜 현실입니다. 비행 훈련 시뮬레이션이 대표적이고, 영화에선 〈매트릭스〉의 매트릭스가 대표적인 가상현실이죠. 요즘 가상현실이 다시 각광을 받는 이유는 스마트 기기의 발전 때문이에요. 누구나 스마트폰을 갖고 있는 시대 아닙니까? 이걸로 손쉽게 가상현실을 즐길 수 있게 되면서 IT 업체들이 이 분야에 뛰어드는 중입니다.[2]

진행자 S 가상현실에도 여러 종류가 있죠?

이종필 머리에 쓰는 헤드마운트 디스플레이HMD는 역사도 오래되었는데 스마트폰과 결합하면서 누구나 손쉽게 가상현실을 즐길 수 있게 됐습니다. 헤드셋에 스마트폰을 장착하고 머리에 쓰면 됩니다. 삼성이 오큘러스라는 HMD 회사와 협력해서 만든 제품이 바로 기어VR입니다. 그러니까 헤드셋 장치 앞에 삼성의 갤럭시 폰을 끼워서 화면을 보여주는 방식이죠. MWC2016에서는 기어 360이라는 가상현실 카메라도 선보였다고 합니다.
그리고 증강현실이 있습니다. 실제 현실 배경에 가상의 개체를 얹어서 보여주는 방식으로, 스마트폰 앱 중에 카메라를 작동시키면 주변에 커피 전문점을 찾아서 표시해주는 앱이 있었죠. 그리고 마이크로소프트 사에서 홀로렌즈라는 증강현실 안경을 선보인 바 있습니다. 그 밖에 구글글래스 같은 안경형 기기나 렌즈형 기기도 있고, 또 돔형 구조에 입체 영상을 투사시키는 방법도 있다고 합니다.

진행자 S 예전에 대통령이 석굴암 3차원 영상을 가상현실로 관람한 것이 화제가 됐었잖아요. 현재 기술 수준은 어느 정도인가요?

이종필 저도 2015년에 3차원 석굴암을 HMD로 본 적이 있습니다. 제작사 말로는 모든 영상이 실제 크기와 똑같다고 하더군요. 정말 놀라웠습니다. 내가 걸어가거나 고개를 돌리면 시선이 바뀌잖아요. 그에 따른 모든 화면을 구현해서 보여줬습니다. 정말로 내가 석굴암 속을 걷는 느낌이었어요. 그 밖에 롤러코스터를 타는 앱도 체험해봤습니다. 지금은 초기의 조잡한 영상 수준을 많이 넘어서긴 했지만 여전히 어지러움이나 멀미 증상은 있었습니다. 증강현실을 적용한 홀로렌즈에는 이런 어지럼증이 덜하다지만 가상의 이미지 질감이 아직 만족스럽지는 못하다고 합니다.

진행자 S 가상현실 기술이 우리 일상생활을 어떻게 바꿀까요?

이종필 놀이 문화가 엄청나게 바뀌지 않을까요? 조그만 단말기 하나면 360도 전방위에서 화면을 볼 수 있으니 영화 보러 극장에 갈 필요도 없겠죠. 만약 단말기들이 네트워크로 연결돼 있다면 멀리 떨어진 친구끼리 가상현실 극장에 모여 함께 가상현실 영화를 체험할 수도 있겠죠. 그렇게 되면 영화와 게

임의 경계가 모호해질지도 모르겠습니다.

또 하나 흥미로운 분야가 사이버 섹스로, 사실 인터넷이나 정보통신 기술의 발전에 포르노가 큰 기여를 했다는 말이 있지 않습니까. 가상현실 기술에서도 이것은 어느 정도 사실이 아닐까 싶어요. 중국 스타트업 중에 UC 글래스라는 회사가 있습니다. 지금 가상현실 기술은 대부분 시각적인 것인 반면 이 업체는 감각신경 분야가 전문이라고 해요. 여기서 내놓은 단말기도 기본적으로 스마트폰을 장착하는 헤드셋 형태입니다. 어쨌든 가상현실을 이용한 사이버 섹스가 널리 퍼지면 우리 일상도 많이 바뀌겠죠?[3]

진행자 S 일각에서는 가상현실 기술의 미래가 장밋빛만은 아니라는 이야기도 나옵니다. 어떻게 생각하나요?

이종필 처음 3D 영화가 나왔을 때의 반응은 굉장히 폭발적이었습니다. 곧이어 각종 3D TV도 출시됐죠. 하지만 지금 누구도 집집마다 3D 단말기를 들여놓진 않습니다. 하드웨어를 뒷받침할 만한 소프트웨어, 즉 콘텐츠가 없기 때문이죠. 어떤 사람은 이렇게 말하더군요. "날마다 석굴암만 볼 수는 없는 거 아니냐." 비슷한 이유로 지금 나와 있는 가상현실 단말기들이 단명하리라 전망하는 사람들도 있습니다. 결국 관건은 얼마나 합리적인 가격으로 현실 같은 가짜를 만들어내느냐, 그 속에

서 얼마나 큰 재미를 느낄 수 있느냐 하는 것입니다.[4]

진행자 S 개인적으로 이런 건 꼭 있으면 좋겠다 하는 가상현실 서비스가 있나요?

이종필 저는 대학에서 학생들을 가르치고 있으니, 이게 교육 현실에서도 가히 혁명적인 변화를 몰고 올 수 있다고 봐요. 가상현실 기술을 잘 활용해서 양질의 교육 콘텐츠를 잘 만들면 학생들이 새로운 지식을 익히고 배울 때 엄청나게 효율적이리라 예상됩니다. 현장 방문이나 위험한 실험 같은 것도 강의실에서 손쉽게 할 수 있겠죠. 우주론 강의를 할 때 직접 가상현실 단말기를 이용해서 우주로 나가볼 수 있다면 얼마나 현실감 있겠습니까?

세기의 대결:
이세돌과 알파고_2016.03.06

진행자 S 알파고가 연일 화제에 오르고 있어요.

이종필 알파고라는 인공지능 컴퓨터가 이세돌 9단에 도전장을 내서 화제가 되고 있죠.[1, 2, 3] 2016년 3월 9일부터 15일까지 서울에서 5번기로 이 세기의 대결이 펼쳐질 예정입니다.

진행자 S 알파고가 대체 뭔가요?

이종필 바둑을 잘 두는 인공지능 컴퓨터입니다. 알파는 최고, 으뜸을 뜻하는 말이고 go는 바둑의 일본어입니다. 일본이 바둑의 세계화에 큰 역할을 해서 영미권에서도 바둑을 흔히 go라고 쓴답니다. 알파고는 영국의 딥마인드라는 회사가 개발했어요. 이 회사는 2010년 영국에서 설립됐고 2014년에 구글이 인수했습니다. 이게 단순한 바둑 프로그램은 아니고, 스스로 학습하면서 최적의 수를 찾아나가는 인공지능입니다. 물론 팔

다리가 달린 로봇 같은 형태는 아니지요.

진행자 S 딥 러닝이나 머신 러닝 같은 말이 나오는데, 어떤 뜻인가요?

이종필 머신 러닝, 즉 기계 학습은 컴퓨터라는 기계가 스스로 학습할 수 있도록 하는 기술입니다. 그중 하나로 딥 러닝이 있는데, 인간의 신경망을 흉내 낸 심층신경망이라는 알고리즘을 사용합니다. 예를 들어 어떤 사진이 있으면 그걸 쪼개서 여러 단계에 걸쳐 분석하면서 분류를 합니다. 단계별로 이것을 다음 단계로 넘길지 말지에 대해 어떤 가중치를 가지고 결정을 하는데요. 이렇게 여러 층의 분석과정을 거치면 이게 고양이다, 사람이다, 라는 판단을 할 수 있다는 거죠.
딥 러닝은 사실 꽤 오래된 기술입니다. 최근에는 연산능력이 출중한 칩들이 나오고 또 빅 데이터를 활용할 수 있게 되면서 비약적인 발전을 이루었습니다.[4, 5]

진행자 S 알파고가 이미 프로 바둑 기사를 이겼다던데, 체스는 일찍이 인공지능이 인간을 이긴 거죠?

이종필 체스는 이미 1997년 IBM의 딥블루라는 슈퍼컴퓨터가 당시 체스 챔피언이었던 카스파로프를 이겼습니다. 그 뒤로 계속 컴퓨터가 인간을 이겼죠. 알파고는 이미 유럽 바둑 챔피언인 판 후이 2단을 5 대 0으로 이겼습니다. 바둑에서 기계가 프로 선수를 이긴 것은 처음입니다. 체스에 비하면 바둑은 매수 경우의 수가 무척 많아서 과연 기계가 가까운 미래에 인간을 이길 수 있겠는가라는 의구심을 품었는데, 바로 그 순간이 다가온 셈이죠.[6]

진행자 S 이러다가 정말 터미네이터 같은 로봇이 등장하는 것은 아닌지요?

이종필 사실 로봇과 인공지능은 별개라고 볼 수 있습니다. 지금은 인공지능과 로봇을 결합시키는 노력도 많이 있습니다. 긍정적으로 보는 쪽에서는 30년 정도 뒤에 인간을 능가하는 인공지능이 출현할 것으로 예상합니다. 레이 커즈와일이라는 미래학자◆가 이런 입장이죠. 반면 인간을 능가하는 인공지능이 나오려면 100년 이상은 기다려야 한다고 주장하는 사람도 있고요. 저는 솔직히 요즘 인공지능의 발전 속도가 무섭도록 빨라지고 있으니, 어쩌면 100년이

◆ 커즈와일은 지난 2012년 래리 페이지 구글 창업자에 의해 구글 기술 이사로 영입돼 인공 지능과 머신 러닝 사업을 이끌고 있다. 그는 일찍부터 인공지능의 진화를 예견해왔다. 2005년에 펴낸 저서 『특이점이 온다The singularity is near』를 통해 오는 2045년 인공지능이 인간의 지능을 뛰어넘을 것이라고 예측해 충격을 안겨주기도 했다.

지나기 전에 인간에 맞먹는 인공지능이 나올지도 모른다고 생각합니다. 이런 인공지능이 꽤 쓸 만한 로봇의 몸뚱이를 가진다면, 정말 터미네이터 같은 괴물이 나올 수도 있겠죠. 사실 로봇 기술도 아직은 인간의 정교한 행동을 따라 할 정도는 아니지만, 이것 역시 수십 년 뒤에는 어떤 상황이 될지 모르겠습니다.

진행자 S 인공지능의 현실은 어떻습니까?

이종필 IBM에서 개발한 왓슨이라는 인공지능이 2011년 퀴즈쇼에서 우승해 화제가 되기도 했죠. 그 뒤로 왓슨은 세계적인 암 연구소와 협력해 암 진단이나 맞춤형 치료에서 나름의 역할을 하고 있습니다. 『LA 타임스』에서는 인공지능이 쓴 기사를 선보이기도 했죠.
보통 인공지능이 인간처럼 자아를 가지고 있느냐 아니냐에 따라 강한 인공지능/약한 인공지능으로 나누기도 합니다. 아직 강한 인공지능은 나오지 않았고, 약한 인공지능은 왓슨이나 알파고처럼 이미 현실이 되고 있습니다. 약한 인공지능이 인간처럼 생각하는 것은 아니지만 제한된 영역에서는 인간보다 훨씬 더 뛰어난 능력을 보이는 게 사실입니다. 만약 알파고가 이세돌 9단을 이긴다면 바둑도 이제 그런 영역이 되는 셈이죠.

진행자 S 이번 대국에서 누가 이길 거라 예상합니까?

이종필 개인적으로는 이세돌 9단이 이길 거라고 봅니다. 아직 알파고의 실력이 초일류 수준은 아닌 듯해요. 이세돌 9단 특유의 판 흔들기와 같은 요소를 과연 알파고가 얼마나 습득했을까 싶습니다. 반대로 서울과학종합대학원의 김진호 교수님은 알파고가 완승할 것이라고 예측했더군요. 알파고의 학습능력이 4주 만에 100만 번의 대국을 소화할 정도라고 합니다. 그래서 이미 예전의 알파고가 아닐 거라고 보는 거죠. 저 역시 그럴 가능성도 충분히 있다고 봅니다.

인공지능,
너무나 가까운 미래_2016.03.13

진행자 S 앞서 다루었던 알파고의 결과가 나왔죠?

이종필 알파고와 이세돌 9단이 벌인 세기의 대결로 전 세계가 떠들썩했죠. 앞서 이야기했지만, 그 의미에 대해서 좀더 짚어볼 만해요.

진행자 S 첫 대결이 2016년 3월 9일에 있었죠. 첫판에서 이세돌 9단이 충격의 불계패를 당했습니다. 혹시 예상했던 바인가요?

이종필 대국이 시작되던 날 오후 1시부터 5시까지 강의가 있어 쉬는 시간에 틈나는 대로 대국과정을 지켜봤어요. 한마디로 충격이었습니다. 알파고가 이렇게까지 잘 둘 줄은 정말 예상하지 못했습니다. 이세돌 9단이 당황하던 모습이 아직도 잊히질 않아요.
프로 바둑 기사들의 평가를 보니 알파고가 정말 프로 기사처럼 둔다, 때로는 전혀 인간 같지 않은 수도 둔다, 라는 말들을 하더군요. 박정상 9단은 이런 말을 했습니다. "알파고가 이길 자격이 충분했다." 그리고 2국의 경우 이세돌 9단의 뚜렷한 패착을 찾을 수도 없는데 크게 졌다고 합니다.[1, 2, 3]

진행자 S 알파고가 도대체 어떻게 이긴 겁니까? 5개월 전에 유럽 챔피언을 꺾었다고는 했지만 겨우 아마추어 5단 정도의 실력밖에 안 된다고 하던데요. 그 사이에 알파고의 기력이 그렇게 높아졌나요?

이종필 알파고는 자체 대국을 둘 수 있다고 해요.[4] 프로야구팀도 자체 청백전을 하잖아요. 알파고도 그런 식으로 알파고 청팀 백팀으로 나눠서 자체 대국을 두면서 기력을 향상시킨다고 합니다. 앞서 알파고가 인간의 신경망을 닮은 심층신경망을 갖고

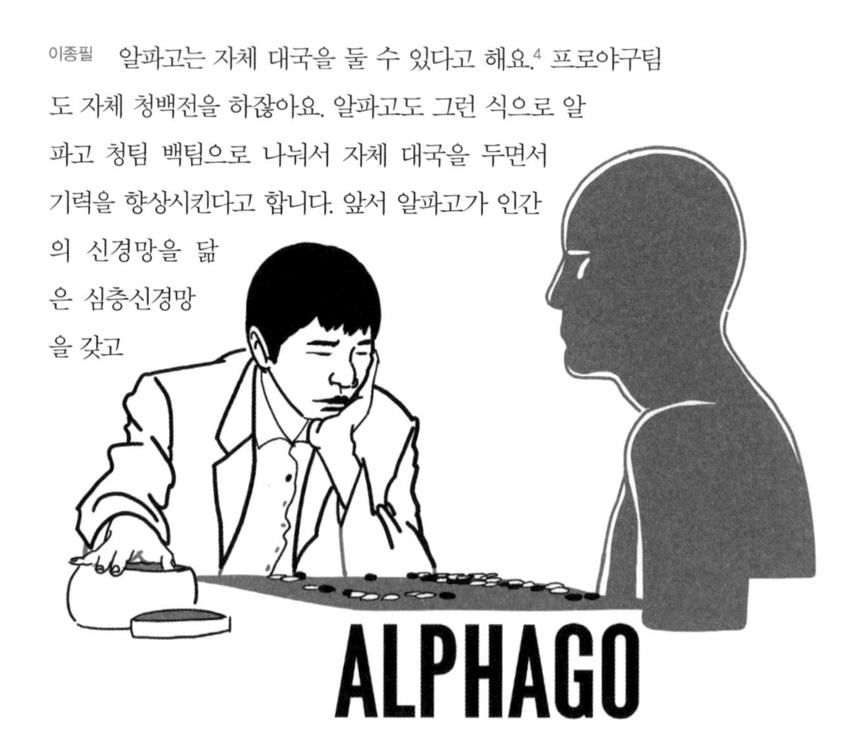

있다고 했습니다. 결국 신경망이라는 게 뉴런과 뉴런의 연결이 잖아요? 그 연결 강도가 어느 정도인지가 중요합니다. 이것을 본떠서 인공신경망을 만든 겁니다.

알파고는 자체 대국과정에서 자신의 인공신경망 연결 고리의 강도를 스스로 적절하게 조절합니다. 이걸 강화 학습이라고 합니다. 즉 스스로 학습이 가능하다는 것이죠. 그걸 통해 최선의 수를 찾아갈 수 있다는 겁니다. 이런 강화 학습이 하루에 128만 번 가능하다고 해요. 판후이를 이기고 5개월간이라면 정말 천문학적인 강화 학습을 했겠죠. 물론 컴퓨터니까 가능한 일입니다.[5]

진행자 S 알파고가 바둑을 두는 전략 혹은 알고리즘이랄까, 그런 것은 어떻게 구성돼 있는 겁니까?

이종필 알파고는 크게 정책망과 가치망이라는 알고리즘이 있다고 합니다. 정책망은 한마디로 프로 바둑 기사의 착수를 흉내 내서 다음 착수점을 찾는 알고리즘입니다. 알파고는 기존 기보에서 3000만 가지 바둑판 상태를 추출해서 데이터로 사용한다고 해요.

가치망은 승률 예측이 가미된 알고리즘으로, 여기에 착수했을 경우 계속 바둑을 둬서 이길 확률이 얼마인가를 추정해 승률이 가장 높은 착점을 찾아나간다는 거죠. 알파고는 이 두 개의 심층신경망을 활용해서 최적의 한 수를 찾아낸다고 합니다. 그것도 아주 빠른 시간 안에요. 데이터가 쌓이면 쌓일수록 알파고의 능력도 그만큼 더 강해집니다.[6] 정책망과 가치망은 앞서 말씀드린 알파고 자체의 강화 학습을 통해 계속 그 능력을 향상시킵니다.

진행자 S 곧 인공지능 로봇이 나오는 것 아닐까요?

이종필 앞서도 말씀드렸듯이 전문가들은 인간처럼 자아를 가지고 생각하는 강한 인공지능이 출현까지는 시간이 다소 걸리리라 예상하지만 이번 알파고를 보면 그 시기가 훨씬 앞당겨질 수도 있겠다 생각됩니다. 영화 〈터미네이터〉에서는 스카이넷이 자의식을 가지고 깨어나는 순간이 중요한 대목이죠. 만약 나중에 스카이넷 같은 인공지능이 탄생한다면 2016년 3월에 벌어진 이 세기의 대결이 역사적인 날로 기록되지 않을까요?

진행자 S 이제는 정말 인공지능 시대가 성큼 다가온 것 같습니다. 머지않아 생활 곳곳에서 인공지능이 활약할지도 모를 텐데요. 우리 생활이 어떻게 바뀔까요?

 이종필 앞으로는 사물인터넷 시대라고 하죠. 세상 모든 만물이 네트워크로 연결되는 시대라는 얘기입니다. 이제는 각 사물이 서로 연결될 뿐만 아니라 저마다 지능을 갖는 시대가 온다고 합니다. 지금은 손안의 휴대전화만 스마트폰인데요. 스마트폰보다 훨씬 더 똑똑한 스마트카, 스마트 홈, 스마트 냉장고 등은 정말 가까운 미래에 현실이 될 겁니다. 몸에 걸치는 스마트 기기가 보편화되면 의료보건 분야에서도 혁명적인 변화가 일어나지 않을까 싶어요. 웨어러블 기기가 내 몸 상태를 일상적으로 체크하고 그것을 바탕으로 왓슨이나 알파고 같은 인공지능 컴퓨터가 진단과 처방을 내리는 미래가 머지않으리라 봅니다.

진행자 S 이번 세기의 대결이 우리에게 어떤 의미를 지닐까요?

이종필 우리는 지금까지 제2의 이창호, 제2의 이세돌을 키우기 위해 노력해왔잖아요. 그보다는 우리도 '기계 이세돌'을 키웠어야 하지 않았나 하는 생각이 듭니다. 그리고 대학에 있는 사람으로서 한국의 교육 방식이 획기적으로 바뀌어야 하지 않을까, 그래야만 알파고의 시대에 우리가 살아남을 수 있지 않을까 싶습니다. 이제는 정말 우리가 인공지능과 경쟁해야 하는 시대가 돼버렸습니다. 지금 같은 교육 방식으로는 아예 게임이 안 되는 거죠. 저는 그것이 이번 대결의 의미라고 봐요.

쌍둥이 모순

_2016.03.20

진행자 S 한국 시각으로 2016년 3월 2일 미 항공우주국에서 흥미로운 쌍둥이 실험을 소개했죠.[1]

이종필 스콧 켈리라는 우주 비행사가 2015년 3월부터 국제우주정거장에서 1년 가까이(340일) 머무르다 며칠 전 지구로 귀환했습니다. 한편 스콧의 쌍둥이 형인 마크 켈리는 지구에 머물러 있었습니다. 그래서 이 쌍둥이 형제를 비교해 우주생활이 인체에 어떤 영향을 미치는지 알아보겠다는 건데요. 이 내용을 다뤄보려 합니다.

진행자 S 스콧 켈리라는 우주 비행사의 임무는 무엇이었나요?

이종필 만약 영화 〈마션〉에서처럼 인간이 화성여행을 간다면, 지금 기술로는 편도 여섯 달쯤 우주여행을 해야 합니다. 이처럼 장기간 우주여행을 할 때 인체에 어떤 변화가 일어나는지를 알아보기 위해 스콧은 우주정거장에 1년 정도 머물면서 정기적으로 신체 각 부위의 변화를 측정했습니다. 감정 변화도 체크했다는군요.

진행자 S 그런데 상대성이론에 쌍둥이 모순이라는 게 있다면서요?

이종필 특수상대성이론에서 유명한 에피소드입니다.[2, 3, 4] 특수상대성이론은 속도의 변화 없이 일정한 속도로 움직이는 사람 사이의 관계에 관한 이론입니다. 영화 〈인터스텔라〉를 예로 들면 딸 머피는 지구에 남아 있고 아빠 쿠퍼가 우주선을 타고 일정한 속도로 우주여행을 합니다. 여기서 지구에 남은 머피가 봤을 때 쿠퍼는 과연 머피와 똑같은 자연 현상을 보게 될 것인가가 관건입니다. 특수상대성이론에 따르면 머피가 봤을 때 쿠퍼의 시간이 늦게 갑니다. 한마디로 말해서, 움직이는 사람을 보면 슬로모션으로 움직인다는 것이죠. 이때 생체 변화를 포함한 모든 물리적 시간이 느려집니다.

반면 우주선을 타고 가는 쿠퍼 입장에서는 자기는 가만히 있고 머피와 지구가 자신에게서 멀어지는 상황입니다. 그러면 쿠퍼는 머피의 시계가 늦게 가는 걸로 관측하겠죠. 스콧과 마크 형제처럼 만약 쌍둥이 중 한 명이 우주여행을 하면 서로가 서로의 시간이 늦게 가는 것으로 관측할 텐데, 그렇다면 우주여행을 마치고 돌아왔을 때 두 쌍둥이 중 누가 나이를 더 먹게 되느냐, 이것이 바로 쌍둥이 모순입니다.

진행자 S 언뜻 듣기에는 정말 모순 같아요. 이게 상대성이론에서 모순 없이 잘 설명되는 겁니까?

이종필 네, 특수상대성이론의 틀 속에서 아주 엄밀하게 따져 보면 우주여행을 다녀온 쪽이 나이를 덜 먹습니다. 스콧과 마크가 서로 멀어지기만 하면 둘이 대칭적이어서 서로가 서로를 젊게 보면서 멀어지는 걸로 끝나지만, 스콧이 우주여행을 하고 유턴해서 지구로 돌아오면 상황이 달라집니다. 운동 방향이 바뀌었기 때문에 쌍둥이 형제의 대칭관계가 깨지는 거죠. 그래서 말하자면 유턴을 한 쪽이 더 많이 움직인 결과를 낳게 됩니다. 상대성이론에서는 더 많이 움직이면 시간이 더 느려집니다. 그 결과 우주여행을 하고 온 이가 지구에 남은 쌍둥이 형제보다 나이를 덜 먹게 됩니다. 그래서 전혀 모순되지 않아요.

진행자 S 스콧 켈리는 우주정거장에서 약 1년을 보냈잖아요. 이것이 쌍둥이 모순의 상황과 같은 건가요?

이종필 꽤 비슷합니다. 사실 우주정거장에서의 시간에 영향을

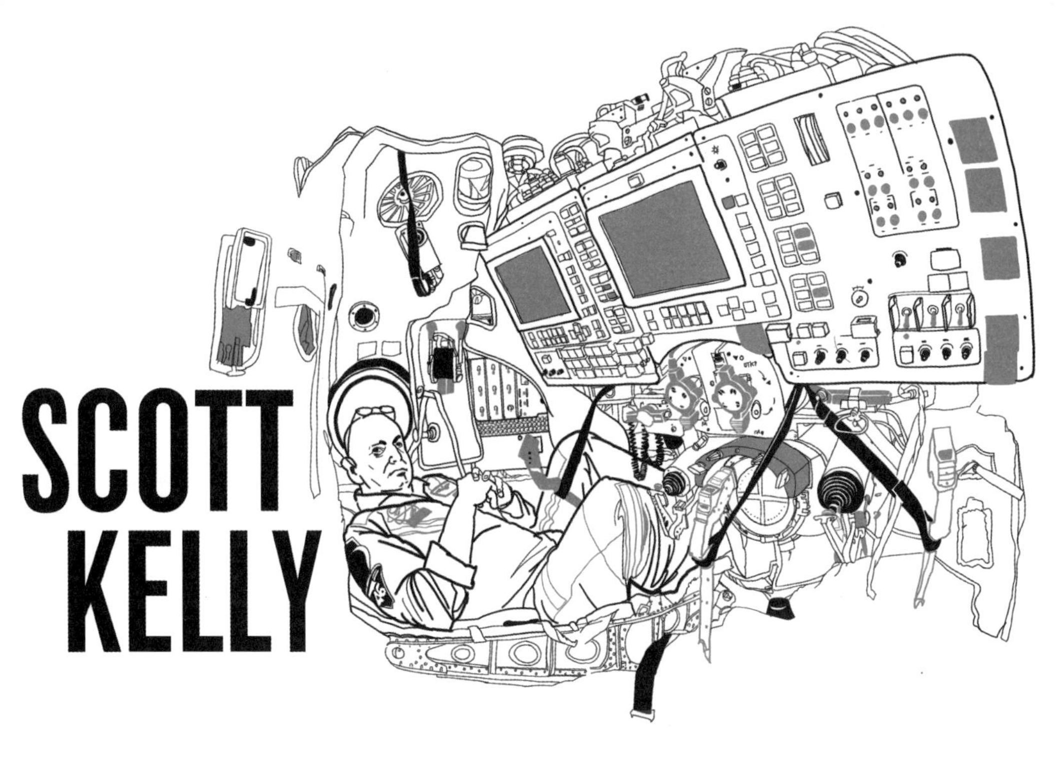

주는 요소가 둘 있습니다. 하나는 우주정거장이 지구 주위를 궤도 운동하는 속도로, 이게 바로 특수상대성이론의 시간 지연 효과를 주게 됩니다. 그런데, 상대성이론에는 일반상대성이론도 있죠. 일반상대성이론에 따르면 중력이 강할수록 시간이 느려집니다. 우주정거장은 고도가 높아서 중력이 약하니까 시계가 빨리 갑니다. 즉 두 요소가 서로 반대로 작용하죠.

실제로 지상에 위치 정보를 제공하는 GPS 위성에도 이 두 가지 요소, 즉 위성이 궤도 운동하는 속도와 고도에 의한 중력 효과가 함께 작용하는데요. GPS 위성은 중력이 약해서 시간이 빨라지는 정도가, 속도가 빨라서 시간이 느려지는 정도보다 6~7배 더 큽니다.[5]

진행자 S 그렇다면 실제 우주정거장에서의 시간은 어떻게 되나요?

이종필 GPS 위성부터 살펴보면 고도가 보통 2만 킬로미터이고 속도가 시속 1만4000킬로미터 정도입니다. 고도가 상당히 높기 때문에 중력이 그만큼 약해서 시간이 빨라지는 정도가 크죠. 반면 우주정거장은 저궤도를 돌고 있어서 고도가 지상 400킬로미터 정도밖에 안 됩니다. 게다가 지구를 도는 속도도 시속 2만8000킬로미터쯤 됩니다. 따라서 우주정거장의 경우 중력 효과는 미미하고 속도에 의한 시간 지연 효과가 압도적입니다. 제가 계산해보니 대략 6개월에 0.005초 정도 됩니다.

진행자 S 이게 사실이라면 시간 여행도 가능한 건가요?

이종필 영화 〈인터스텔라〉에서처럼 미래로 가는 것은 가능합니다. 광속에 필적할 만큼 빠른 속도로 우주여행을 하고 오거나 아니면 영화에서처럼 중력이 강력한 블랙홀 같은 천체 주변에 다녀오면 됩니다. 블랙홀 주변은 중력이 매우 강력해서 시간이 굉장히 느리게 가거든요. 그러면 영화 속 쿠퍼처럼 딸이 자기보다 나이를 더 먹게 되는 미래를 볼 수 있습니다. 하지만 과거로 가는 것은 무리입니다. 과거로 가게 되면 인과율을 위배하는 경우가 생기기 때문에 과학자들은 아마도 과거로의 시간 여행은 불가능하지 않을까라고 생각하고 있습니다.

야구는 과학이다

_2016.03.27

진행자 S 프로야구 개막일이 코앞으로 바짝 다가왔습니다. 야구도 과학과 긴밀한 관계를 갖는다는 점은 앞서 다룬 바 있습니다.[1] 야구는 '투수 놀음'이라고 할 만큼 투수의 역할이 중요하죠. 공을 던질 때도 과학의 원리가 적용되나요?

이종필 투수가 던지는 공의 궤적은 야구공의 회전과 깊은 관계가 있습니다. 투수가 직구를 던지면 보통 검지와 중지로 야구공의 실밥을 위에서 아래로 긁으면서 누르듯이 밀어서 던지거든요. 그러면 야구공은 투수 방향으로 회전하면서 날아갑니다. 다시 말해 야구공의 위쪽 부분이 투수 쪽으로 회전하고 아래쪽 부분은 포수 쪽으로 회전합니다.

야구공 입장에서 보면, 일단 공이 포수 쪽으로 날아가니 바람이 야구공 자신한테 불어오는 상황이 되겠죠. 그런데 공 표면에서는 공기가 야구공 표면을 따라서 같이 움직입니다. 이 두 가지 공기의 흐름이 합쳐져서 야구공에 영향을 줍니다. 지금

야구공의 위쪽은 투수 방향으로 회전하고 아래쪽은 포수 방향으로 돌고 있죠. 정반대 방향입니다. 그래서 결과적으로 야구공 아래쪽에는 공기가 모이고 위쪽에는 공기가 흩어지게 됩니다.

공기가 모이면 압력이 높고 공기가 흩어지면 압력이 낮겠죠. 따라서 직구를 던지면 야구공 아래쪽 압력이 더 커서 결과적으로 야구공이 위쪽으로 힘을 받습니다. 이걸 라이징 패스트볼이라고 하죠.[2]

진행자 S 그러면 변화구는 어떤가요?

이종필 변화구는 직구와 반대 방향으로 돕니다. 즉 투수가 야구공을 앞으로 굴리듯이 던져요. 팔꿈치와 손목을 비틀어야 합니다. 이렇게 던지면 직구와 반대로 야구공 위쪽이 포수 쪽으로 회전하고 아래쪽은 투수 방향으로 회전하겠죠. 그래서 공의 위쪽 압력이 더 커집니다. 따라서 공이 아래쪽으로 힘을 받게 되니 타자 앞에서 급격히 추락하게 됩니다.

사실 축구공에도 이런 원리가 적용됩니다. 일반적으로 공이 회전하면서 날아가면 압력 차이 때문에 회전하는 방향으로 휘는데, 이것을 마그누스 효과라고 합니다. 사이드암 투수가 던진 공이 좌우로 휘는 것도 마찬가지 이유에서입니다.

진행자 S 타자의 타격에는 어떤 과학적 원리가 있을까요?

이종필 타격을 말할 때 항상 등장하는 것이 힘과 스피드입니다. 상황을 간단하게 하기 위해 이렇게 생각해봅시다. 배트 중량을 두 배로 늘리는 게 좋을까요, 아니면 배트 끝의 스피드를 두 배로 늘리는 게 좋을까요?
움직이는 물체의 운동에너지는 질량에 정비례하지만 속도에는 제곱에 비례합니다. 그러니 질량이 두 배가 되면 에너지는 두 배 증가하는 반면 속도가 두 배로 높아지면 에너지는 네 배가 됩니다. 결과적으로 스피드를 높일 때 더 큰 에너지를 야구공에 전달할 수 있다는 것입니다. 이왕이면 배트 스피드를 높일 수 있는 타격 기술을 연마하는 게 좋겠죠.
이승엽 선수의 전성기 때 배트 스피드가 시속 150킬로미터 정도였다고 합니다. 이 정도면 메이저리그급이었다고 해요.

진행자 S 타자들이 타격할 때 야구 방망이의 스위트 스폿이 있다면서요? 어떤 건가요?

이종필 야구공이 배트의 한쪽 끝에 맞으면 배트는 뒤로 밀려나겠죠. 이때 배트의 운동을 자세히 살펴보면 우선 배트의 질량중심이 뒤로 밀려나는 운동이 있어요. 그리고 공이 배트 끝부분에 맞으면 배트는 자신의 질량중심을 축으로 해서 회전하게 됩니다. 다시 말해 배트는 공에 맞는 순간 회전하면서 뒤로 밀려납니다. 이때 배트가 회전하니까 공이 맞은 반대 부분, 즉 손잡이 부분은 오히려 앞으로 나오는 운동을 하게 됩니다. 따라서 손잡이 쪽 어딘가에서는 질량중심이 뒤로 밀리는 운동과 회전에 의해서 손잡이 부분이 돌아 나오는 운동이 상쇄되는 지점이 있게 됩니다.
바로 이 지점을 잡고 타격을 하면 손목에 전혀 부담이 없겠죠. 이곳을 타격의 중심이라고 합니다.

진행자 S '타격' 하면 지금은 은퇴한 양준혁 선수의 만세타법이 인상적입니다. 이런 만세타법이 타격에 도움이 될까요?

이종필 만세타법의 핵심은 배트로 공을 끝까지 밀어주면서 타격하는 데 있습니다. 팔로 스루가 아주 좋은 타법이죠. 이렇게 되면 배트가 공과 접촉하는 시간이 길어집니다. 그런데 배트가 공에 전하는 충격량은 접촉 시간에 비례하거든요. 야구공을 더 오래 밀어주는 만큼 튕겨나가는 야구공의 속도는 더 빨라집니다. 따라서 만세타법은 역학적으로 봤을 때 매우 과학적인 타법이라고 할 수 있죠. 야구뿐만 아니라 골프에서도 확실하게 팔로 스루 해주는 것이 좋다고 하죠. 같은 원리입니다.

진행자 S 야구장의 환경도 경기에 영향을 많이 미치겠죠?

이종필 특히 공기 변화에 민감할 수밖에 없습니다. 장마철에 습도가 높으면 공기가 눅눅하다고 하잖아요. 즉 공기가 좀더 끈적끈적해진다는 얘기입니다. 그러면 공기와 공의 마찰이 커집니다. 따라서 타자는 손해를 보겠죠. 그리고 고지대로 가면 공기가 줄어들어서 저항이 줄어드니 타자한테 유리해집니다. 미국의 쿠어스필드 구장이 해발 1570미터 정도에 위치합니다. 이 구장에서는 타구 비거리가 약 10퍼센트 늘어난다고 해요. 그래서 투수들의 무덤이라는 별명이 붙었죠.

다이아몬드 행성은 가능한가?_2016.04.10

진행자 S 최근에 다이아몬드 행성과 관련된 뉴스가 나와서 이목을 끌었습니다. 다이아몬드 행성이라는 게 정말 가능한가요? 어떤 행성인가요?

이종필 사실 과학자들이 다이아몬드를 직접 관측한 것은 아닙니다. 어떤 행성에 탄소가 아주 많으면 다이아몬드가 만들어질 가능성이 높겠죠. 다이아몬드라는 게 결국 고온 고압 상태의 탄소로 만들어지는 것이니까요. 행성 내에 탄소가 산소보다 많은 행성을 탄소 행성이라고 부릅니다. 행성 내부에서 고온 고압 상태가 유지된다면 다이아몬드가 쉽게 만들어질 수 있고 이것이 지각운동을 통해 밖으로 드러난다면 다이아몬드 산맥 같은 것도 이론적으로는 가능하겠죠.[1, 2]
탄소 행성이라는 말은 미국의 천문학자인 마크 쿠츠너와 세라 시저가 2005년에 처음 사용했습니다.

진행자 S 그러면 실제로 관측한 행성 중에 다이아몬드 행성이 정말로 있나요?

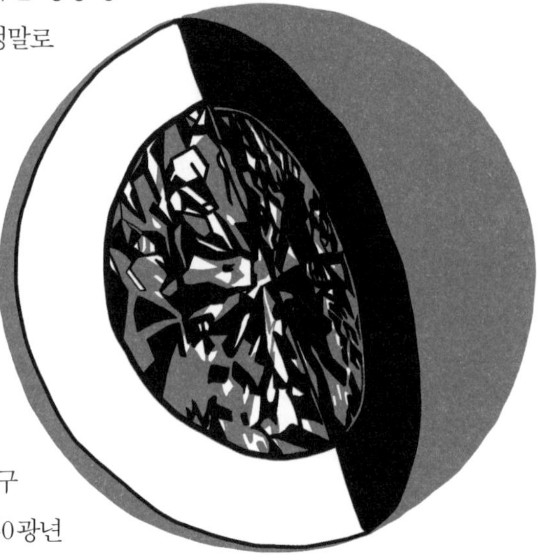

이종필 탄소 행성으로 유명한 게 두 개 있습니다. 2004년에 발견한 게자리 55e[3, 4]와 2008년에 발견한 와스프 12b 행성[5, 6]이 그 둘입니다. 게자리 55e는 지구에서 매우 가까워서 약 40광년 떨어져 있습니다. 지난 2012년 이 행성이 다이아몬드로 덮여 있을 가능성이 크다고 알려져서 다이아몬드 행성으로 불리기도 했죠. 최근 뉴스에 등장한 행성도 게자리 55e입니다. 우주 망원경을 이용해서 이 행성 자체에서 나오는 빛을 관측했다고 합니다. 그 결과 이 행성은 낮에 온도가 2400도 이상 올라간다고 밝혀졌습니다. 밤에는 1100도가 조금 넘고요. 이 행성은 자전 주기와 공전 주기가 같습니다. 그래서 항상 이 행성이 속해 있는 중심별을 계속 바라보고 있습니다. 마치 달이 한쪽 면만 지구를 바라보는 것과 같습니다. 와스프 행성은 2008년 4월 1일에 발견된 행성으로, 지구에서

1000광년 정도 떨어져 있습니다. 과학자들은 이 행성의 대기 성분을 분석해본 결과 탄소가 굉장히 많다는 것을 알게 됐습니다. 비슷한 다른 행성에 비해 두 배 정도 많다고 하네요. 그래서 이 행성에서도 다이아몬드가 쉽게 만들어지는 게 아니냐는 기대를 갖게 됩니다.

진행자 S 이 행성들이 우리가 흔히 아는 태양계의 행성과 비슷한가요?

이종필 게자리 55e는 크기가 지구의 2배이고 질량은 8배입니다. 흔히 지구 질량의 2~10배인 행성을 슈퍼지구라고 부르는데요. 게자리 55e도 슈퍼지구인 셈이죠. 매장된 다이아몬드의 무게만 지구의 3배쯤 되리라 추정됩니다. 중심별을 공전하는 주기는 굉장히 짧아서 18시간밖에 안 되고요. 그만큼 중심별에 아주 가까이 붙어 있습니다.
와스프 12b는 크기가 지구의 약 15배, 질량은 지구의 570배 정도 됩니다. 대략 목성과 비슷한데 조금 더 크다고 보면 됩니다. 중심별까지의 거리가 약 340만 킬로미터로, 지구-태양 거리의 50분의 1밖에 안 됩니다. 중심별에 굉장히 가깝죠. 공전 주기도 하루 정도에 불과하고요. 표면 온도도 2000도 정도입니다. 우리가 살기에는 좀 뜨겁죠. 태양에 제일 가까운 수성의 표면 온도가 600도 정도이니 상당히 뜨거운 편입니다.

진행자 S 이전에 백금으로 뒤덮인 소행성이 지구로 다가온다고 해서 화제가 된 적도 있었죠?

이종필 2015년에 소행성 하나가 지구 근처를 지나가게 돼서 화제가 됐는데요. 이 소행성에 백금이 1억 톤 정도 묻혀 있을 것으로 예상했습니다.[7] 이것을 돈으로 환산하면 6000조 원이 넘는다고 하네요. 이 소행성의 크기가 대략 500미터에서 1킬로미터 정도입니다. 2015년 7월 20일 지구에서 약 240만 킬로미터까지 접근했습니다. 이 소행성이 2018년경 뒤 다시 지구 근처를 지나간다고 하니 나중에는 여기서 정말 백금을 캐게 될지도 모르겠어요.

진행자 S 만약 이런 소행성에서 직접 채굴을 할 수 있다면 금방 부자가 되겠네요. 실제로 소행성에서 광물을 채굴하려는 프로젝트가 있다면서요?

이종필 미국의 플래니터리 리소시즈나 딥스페이스 인더스트리라는 회사가 있습니다. 이런 회사들은 소행성에 탐사선을 보내서 직접 광물을 채취해 지구로 가져올 계획을 세우고 있습니다. 플래니터리 리소시즈는 유명한 할리우드 감독인 제임스 카메론, 구글의 지주회사 알파벳의 CEO인 래리 페이지, 에릭 슈밋 알파벳 회장 등 유명인들이 투자한 것으로도 널리 알려져 있습니다. 아바타 같은 영화를 만든 제임스 카메론 감독이 소행성에서 광물 채취하는 회사에 투자했다는 것도 흥미롭죠. 플래니터리 리소시즈는 2020년 전후하여 본격적으로 소행성에서 광물을 채굴하겠다고 합니다. 지구와 달 사이를 스쳐 지나가는 소행성만 해도 20~30개 정도이고요. 지구에는 없는 희귀 원소, 희토류 등을 포함하고 있을 가능성이 높다고 합니다.

진행자 S 한국도 지구형 행성이나 소행성 탐사를 하고 있습니까?

이종필 한국천문연구원에서 주관하는 KMTnet이라는 프로젝트가 있습니다. 망원경으로 지구형 행성을 찾는 프로젝트인데요. 남반구에 있는 칠레, 호주, 남아프리카공화국 세 곳에 망원경을 세워서 24시간 관측이 가능합니다. 2014년에 망원경이 다 설치되었고, 2015년부터 본격적인 관측활동을 시작했습니다. 연간 200개 정도의 지구형 행성을 찾을 수 있으리라 예상됩니다. 그리고 지구 주변을 지나가는 소행성도 관측할 계획입니다.[8]

한 여성 화학자의 비극_2016.05.08

진행자 S 어느덧 계절의 여왕 5월이 다가왔습니다. 과학계에서는 5월 하면 특별히 연상되는 사건이나 인물이 있나요?

이종필 이맘때 떠오르는 과학자가 한 명 있습니다. 독일의 화학자인 클라라 임머바르인데요.[1] 그에 관한 이야기를 소개할까 합니다.

진행자 S 클라라는 어떤 인물인가요?

이종필 여성 화학자로서, 1870년 독일에서 태어났습니다. 독일에서 화학으로 박사학위를 받은 최초의 여성으로, 1901년 프리츠 하버라는 화학자와 결혼합니다. 그들이 살았던 시대가 지금으로부터 100여 년 전이니, 여성이 활발하게 사회생활을 하기 참 어려웠을 때입니다. 박사학위를 받기도 쉽지 않았죠. 클라라는 결혼한 뒤에도 학계에서 열심히 연구활동을 하려 했지만 집안일 하고 자녀를 키우다보니 그게 쉽지 않았다고 합니다. 그리고 남편인 프리츠 하버도 꽤 가부장적인 면이 있었다고 합니다.[2]

진행자 S 프리츠 하버에 대해서도 소개해주시면요?

이종필 하버는 암모니아 합성법을 개발한 공로로 1918년 노벨화학상을 받은 저명한 화학자입니다. 수소와 질소를 고온 고압 상태에서 반응시키면 암모니아가 생기는데, 특히 높은 압력이 관건이었습니다. 하버는 200기압 정도의 높은 압력에서 오스뮴이라는 촉매를 써서 암모니아의 수급율을 상당히 높일 수 있었습니다. 당시 하버는 지금도 유명한 화학 회사인 바스프와 협력관계에 있었습니다. 바스프의 카를 보슈라는 사람이 하버의 방법을 발전시켜 공장에서 대량생산이 가능한 공법을 개발합니다. 그래서 이 공정을 하버-보슈 공정이라고 부릅니다. 이게 대략 1910년 전후의 일이었습니다. 카를 보슈는 1931년 그 공로로 노벨화학상을 수상합니다.

진행자 S 암모니아를 합성하는 것이 그렇게 중요한가요?

이종필 네, 암모니아는 대표적인 질소화합물로서, 질소는 생명체가 생명을 유지하기 위해 꼭 필요로 하는 원소입니다. 필수

아미노산이나 DNA, 엽록소 등에 모두 질소가 필요하죠. 특히 농작물 생장에 없어서는 안 됩니다. 다행히 우리가 숨 쉬는 공기 중에는 질소가 80퍼센트 정도 비율을 차지해 굉장히 많습니다. 문제는 기체 상태의 질소를 생물이 그대로 사용할 수 없다는 점입니다. 질소 분자는 질소 원자 두 개가 붙어서 만들어지는데, 그 결합력이 아주 커서 생물이 쉽게 이용할 수 없습니다. 그래서 식량 증산을 하려면 인위적으로 질소가 포함된 화학비료를 대량으로 공급해줘야만 합니다. 이런 이유로 암모니아를 대규모로 합성할 수 있는 공법을 개발한 것이 높이 평가를 받았습니다. 그래서 하버를 일러 "공기로 빵을 만든 과학자"라고 합니다.

진행자 S 하버가 전쟁에서도 큰 역할을 했다고요?

이종필 사실 하버는 유대인이지만, 다른 누구보다도 더 철저한 독일 민족주의자였다고 합니다. 제1차 세계대전이 일어났을 때는 독가스 개발에 매우 열성적으로 참여해 염소를 이용한 독가스를 개발합니다. 1915년 4월 22일 벨기에 전선에서 프랑스군을 상대로 하버가 개발한 독가스 무기가 살포됩니다. 이것은 독가스 무기가 실전에 본격적으로 사용된 첫 사례였습니다. 그 결과 프랑스군 5000명이 질식사하기에 이르렀고, 이로 인해 하버는 독일의 영웅으로 급부상합니다. 당시 빌헬름

황제가 직접 장교로 임명할 만큼 신임도 두터워졌고 계급도 수직 상승합니다.

이후 영국과 프랑스에서도 독가스를 살포합니다. 전쟁 기간에 독일이 6만8000톤, 프랑스가 3만6000톤, 영국이 2만5000톤을 사용했고,[3] 이 때문에 대략 9만 명이 사망했다고 합니다.[4]

진행자 S 클라라는 남편의 그런 행동에 크게 반대했다죠?

이종필 클라라는 하버의 독가스 개발을 여러 차례에 걸쳐 적극적으로 말렸습니다. 하버는 그 말을 전혀 듣지 않았죠. 그러다가 최초로 독가스를 살포했던 1915년 벨기에 전선에서 하버가 돌아와 집에서 파티를 엽니다. 독일군 승전과 하버의 진급을 축하하는 자리였다고 하는데, 5월 2일의 일이었습니다. 파티가 한창일 때 클라라는 하버의 권총으로 자신의 가슴을 쏩니다. 총소리를 듣고 당시 열세 살이던 아들이 달려오는데요, 결국 클라라는 어린 아들의 품에서 짧은 생을 마감합니다. 하버는 그런 처자식을 남겨둔 채 예정대로 이튿날 아침 러시아 전선으로 출병합니다. 참 냉혈한이었던 모양입니다. 클라라의 자살에 대해서는 원래 앓고 있던 우울증 때문이라는 설도 있습니다. 아들 헤르만 하버는 나중에 미국으로 이민을 가서, 1946년 역시 자살로 생을 마감합니다.

역설적이게도 나치 정권이 들어서자 유대인이었던 하버는 독

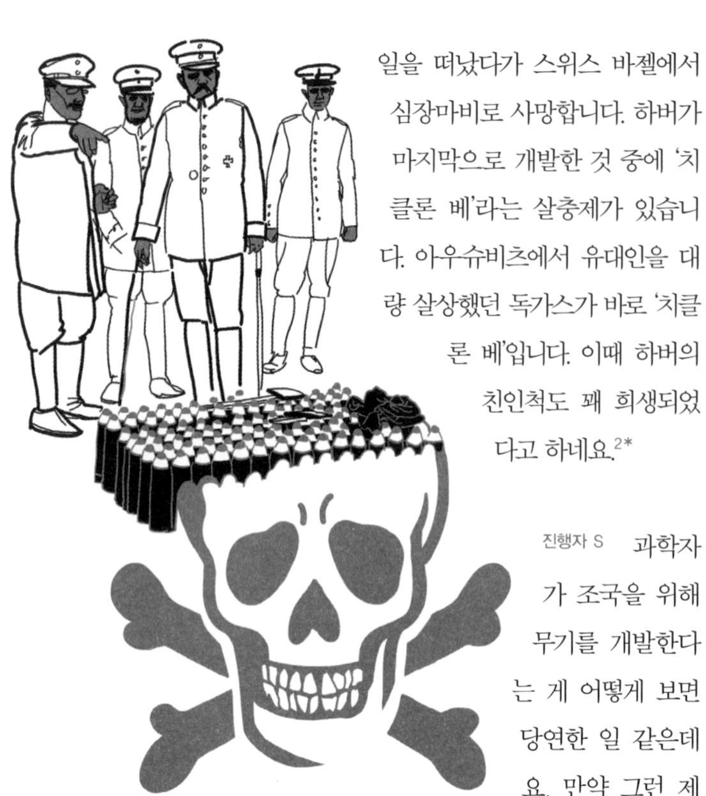

일을 떠났다가 스위스 바젤에서 심장마비로 사망합니다. 하버가 마지막으로 개발한 것 중에 '치클론 베'라는 살충제가 있습니다. 아우슈비츠에서 유대인을 대량 살상했던 독가스가 바로 '치클론 베'입니다. 이때 하버의 친인척도 꽤 희생되었다고 하네요.[2*]

진행자 S 과학자가 조국을 위해 무기를 개발한다는 게 어떻게 보면 당연한 일 같은데요. 만약 그런 제안을 받는다면 어떻게 하겠습니까?

이종필 저는 이론물리학자라서 무기 개발에 큰 도움을 주지 못할 것 같습니다. 그러니 그런 제안을 받을 리 없겠지만, 어쨌든 이 사안은 과학자의 윤리 문제와도 직결되는 터라 참 어렵습니다. 제2차 세계대전 때는 미국에서 핵무기를 만들기 위해 맨해튼 프로젝트를 진행시켰죠. 히틀러보다 더 빨리 핵무기를 만들어야 한다는 생각에 아인슈타인도 루스벨트에게 편지를 쓸 만큼 이 프로젝트에는 당대 최고의 과학자들이 대거 참여합니다. 하지만 히로시마와 나가사키에서의 엄청난 인명 피해 때문에 과학자들이 자성을 하기도 했지요. 과학적 성과에 대한 과학자의 통제와 책임이 어떻게 가능할지 앞으로도 계속 고민이 필요한 부분입니다.

100년에 걸친 염색체 지도의 완성_2016.05.22

진행자 S 지금으로부터 10년 전이었던 2006년 5월 인간의 1번 염색체가 완전히 해독됩니다.[1, 2, 3] 이와 관련된 이야기를 나눠봤으면 하는데요. 염색체를 해독했다는 것이 정확히 무슨 의미인가요?

이종필 염색체는 생물의 유전 정보를 담고 있는 물질이죠. 간단히 말하면 염색체 위에 어떤 유전자가 어디에 있는가를 찾아서 표시하는 작업을 염색체 해독이라고 할 수 있습니다. 1913년 미국의 스터티번트가 초파리의 X 염색체 지도를 완성합니다. X 염색체는 성별과 관련된 성 염색체죠. 이것이 최초로 염색체 지도를 완성한 경우였습니다. 이때부터 인간의 염색체 지도를 완성하기까지 거의 100년이 걸린 셈입니다.

진행자 S DNA, 염색체, 유전자…… 용어 정리를 좀 해주세요.

이종필 생물의 유전 정보는 DNA라는 분자에 저장돼 있습니다. DNA는 세포핵 속에 있는 물질로, 사람 세포 속에서 DNA를 끄집어내면 그 길이가 3미터쯤 된다고 합니다. DNA에는 아데닌, 구아닌, 티민, 시토신, 네 종류의 염기가 결합돼 있습니다. 이 염기의 서열이 결국 특정한 단백질을 지정하게 됩니다. DNA는 히스톤이라는 단백질을 휘감고 있죠. 이게 모여서 염색사를 이루게 되고요. 세포가 분열할 때 이 염색사가 꼬여서 짧고 굵은 염색체를 만들게 됩니다. 사람은 하나의 세포 안에 23쌍, 즉 46개의 염색체가 있습니다. 한 벌은 아빠에게서, 다른 한 벌은 엄마에게서 받은 것이죠. 이 23쌍에 번호가 매겨져 있는데 가장 큰 염색체가 바로 1번 염색체입니다. 22번 염색체가 제일 짧고요. 마지막 한 쌍은 사람의 성을 결정하는 성 염색체로서, 알다시피 XX 염색체가 있으면 여자이고 XY 염색체가 있으면 남자죠.

염색체 개수는 생물 종마다 다릅니다. 사람은 23쌍 46개이고, 침팬지는 48개, 소는 60개, 닭은 78개라고 합니다. 한 개체의 전체 유전자 정보를 게놈 또는 유전체라 합니다. 인간 게놈을 모두 해독하는 프로젝트가 바로 인간 게놈 프로젝트였죠. 1990년에 시작해서 2006년 1번 염색체를 해독하면서 인간 게놈 지도가 완성됩니다.

진행자 S 1번 염색체는 뭔가 특별한 게 있나요?

CHROMOSOME 1

이종필 1번 염색체는 앞서 말했듯이 가장 긴 염색체라서 다른 염색체보다 유전자가 2배 정도 더 많다고 합니다. 그래서 가장 나중에 해독된 염색체이고요. 인간 염색체에 들어 있는 염기쌍이 총 30억 개인데 1번 염색체에 있는 염기쌍이 전체의 8퍼센트에 해당되는 2억2300만 개 정도 됩니다. 그리고 1번 염색체에 있는 유전자가 3141개에 달합니다. 인간 유전자가 총 3만4000개 정도이거든요. 다시 말해 전체의 대략 10퍼센트에 해당되죠. 이들 유전자의 결함으로 발생하는 질병이 알츠하이머, 파킨슨병, 자폐증, 암 등 350개가 넘는다고 합니다. 1번 염색체 해독과정에서 그때가지 알려지지 않았던 유전자 1000여 개가 새로 밝혀졌으며, 해독 정보 전체는 6만 쪽에 달한다고 합니다.[1, 2]*

진행자 S 염색체 해독을 마쳤으면 이제 우리가 생명의 비밀을 다 알게 된 것 아닌가요?

이종필 염기서열과 유전자 지도를 완성한 것 자체가 대단한 일이지만, 인간 게놈 지도가 나온 지 10여 년이 지난 지금도 사실 질병을 완전히 정복하진 못했죠. 유전자를 이용한 진단이나 치료가 그만큼 어렵다고 합니다. 아직도 우리가 그 기능을 알지 못하는 유전자도 상당히 많고요. 여러 개의 유전자가 복잡하게 작용해서 질병을 일으키는 경우라면 유전자를 이용한 치료가 그만큼 더 어렵겠죠. 당뇨병 발병에 관여하는 유전자만 1500개 정도라고 하니까요. 하지만 예전보다 지금 유전자 분석 기술이 훨씬 더 좋아졌으니 앞으로는 점점 더 많은 질병을 유전자 수준에서 치료할 수 있지 않을까 기대하게 됩니다.

진행자 S 최근 중국에서 인간 배아 유전자를 조작했다고 해서 논란이 됐었죠. 좀더 자세히 설명해줄 수 있나요?

이종필 크리스퍼CRISPR라는 유전자 가위 기술이 2012년에 개발되었습니다. 이것은 원하는 유전자만 잘라내고 편집하는 데 매우 위력적인 수단이라고 합니다. 중국에서 이를 이용해서 인간 배아의 유전자를 조작했죠. 2015년 4월의 일이었습니다. 2016년 4월 8일에는 중국 광저우 의대 연구진이 두 번째로 인간 배아 유전자 편집을 했다고 발표했습니다.[4] 이 연구는 인간 배아에 에이즈 바이러스에 대한 저항력을 가진 변이 유전자를 주입하는 것이었다고 합니다. 그런데 전년도에 비해서 2016년 과학계의 반응에 미묘한 변화가 있었다고 합니다. 실험용 배아가 인간으로 성장하는 일은 없어야 하지만 배아 연구 자체는 계속돼야 한다는 의견이 많아진 모양입니다. 특히 영국은 2016년 2월 인간 배아 유전자를 편집하는 연구를 처음으로 승인하기도 했죠. 이렇게 되면 정말 유전자 맞춤형 아기가 탄생할 날도 머지않은 듯합니다.

진행자 S 알파고 같은 인공지능뿐 아니라 유전자 편집 등 인간에게 큰 위협이 될지도 모르는 과학기술은 적절히 통제를 해야 하지 않을까요?

이종필 그렇죠. 지금은 정말 Science Fiction이 Science Fact가 되는 시대인 것 같습니다. 이런 과학기술들은 인류의 미래에 지대한 영향을 미칠 수 있는 만큼 광범위한 논의와 합의를 요구합니다. 자칫 새로운 과학기술이 인간의 합리적인 통제를 벗어난다면 걷잡을 수 없는 상황이 벌어질지 모르니 지금부터 철저한 대비를 해야 할 것입니다.

미세먼지, 과학이 해결할 수 있을까?_2016.06.05

진행자 S 요즘 미세먼지 때문에 괴로워들 하고 있습니다. 그에 대해 자세히 이야기를 나눠보고 싶은데요. 미세먼지와 초미세먼지로 나뉘죠?

이종필 미세먼지든 초미세먼지든 한마디로 말해 대기오염의 원인이 되는 미세한 먼지라고 할 수 있습니다. 뭔가를 태울 때 완전히 타지 않고 남은 찌꺼기들이죠. 영어로는 Particulate Matter, 줄여서 PM이라고 합니다. 보통 크기가 10마이크로미터 이하인 먼지를 미세입자라고 합니다. 마이크로미터면 100만 분의 1미터죠. 10마이크로미터 이하의 먼지를 PM10이라고 하고요. 크기가 2.5마이크로미터 이하인 입자를 특히 초미세먼지라고 부릅니다. 즉 PM2.5입니다.
미세먼지는 황사와는 다릅니다. 황사는 한마디로 말해서 모래 알갱이죠. 크기도 대부분 PM10보다 큰 편입니다. 황사의 주된 원인은 중국발 모래폭풍에 있습니다. 반면 미세먼지는 국내 발전소나 공장, 차량 등에서 발생할 수도 있습니다. 최근에 논란이 됐듯이 고등어나 삼겹살을 구울 때도 나오죠.

진행자 S 지금 미세먼지 예보가 네 단계로 나오고 있죠?

이종필 좋음, 보통, 나쁨, 매우 나쁨, 이렇게 네 단계인데요. 각 단계를 나누는 기준은 미세먼지와 초미세먼지가 다릅니다. 미세먼지는 하루에 세제곱미터당 0~30마이크로그램이면 좋음, 31~80이면 보통, 81~150이면 나쁨, 151 이상이면 매우 나쁨입니다.
초미세먼지는 세제곱미터당 0~15마이크로그램이면 좋음, 16~50이면 보통, 51~100이면 나쁨, 101 이상이면 매우 나쁨입니다.[1]
나쁨이나 매우 나쁨이면 실외활동을 되도록 하지 않는 게 좋다고 합니다. 그런데 우리 기준이 초미세먼지의 경우 세계보건기구 권고 기준보다 두 배 높습니다. 미세먼지 기준도 조금 더 높고요. 이건 앞으로 국제 기준에 맞춰나가야겠습니다.[2]

진행자 S 미세먼지가 우리 몸에 어떻게 나쁜 영향을 주나요?

이종필 미세먼지는 세계보건기구가 지정한 1급 발암물질입니다.[3, 4] 2013년 여론조사 결과를 보면 미세먼지가 1급 발암물질임을 안다는 응답자가 35퍼센트에 불과하니, 좀더 경각심을 가져야 합니다. PM10만 하더라도 폐포까지 침투할 수 있고, 그보다 더 작은 초미세먼지는 더 깊이 침투할 수 있겠죠. 그 결과로 각종 호흡기 질환을 일으키고 면역 기능을 약화시킵니다. 천식, 두통, 아토피의 원인이 될 수 있다고 하며, 혈관으로 흡수돼서 뇌졸중이나 심장질환을 일으키기도 한답니다. 노인, 임산부, 태아, 어린이처럼 면역력이 약하거나 민감한 사람들에게는 더 큰 영향을 미치겠죠.

진행자 S 미세먼지의 원인으로는 어떤 게 있습니까?

이종필 크게 국내 요인과 국외 요인이 있습니다. 중국발 미세먼지가 대표적인 국외 요인이죠. 몇 년 전까지만 해도 중국발 미세먼지가 주범이라는 보도가 많았지만 최근에는 국내 요인에도 관심이 높아졌습니다. 조사 결과마다 조금씩 차이를 보이지만, 2011년의 한 연구에 따르면 PM10의 경우 중국이 38퍼센트, 서울이 27퍼센트, 인천·경기가 25퍼센트였

습니다. 반면 PM2.5는 중국이 49퍼센트, 서울 21퍼센트, 인천·경기가 26퍼센트였어요.[5]

최근에는 경유 차량이 주범으로 지목되고 있는데, 이에 대해서는 논란이 좀 있습니다. 환경부가 최근 발표한 자료에 따르면 2012년 기준 전국의 모든 자동차에서 나온 PM10이 총 배출량의 6퍼센트에 불과하다고 합니다. 제조업체가 배출한 먼지는 이보다 5배 이상에 달했고요. 도로에서 타이어 마모 등으로 날리는 비산먼지가 이보다 8배에서 20배 정도 많다는 결과도 있습니다.

엊그제에는 뉴시스에서 이런 보도를 했습니다.[6] 한국에너지기술연구원에서 2009년에 조사한 결과가 있는데요. 다른 연료와 비교했을 때 경유가 배출하는 미세먼지 양이 그리 많지 않다고 합니다. 가솔린이나 LPG, 천연가스에서 나오는 미세먼지 양과 비슷하다는 이야기죠. 그런데 정부에서는 경유에 환경부담금을 매긴다고 하니까, 이게 논란이 있는 내용인데요. 뉴시스에 대해서 환경부가 바로 반박보도를 냈습니다.[7]

한국에너지기술연구원에서 실험한 것은 실내에서 자동차를 20분 주행시켜 미세먼지 배출량을 측정한 것인데요. 이때는 연료에 따라 큰 차이가 없게 나올 수도 있다고 합니다. 하지만 실제 도로주행을 하면서 배출량을 측정하면 경유차가 훨씬 더 많은 미세먼지를 배출한다는 게 환경부 주장입니다.

이튿날 뉴스타파에서도 이 문제를 보도했는데요. 주목할만한 점은 한국에너지기술연구원의 결과에서도 미세먼지 원인물질인 질소산화물 배출량은 경유차가 휘발유차에 비해 20배나 많다고 합니다. 질소산화물은 대기 중에서 미세먼지로 바뀌니까, 이걸 빼고 미세먼지 배출량을 말할 수는 없다는 거죠.[8] 이런 문제는 최대한 보수적으로 데이터를 해석하는 게 바람직하지 않나 싶습니다. 최근에는 고등어와 삼겹살 구울 때도 미세먼지 많이 나온다는 보도가 있었습니다. 그 자체가 사실이긴 하나 지금 서울 공기가 탁한 것을 설명하기에는 좀 무리가 따르죠.

진행자 S 며칠 전 기사를 보니 과학기술로 미세먼지를 잡는다는 보도도 나오던데, 이것이 가능한가요? 미세먼지를 줄이기 위한 다른 대책은 없을까요?

이종필 한국과학기술한림원에서 미세먼지를 해결할 방안을 논의했다고 합니다.[9] 우선 초미세먼지의 구성 성분을 명확히 분석하고 성분별 유해성을 제대로 파악하자는 얘기가 있었어요. 이건 당연히 해야겠죠. 그리고 신소재로 미세먼지에 맞는 마스크를 개발한다든지 필터 없는 공기정화 장치도 개발 중이라고 합니다. 이것은 주로 사후 대책에 가깝습니다. 사전 예방 차원에서 보자면 우선 정부에서 미세먼지 실태에 대해 정확하고 믿을 수 있는 자료를 확보해서 공개하는 게 중요합니다. 그리고 미세먼지 농도는 지역별로 편차도 크다고 합니다. 예컨대 미세먼지 총 배출량은 강원도와 전남이 가장 많다고 합니다. 각 지역의 시멘트 산업이나 석유화학단지의 영향일 가능성이 있겠죠. 이 밖에 화력발전소나 고속도로, 철도 공사 등도 영향을 미칩니다. 이렇게 지역별로 특성에 맞는 대책이 필요하다는 지적도 있습니다.

정부가 40년 넘은 화력발전소 가동 중단을 검토하고 있다는 보도도 나왔습니다. 이건 바람직한 방향이겠죠.

새로운 입자가 발견될 것인가

_2016.06.19

진행자 S 이번에는 어떤 내용을 알아볼까요?

이종필 유럽에 있는 입자가속기에서 2015년 연말 새로운 입자로 의심되는 신호를 봤다고 발표한 바 있습니다. 그 때문에 전 세계 학계가 굉장히 흥분해있습니다. 오늘은 이 새로운 입자의 발견 가능성에 대해서 알아보겠습니다.[1]

진행자 S 우선 입자라고 하면 양성자와 전자, 그런 것들을 말하는 건가요?

이종필 그렇습니다. 세상 만물을 구성하는 가장 기본적인 단위가 바로 원자죠. 원자는 원자핵과 전자로 구성돼 있습니다. 원자핵은 다시 플러스 전기를 가진 양성자와 전기가 전혀 없는 중성자로 이루어져 있죠. 양성자와 중성자는 다시 쿼크들로 이루어져 있습니다. 지금까지 총 여섯 개의 쿼크가 발견되었고요. 한마디로 우리 우주는 쿼크와 전자로 이루어져 있다고 해도 과언이 아닙니다.

진행자 S 그러면 입자가속기는 어떤 겁니까?

이종필 입자가속기는 말 그대로 이런 입자들을 가속시키는 장치로서, 대개 양성자나 전자 같은 입자를 매우 높은 에너지로 가속시켜 서로 충돌시킵니다. 양성자는 서로 충돌시키면 양성자가 깨지면서 그 안에 있는 쿼크들과 여타 입자들이 높은 에너지로 튕겨나오면서 온갖 상호 작용을 하게 되거든요. 거기서 무슨 일이 벌어지는지 보겠다는 거죠. 지금 유럽원자핵공동연구소CERN에 대형강입자충돌기라는 입자가속기가 가장 뛰어난 성능을 갖고 있습니다. 지금도 계속 가동 중이고요.

진행자 S 지난 2012년에는 CERN에서 신의 입자를 발견했다고 해서 세상이 떠들썩했었죠. 대체 어떤 입자인가요?

이종필 소립자들 중에는 쿼크나 전자처럼 물질을 직접 구성하는 입자만 있는 게 아니고 힘을 매개하는 입자들도 있습니다. 광자, 즉 빛이 대표적입니다. 20세기 과학자들이 연구해보니 이런 소립자들이 매우 추상적인 수학적 대칭관계를 만족하고 있습니다. 예를 들면 서로 다른 입자인 줄 알았는데 동전의 앞면 뒷면과 같은 관계를 발견한 것이죠. 그런데 이런 대칭관계가 있으면 소립자들이 질량을 갖지 못해요. 그래서 소립자들이 현실에서 보는 것처럼 질량을 가지려면 이 대칭관계를 깨야 합니다. 이 과정을 힉스 메커니즘이라고 부릅니다. 그리고 이 과정에 관여하는 입자가 바로 신의 입자라는 별칭을 가진 힉스 입자입니다.

2012년 7월 4일 CERN에서 힉스 입자로 의심되는 입자를 발견했다고 공식 발표를 했고, 이듬해인 2013년에는 이 입자를 처음으로 예견했던 영국의 피터 힉스와 벨기에의 프랑수아 앙글레르가 노벨상을 수상했습니다.

진행자 S 그렇다면 이번에 논란이 되는 입자는 어떤 것입니까? 항간에는 제2의 신의 입자라는 얘기도 나오던데요?

이종필 2015년 연말 CERN에서 새로운 결과를 발표했습니다. 어떤 새로운 입자가 빛 두 가닥으로 붕괴한다는 게 핵심 내용이었습니다.[2, 3, 4, 5] 이 새로운 입자는 질량이 양성자의 750배 정도로 추정되는데요. 문제는 우리가 아는 입자 가운데 이번 실험 결과와 부합하는 것이 없다는 점이에요. 20세기 과학자들이 쿼크와 전자, 힘을 매개하는 입자, 그리고 힉스 등을 다 끌어모아서 표준모형이라는 것을 만들었습니다. 우리 세상은 이런 입자들로 만들어져서 굴러가고 있다는 데 대한 일종의 모범 답안인데요. 힉스 입자가 발견되면서 표준모형은 실험적으로 완성된 상태입니다.
여기서 뭔가 또 새로운 게 나온다면 표준모형을 넘어서는 전혀 새로운 녀석이 있다는 거죠. 운이 좋다면 또 다른 과학혁명이 시작될지도 모르고요. 그래서 지금까지 이 결과와 관련해서 400편이 넘는 논문이 발표돼 있습니다. 아직 정확한 정체는 잘 모르지만, 어쨌든 2016년 여름 CERN에서 최신 결과를 발표할 것으로 보입니다.◆ 그때쯤이면 아마 이게 진짜 완전히 새로운 입자인지 아니면 단순한 통계적인 착시인지 좀더 명확해질 듯합니다.[6,7]

진행자 S 이렇게 새로운 입자를 발견하는 게 일상생활과는 거리가 멀어 보입니다만, 과학적으로는 어떤 의미를 지닐까요?

이종필 전자를 발견한 해가 1897년이고, 트랜지스터를 만든 때가 1948년입니다. 이 때문에 20세기 전자혁명이 가능했죠. 원자핵을 발견한 것이 1911년이며 히로시마에 최초의 핵무기가 떨어진 게 1945년입니다. 세상을 구성하는 가장 기본적인 단위를 우리가 잘 이해하고 제어할 수 있다면 그 전에는 상상도 못 했던 일이 벌어질지 모르죠. 과학 내적인 관점에서 보자면, 앞서 언급했듯이, 새로운 과학혁명을 촉발할지도 모를 일입니다. 이게 새로운 입자로 판명된다면, 어쨌든 표준모형을

◆ 이 결과에 관한 이야기는 뒤에서 자세히 다뤄진다.

완전히 넘어서는 뭔가가 나온 것이니까요.

진행자 S 한국 과학자들도 이 실험에 참여하고 있다면서요?

이종필 한국에서도 한-CERN 협력 사업의 일환으로 대형강입자충돌기의 CMS라고 하는 실험 그룹과 결합해서 연구를 하고 있습니다. 서울대, 고려대, 경북대, 건국대, 성균관대 등에서 60여 명이 결합하고 있죠. 선진국에 비해서는 사실 턱없이 부족한 현실입니다만, 어려운 여건 속에서도 열심히 연구하고 있습니다.

우주는 생각보다 더 빨리 팽창한다_2016.07.03

진행자 S 최근 미 항공우주국NASA과 유럽우주국ESA의 공동 연구진이 발표한 새로운 내용이 있죠?

이종필 이들 연구진이 우주가 알려진 것보다 더 빨리 팽창한다는 결과를 발표했습니다.[1, 2] 우리 우주의 진화에 대해 대단히 중요한 정보로, 그 최신 연구 결과를 소개해볼까 합니다.

진행자 S 우선 우주가 팽창한다는 게 무슨 뜻인가요?

이종필 임의의 두 점 사이의 거리가 멀어진다는 뜻이에요. 우리 일상생활 속의 거리나 혹은 태양계와 같은 규모에서 하는 얘기가 아니라 우주 전체의 스케일에서 봤을 때, 즉 적어도 은하를 하나의 점으로 볼 수 있는 그런 스케일에서 거리가 멀어진다는 말입니다.
우주가 팽창한다는 사실은 1929년 미국의 천문학자 에드윈 허블이 처음 발견했습니다.[3] 당시 허블은 외계 은하들의 움직임을 조사했는데요. 모든 은하가 지구에서 다 멀어지고 있고, 특히 멀리 있는 은하일수록 더 빨리 멀어진다는 사실을 알아냈습니다. 이것을 허블의 법칙이라고 합니다. 이게 가능하려면 우주 공간의 임의의 두 점 사이가 계속 멀어져야만 합니다. 즉 우주가 팽창한다는 거죠. 팽창하는 우주는 20세기의 가장 위대한 발견 중 하나로 꼽을 수 있습니다.

진행자 S 그렇다면 지금 우리 우주는 얼마나 빨리 팽창하고 있나요?

이종필 멀리 있는 은하일수록 더 빨리 멀어지기 때문에 우주가 얼마나 빨리 팽창하는지를 측정하려면 먼저 기준이 되는 거리를 하나 정해야 합니다. 천문학에서는 우주적인 스케일을 다루기 때문에 아주 큰 거리 단위를 씁니다. 그중 하나가 파섹parsec입니다. 1파섹을 광년으로 환산하면 3.26광년으로, 빛이 3.26년 동안 가야 도달하는 거리라는 뜻이죠.
우주가 팽창하는 정도를 나타내는 기준 거리는 1메가파섹, 즉 100만 파섹입니다. 326만 광년이라는 얘기죠. 이 거리에서 우주가 얼마나 빨리 팽창하느냐 하면 초속으로 67~69킬로미터 정도 됩니다. 대략 초속 70킬로미터인 셈이죠. 두 배 먼 거리에서는 두 배로 빨리, 즉 초속 약 140킬로미터씩 멀어집니다. 그래서 1메가 파섹에서 초속으로 약 70킬로미터 멀어지는 이 숫자를 허블상수라고 부릅니다. 한마디로 말해서 우리 우주가 팽창하는 비율입니다.

진행자 S 그런데 우주가 그냥 팽창하는 게 아니라 가속 팽창한다면서요? 이것은 팽창하는 정도가 점점 더 빨라진다는 뜻인가요?

이종필 그렇습니다. 1998년에 두 연구진이 초신성超新星◆을 연구하면서 알게 된 사실입니다.[4, 5] 우주가 팽창하긴 하는데, 그 정도가 어떤지를 알아보려 했지요. 당시 많은 과학자는 우주가 팽창하는 정도가 느려질 것으로 예상했습니다. 마치 지상에서 공을 위로 던지면 공이 계속 위로 올라가긴 하지만 그 속도는 점점 느려지는 것과 마찬가지로요. 우리 우주에 은하나 은하단 같은 게 많으니 이런 것이 중력 작용을 해서 결국 팽창 속도를 늦추지 않겠느냐고 예상했습니다만, 결과는 정반대로 나왔습니다. 우주 팽창이 일정할 때보다 초신성이 15퍼센트 정도 더 멀리 있다는 사실을 알게 됐는데요. 그러니까 우주가 예상보다 더 빨리 팽창한다는 말입니다. 즉, 가속팽창을 발견한 것이죠. 그 공로로

◆ 보통 신성보다 1만 배 이상의 빛을 내는 신성. 질량이 큰 별이 진화하는 마지막 단계로, 급격한 폭발로 엄청나게 밝아진 뒤 점차 사라진다.

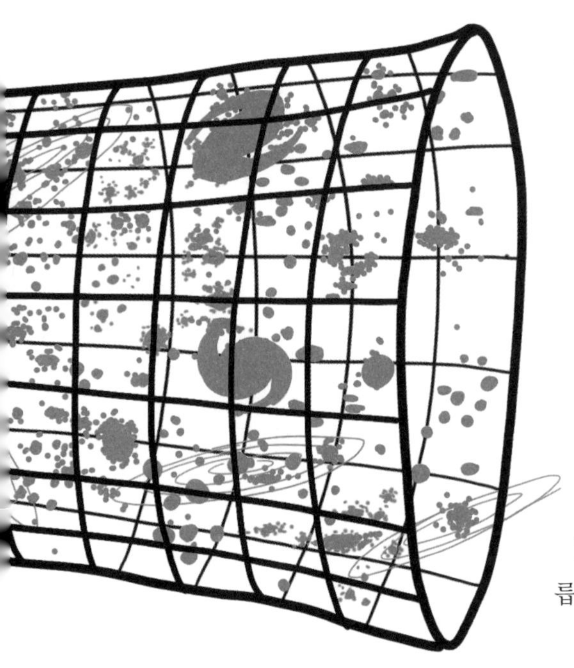

두 연구진은 2011년 노벨상을 수상했습니다.[6]

안타깝게도 우주를 가속 팽창시키는 원인이 무엇인지 아직 정확하게 잘 모릅니다. 그런 까닭에 암흑에너지라는 이름이 붙어 있습니다. 우리 우주 전체의 에너지 가운데 암흑에너지가 70퍼센트 가까이 됩니다. 그래서 지금 가속 팽창을 하고 있다는 거죠. 그 정체는 전혀 모릅니다.

진행자 S 이번에 미 항공우주국에서 발표한 내용을 보니 기존에 알려진 팽창비율보다 더 빨리 팽창한다고 하던데요. 얼마나 더 빨라진 건가요?

이종필 새로 나온 결과에 따르면 허블상수가 1메가 파섹에서 초속 73킬로미터입니다. 기존의 초속 69킬로미터와 견줄 때 5퍼센트 정도, 초속 67킬로미터에 비해서는 약 10퍼센트 정도 커진 셈입니다. 기존 값과 꽤 차이가 나니 흥미로운 일이죠. 이번 결과는 특히 오차가 2.4퍼센트 수준이어서 정밀도가 상당

히 높은 결과입니다.[7]

진행자 S 팽창이 더 빨라진다는 사실은 대체 어떻게 알아낸 건가요? 어떤 별이나 은하를 관측하면 되나요?

이종필 우주를 본다는 것은 결국 주로 별이나 은하에서 나오는 빛을 보는 건데요. 우리가 지구에서 별빛을 관측했을 때 원래 빛이 약해서 어두운지 아니면 원래는 밝은데 멀어서 어두운지 알 길이 없습니다. 만약 우리가 어떤 별이 원래 얼마나 밝은지 알 수 있다면, 그 별의 겉보기 밝기를 비교해서 떨어진 거리를 추정할 수 있겠죠. 이런 역할을 하는 별 중에 앞서 언급한 초신성도 있고, 밝기가 주기적으로 변하는 변광성變光星이라는 별도 있습니다. 이번 결과는 19개 은하 속에 있는 2400개의 변광성과 300개의 초신성을 조사한 것입니다. 1998년 가속 팽창을 처음 발견했을 때도 초신성이 얼마나 밝게 보이느냐를 조사했습니다.

진행자 S 팽창하는 정도가 더 빨라졌다는 게 어떤 의미를 지닐까요?

이종필 일단 팽창 비율이 커진 것이니, 우주가 빅뱅으로부터 지금의 크기까지 팽창하는 데 더 짧은 시간이 걸렸다는 얘기잖아요. 그러니까 우주의 나이가 좀더 줄어들겠죠. 이 결과를 가장 손쉽게 설명하자면, 가속 팽창의 원인이 되는 암흑에너지가 훨씬 더 강력하게 작동한다고 볼 수 있습니다. 또는, 우리가 아직 잘 모르는 뭔가 새로운 게 있지 않나 하는 가능성도 배제할 수 없습니다. 그리고 지금 우리가 알고 있는 우주론은 아인슈타인의 중력 이론인 일반상대성이론에 바탕을 두고 있습니다. 이게 과연 전 우주에 걸쳐서 올바른 중력 이론인가 하는 점도 한번 생각해볼 만합니다.

주노, 남편 주피터를 만나러 가다_2016.07.17

진행자 S 2016년 7월 5일 NASA에서 발사한 목성 탐사선 주노Juno가 목성 궤도에 진입했다는 소식에 전 세계가 환호했습니다. 먼저 주노가 어떤 우주 탐사선인지 설명해주셨으면 해요.

이종필 주노는 2011년 8월 5일 미국에서 발사된 목성 탐사선입니다. 제작사는 록히드마틴이고, 4년 11개월 동안 28억 킬로미터를 날아간 끝에 2016년 7월 4일 목성 궤도에 진입했습니다. 주노는 목성의 극궤도 상공 5000킬로미터에서 1년 8개월 동안 목성을 37바퀴 돌면서 탐사할 예정입니다. 탐사가 끝난 뒤에는 목성으로 추락해서 산화하게 됩니다. 이 프로젝트에 1조3000억 원 이상의 예산이 투입되었고요.
이미 사진으로 본 사람들도 있을 텐데, 주노는 중심에서 세 방향으로 9미터에 이르는 팔이 세 개 뻗어 있습니다. 이곳 표면에 태양전지가 약 2만 개 깔려 있다고 합니다. 장거리 우주여행에서는 연료가 가장 큰 문제입니다. 목성은 태양에서 지구보다 대략 다섯 배 더 멀리 떨어져 있습니다. 그런 까닭에 단위 표면당 받는 태양에너지가 25배 더 적어서◆ 태양광을 에너지로 쓰려면 전지 효율이 아주 좋아야 합니다. 주노의 날개에 탑재된 태양전지는 기존 전지보다 효율이 두 배 이상 높아서 28퍼센트 정도라고 합니다.[1]

진행자S 탐사선 이름을 주노라고 붙인 데에는 이유가 있다면서요?

이종필 태양계 행성에는 그리스 로마 신화의 신 이름이 붙어 있습니다. 금성은 비너스, 화성은 마르스, 목성은 주피터로 모두 신화 속 신의 이름이죠. 주피터는 최고의 신 제우스의 영어식 표현이고요. 제우스의 부인이 헤라이고, 헤라의 영어식 표현이 주노입니다. 그러니까 이번 목성 탐사선은 아내가 남편을 찾아가는 여정이었던 셈이죠.
신화 속에서는 제우스가 구름으로 장막을 쳐서 곧잘 바람을 피웠다고 합니다. 그렇게 바람피운 상대가 목성의 대표적인 위성 네 개의 이름입니다. 이오, 유로파, 가니메데, 칼리스토가 다 제우스의 상대였죠. 이것들이 목성의 가장 큰 네 개의 위성입니다. 앞서 말씀드렸듯이 네 위성을 처음 발견한 사람이 갈릴레오 갈릴레오였고요.
신화 속에서는 헤라가 구름을 꿰뚫어보는 능력을 지녀 제우스를 감시했다고 해요. 실제 목성은 구름으로 뒤덮인 행성이

◆ 행성이 태양으로부터 받는 표면적당 에너지는 행성과 태양 사이의 거리의 제곱에 반비례한다.

거든요. 그래서 이번에 주노가 구름 속을 꿰뚫고 주피터를 잘 관측할 수 있을지에 대한 기대가 무척 큽니다.[2]

진행자 S 목성은 우리가 비교적 잘 아는 행성 아닌가요? 목성에 대해서 좀더 설명해주시죠.

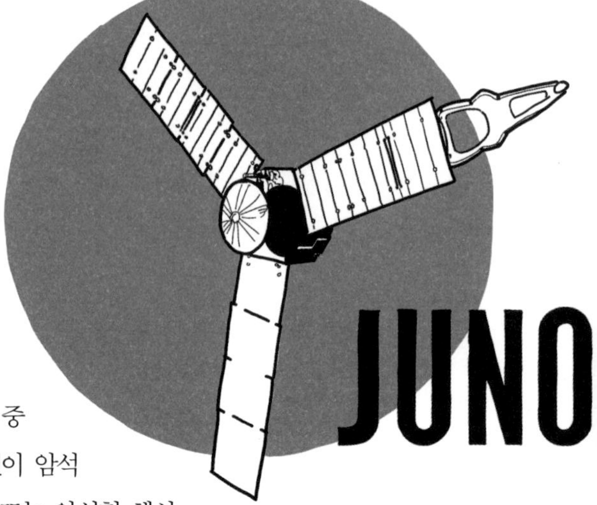

JUNO

이종필 태양계에는 지구를 포함해서 총 8개의 행성이 있습니다. 아홉 번째 행성이던 명왕성은 지난 2006년 행성에서 퇴출됐죠. 8개의 행성 중 가장 큰 것이 목성입니다. 이들 행성 중 수성, 금성, 지구, 화성은 표면이 암석으로 돼 있어서 지구형 행성 또는 암석형 행성이라고 하는 반면, 목성, 토성, 천왕성, 해왕성은 기체나 유체로 이루어져 있어서 목성형 행성이라고 합니다. 목성 자체는 전체가 대부분 수소 기체로 이루어진 기체 행성입니다. 목성은 밤하늘에서 달과 금성 다음으로 밝은 빛을 내서 쉽게 관측할 수 있고요. 앞서 언급했듯이 태양까지의 거리는 지구-태양 거리의 5배쯤 됩니다. 목성의 크기는 지구의 약 11배,

질량은 318배 정도입니다. 크기가 약 10배면 부피는 크기의 세제곱이니 대략 1000배인데, 질량이 300배 정도밖에 안 되므로 지구보다 평균 밀도가 상당히 낮다는 얘기죠. 실제 평균 밀도는 지구의 4분의 1 수준입니다.
그리고 표면 중력은 지구의 약 2.5배입니다. 공전 주기는 12년, 자전 주기는 약 10시간이고 67개의 위성을 갖고 있습니다.[3]

진행자 S 주노는 목성에 대해서 구체적으로 무엇을 어떻게 관측하는 것인가요?

이종필 주노는 여덟 번째 목성 탐사선입니다. 처음으로 목성을 근접 통과하면서 사진을 찍은 우주선은 NASA의 파이어니어 10호로, 1973년 12월 4일 목성 근처 13만 킬로미터 이내로 접근해서 사진을 찍었습니다. 그 뒤로 1979년 보이저 1호, 1995년 갈릴레오 등이 목성을 탐사했죠.
주노는 10월부터 본격적인 탐사에 나설 예정입니다. 목성에서 나오는 중력장과 자기장을 이용해서 행성 내부 구조를 알아낼 계획이고요. 대기 중 물 성분이 얼마나 있는가도 관심사입니다. 그리고 목성의 극지방에는 지구보다도 더 큰 오로라가 있습니다.[4, 5] 이 오로라의 비밀을 밝혀내는 일도 주노의 임무입니다.

진행자 S 목성을 탐사하는 것이 우리에게 어떤 의미를 지닐까요?

이종필 사실 주노가 이렇게 다양한 탐사를 하는 것은 결국 목성이라는 거대 행성의 기원, 즉 출생의 비밀을 알고 싶어서이거든요. 목성은 태양계 행성 중 가장 먼저 만들어진 것으로 추정됩니다. 따라서 목성의 출생 비밀은 곧 태양계의 출생 비밀과 직결되겠죠.
특히 목성이 태양계 안에서 만들어졌느냐, 아니면 다른 데서 만들어졌다가 태양계로 들어온 것이냐 하는 논란도 있습니다. 이것은 말하자면 드라마 속에서 맏아들이 친자냐 아니냐 하는 문제만큼이나 흥미로운 주제입니다.

진행자 S 주노 이후에 우리가 관심을 가져야 할 또 다른 행성 탐사선으로 어떤 게 있을까요?

이종필 목성의 위성 가운데 유로파가 있습니다. 1995년 갈릴레오 탐사선이 유로파의 얼어붙은 표면 아래 바다가 있을지도 모른다는 사실을 밝혀내 전 세계를 흥분시키기도 했습니다. 그만큼 유로파는 외계 생명이 존재할 가능성이 높은 천체입니다. NASA와 ESA 모두 2020년대 초중반에 유로파 탐사선을 보낸다고 하니, 기대를 해봐도 좋을 듯합니다.

오존층이 회복된다

_2016.07.31

진행자 S 2016년 7월 초 남극 상공의 오존층이 회복되고 있다는 반가운 소식이 들렸습니다.[1, 2, 3] 오존층이 있다는 건 우리가 다 아는 사실이긴 하죠. 그래도 오존층이 무엇이고 이것이 인간에게 어떤 역할을 하는지 자세히 짚어봤으면 합니다.

이종필 오존은 산소 원자 세 개로 이루어진 분자죠. 그래서 O_3라고 씁니다. 오존은 원래 살균이나 탈취에 탁월한 효과가 있습니다. 식당의 컵 소독기나 정육점 고기 진열대에서도 오존을 이용하고 있고요. 하지만 인체에는 해롭게 작용합니다. 가령 호흡기나 눈에 들어가면 부작용을 일으키죠. 공기 중에 오존이 많으면 오존주의보를 발령하는 이유입니다.
지구에 존재하는 오존의 대부분인 90퍼센트 정도가 지상 10~50킬로미터 사이의 성층권에 몰려 있습니다. 그중에서도 지상 25킬로미터 부근에 오존이 굉장히 밀집해 있어서, 이것을 오존층이라고 부릅니다.

오존층이 우리에게 가장 중요한 이유는, 알다시피, 해로운 자외선을 흡수해주기 때문입니다. 자외선 중에서 파장이 150~320나노미터인 자외선을 흡수하는데요. 보통 자외선을 UV-A, UV-B, UV-C로 나누는데 A가 파장이 길고 C가 파장이 짧습니다. 파장이 짧으면 에너지가 높고 인체에 해롭습니다. 오존층은 B형과 C형의 자외선을 차단하고 있습니다. 이 중에서 파장이 조금 더 긴 UV-B는 지구 표면까지 일부 도달하기도 하고요.
이런 자외선을 직접 쬐면 백내장이나 피부암을 유발하며 농작물에도 피해를 입힌다고 하니 오존층은 우리를 지켜주는 방패 역할을 하는 셈입니다. 그런 까닭에 유엔에서는 9월 16일을 세계 오존층 보호의 날로 지정하기도 했습니다.

진행자 S 지금까지 오존층과 관련된 뉴스는 모두 비관적이었어요. 오존층이 사라지고 있다, 라는 식으로요. 언제부터 이런 게 화젯거리가 됐나요?

이종필 오존층이 파괴되고 있다는 사실이 학계에 처음 보고된 때는 1974년입니다. 그리고 1985년에는 남극 오존층에 큰 구멍이 뚫렸다는 보고가 나왔고요. 아마 관련 보도 사진을 본 사람이 꽤 있을 겁니다. 그렇게 뚫린 구멍을 오존홀이라고 부릅니다.[4]

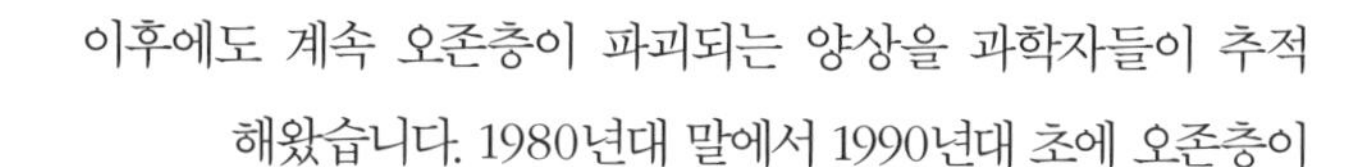

이후에도 계속 오존층이 파괴되는 양상을 과학자들이 추적 해왔습니다. 1980년대 말에서 1990년대 초에 오존층이 아주 심각하게 파괴됐죠. 1979년 이래로 오존이 줄어드는 정도가 연간 약 3퍼센트라고 합니다.

진행자 S　오존층 파괴의 주범이 흔히 프레온 가스라고 하죠. 이것은 어떤 기체인가요?

이종필　1970년대부터 오존층 파괴 주범으로 지목된 프레온 가스의 정식 명칭은 염화불화탄소입니다. 화학식이 CFC이고 영어로는 클로로-플루오로-카본이라고 부릅니다. 프레온은 화학회사인 듀폰 사의 상표명에서 따온 것이고요. 염화불화탄소는 냉장고나 에어컨의 냉매로 많이 쓰였던 물질이고, 스프레이의 분사추진제로도 많이 사용됩니다. 안정적인 물질이라서 대기권에서는 잘 분해되지 않고 성층권까지 올라갑니다. 거기서 자외선에 의해 분해되면 염소(Cl)를 방출합니다. 이 염소가 오존을 파괴하는 촉매로 작용하게 됩니다.

진행자 S 최근 연구에 따르면 오존층이 회복되고 있다면서요?

이종필 2016년 6월 30일 보도에 따르면 영국 리즈 대학과 미국 MIT 공동 연구진이 오존의 양이 증가한다는 사실을 확인했다고 합니다. 이 내용은 『사이언스』 지에 실렸고요. 연구진에 따르면 남극 오존층 구멍의 크기가 2000년에 비해 440만 제곱킬로미터 정도 줄었다고 합니다. 한반도 크기가 22만 제곱킬로미터이니까, 한반도의 20배에 달하는 넓이입니다. 이 추세대로라면 2050~2060년 무렵 오존층이 완전히 회복될 수 있다고 합니다. 예상보다 훨씬 더 빠른 속도로 회복되고 있다는군요.

이런 소식이 전해진 게 이번이 처음은 아닙니다. 지난 2014년 유엔환경계획과 세계기상기구가 9월 10일자로 발표한 보고서를 보면[5] 2000년부터 2013년까지 중위도 북부 지방 상공의 오존 농도가 4퍼센트 증가했다는 내용이 있습니다.

진행자 S 그러면 오존층 회복의 원인은 역시 프레온 가스 사용을 규제한 덕분인가요?

이종필 그렇다고 볼 수 있습니다. 1970년대 말에서 1980년대 초 선진국을 중심으로 프레온 가스 규제를 시작했고, 1985년에 오존층 보호를 위한 빈 협약이 체결된 데 이어 1987년에 몬트리올 의정서가 채택되었습니다.[6] 정식 명칭은 '오존층 파괴 물질에 관한 몬트리올 의정서'이고, 1989년 1월부터 발효됐습니다. 이후로는 각 국가와 기업에서 냉장고나 에어컨 스프레이 등에 들어가는 프레온 가스를 다른 물질로 대체해왔죠. 개발도상국가에는 유예 기간이 주어졌으나 2010년부터는 사용이 전면 중단됐습니다.
이런 전 세계적인 노력이 조금씩 결실을 맺고 있는 듯합니다. 이번에 오존층 회복을 확인한 연구진 중 한 사람인 안자 슈미트 박사는 이런 말을 했더군요. "몬트리올 의정서는 글로벌 환경 문제를 해결한 진정한 성공 스토리다."[7]

진행자 S 오존층 말고도 사실 인간이 지구 환경을 많이 파괴하고 있고, 지구 온난화도 큰 이슈입니다. 앞으로 이런 현상들도 개선될 수 있을까요?

이종필 몬트리올 의정서가 좋은 교훈을 남긴 것 같습니다. 그런데 여기에도 아이러니가 있더군요. 몬트리올 의정서로 프레온 가스가 퇴출되고 그 대체 물질로 쓰이는 것이 수소불화탄소HFCs입니다. 이 물질은 오존층을 파괴하지는 않지만 대신 초 강력 온실가스라고 알려져 있습니다. 많이 알고 있는 온실가스인 이산화탄소보다도 지구 온난화를 일으키는 정도가 수백 배에서 1만 배 정도까지 된다고 해요.

지금은 지구 온난화가 큰 문제니까 제2의 몬트리올 의정서와 같은 것이 나와야 할 듯합니다. 몬트리올 의정서의 성공 사례가 있으니 앞으로도 지혜롭게 대처한다면 지금의 여러 환경 문제를 잘 극복할 수 있지 않을까 기대해봅니다.

사라진 새 입자

_2016.08.14

진행자 S 오늘은 어떤 내용을 알아볼까요?

이종필 유럽원자핵연구소[CERN]의 대형강입자충돌기에서 최신의 데이터를 얼마 전(2016년 8월) 국제학회에서 공개했습니다. 전 세계 과학자들이 이 결과에 비상한 관심을 보였는데요. 오늘은 이 결과를 소개하겠습니다.

진행자 S 이 대형강입자충돌기가 2015년 연말에 대단한 발견을 했다고 발표해서 떠들썩했죠?

이종필 그랬죠. 이 소식을 지난번에도 소개했습니다. 보통 연말부터 두어 달 동안 가속기 가동을 중단하는데요. 그 직전에 그때까지의 실험 결과를 정리해서 발표합니다. 보통 크리스마스 전입니다. 2015년에는 대형 강입자 충돌기의 두 검출 장치인 ATLAS와 CMS에서 똑같은 신호를 봤다고 발표했습니니다. 정체불명의 입자가 빛 두 가닥으로 붕괴하는 신호였는데요. 어떤 입자가 있으면 가장 중요한 물리적 성질 중 하나가 바로 질량입니다. 얼마나 무겁냐는 거죠. 이 입자의 질량이 양성자 질량보다 750배 정도 무거운 것으로 예상됐습니다. 우리가 아는 입자들 중 빛 두 개로 붕괴하면서 질량이 이 정도 되는 입자는 없습니다. 그래서 이 입자의 정체를 규명하고자 하는 논문이 지난 반년 동안 대략 500여 편 쏟아지기도 했습니다. 이것도 참 이례적인 현상이었습니다.

진행자 S 이 발견이 그렇게 중요한가요? 학계는 왜 그렇게 흥분했던 건가요?

이종필 우리 인류가 오래전부터 이 우주에 대해 품어왔던 궁금증 중 하나가 이 세상은 과연 무엇으로 만들어졌을까 하는 것입니다. 고대 그리스에서는 4원소설이라고 해서 흙, 물, 불, 공기가 기본 요소라고 생각했죠. 20세기의 과학자들이 찾은 모범 답안은 표준모형이라고 합니다. 표준모형에 따르면 이 우주에는 물질을 직접 구성하는 입자가 12개 있고, 힘을 매개하는 입자가 4개 있습니다. 그리고 이 모든 소립자가 질량을 갖게끔 하는 데 관여하는 입자가 필요한데 그게 바로 2012년에 발견한 힉스 입자입니다. 이렇게 총 17개의 입자와 이들의 상호 작용으로 자연 현상을 설명하는 이론이 표준모형인데요.

지난 50여 년 동안 굉장히 성공적이었습니다.

하지만 표준모형이 자연을 설명하는 궁극적인 이론은 아닙니다. 표준모형에서는 중력 현상이 포섭돼 있지 않고, 또 우리 우주에는 정체불명의 암흑 물질이 굉장히 많아야 하지만 표준모형에는 그 후보가 없습니다. 그래서 과학자들은 지난 반세기 동안 표준모형을 넘어서기 위한 노력을 기울여왔습니다. 2015년 연말에 보고된 이 입자는 표준모형의 리스트에 없는 입자였습니다. 즉 족보에 없는 완전히 새로운 종류의 뭔가가 나타난 것이지요. 이것이 확증된다면 현대 물리학의 역사를 다시 써야 할지도 모른다는 신호로 받아들일 수 있습니다.

진행자 S 그런데 이번 국제학회에서 2015년의 신호가 사라졌다는 결과를 발표했다면서요?

이종필 네, 어떤 신호를 봤을 때 그것이 물리적으로 정말 의미가 있는지 아니면 통계적인 착각인지 구분하려면 많은 데이터를 분석해야만 합니다. 예를 들어 동전을 10번 던지면 평균 5번은 앞면이 나오겠죠. 그런데 앞면이 여덟 번 나왔다고 칩시다. 그러면 동전에 뭔가 이상이 있다고 생각할 수도 있지만 우연히 그럴 수도 있겠죠. 던진 횟수가 그리 많지 않으니까요. 그래서 동전을 100번, 1000번, 이렇게 많이 던져서 정말로 앞면이 평균보다 훨씬 더 많이 나오는지를 살펴봐야 할 것입니다.

2016년 8월 초 미국 시카고에서 있었던 국제학회에서 ATLAS와 CMS에서 새로 얻은 데이터를 종합해 결과를 발표했습니다.[1, 2] 전년도보다 약 4배 많은 데이터를 분석한 결과입니다. 그 결과 2015년의 신호는 통계적인 착각에 불과했다는 겁니다. 그래서 이번 국제학회에서 이 새로운 입자의 장례식을 치렀다는 얘기도 나오더군요.[3, 4] 학계 전체가 좀 김이 빠진 분위기입니다.

진행자 S 중요한 발견이라고 발표했다가 그 결과가 이렇게 번복되는 일이 종종 있나요?

이종필 통계적인 착각으로 결론 난 적은 상당히 많고요. 지난 2011년 CERN에서 중성미자를 이탈리아로 쏘는 실험을 한 적이 있습니다. 이때 이 중성미자가 광속보다 더 빨리 날아갔다고 보고되었습니다. 상대성이론에 따르면 우리 우주의 그 어떤 입자도 빛보다 빠를 수는 없거든요. 그래서 당시 전 세계 과학계가 발칵 뒤집혔죠. 나중에 알고 보니 신호를 처리하는 광케이블이 접속 불량이어서 시간 측정에 오류가 있었던 것으로 밝혀졌습니다.
그리고 2014년에는 남극에 설치된 BICEP이라는 전파망원경이 태초의 중력파를 검출했다는 발표가 있었습니다. 2016년 과학계의 가장 큰 뉴스였던 중력파 검출은 블랙홀이 합쳐지는 순간을 포착한 것인데, 2014년의 BICEP은 빅뱅 직후의 중력파를 검출했다고 해서 학계가 크게 흥분했죠. 이 신호는 나중에 우주 먼지에 의한 것으로 드러났습니다.

진행자 S 그렇다면 대형강입자충돌기에서 2012년 힉스 입자 발견 이후로 뭔가 새로운 것은 전혀 관측하지 못했나요?

이종필 현재까지는 못 했습니다. 그래서 사실 많은 과학자가 실망감을 드러내고 있지만, 그래도 지금 가속기가 잘 가동하고 있으니까요. 오래지 않아 또 다른 흥미로운 소식이 나올 수 있지 않을까 기대해봅니다.

물리학자는 카지노를 잘할까?_2016.08.28

진행자 S 기초과학이 일상생활에 크게 도움되는 흥미로운 이야깃거리는 없나요?

이종필 그러면 간단한 물리학을 이용해 카지노를 털려고 했던 사람들의 이야기를 해보겠습니다. 주인공은 도인 파머라는 대학원생으로, 1970년대 말의 일입니다.[1, 2]

진행자 S 과학을 이용해서 카지노를 턴다, 이런 생각을 해본 사람이 적지 않을 텐데요. 카지노에는 여러 게임이 있지 않습니까? 어떤 게임을 노린 건가요?

이종필 파머가 노린 게임은 룰렛이었습니다. 영화에서 도박하는 장면이 나오면 항상 등장하는 게임이죠. 둥근 원판 둘레에 숫자 칸이 있고 이 원판이 돌아갑니다. 그리고 그 바깥쪽에서 구슬이 반대 방향으로 돌기 시작하죠. 그러다가 결국에는 구슬이 원판의 숫자 칸에 들어가는데요. 구슬이 어느 숫자 칸에 들어가는지를 알아맞히는 게임입니다. 배팅하는 방법이 다양해서 특정한 숫자 칸을 지정할 수도 있고, 숫자 범위를 지정하거나 짝수 홀수에 배팅할 수도 있습니다. 그리고 숫자의 절반은 빨간색, 나머지 절반은 검은색으로 칠해져 있어서 이 색깔에다 배팅할 수도 있습니다. 물론 각각의 경우에 배당받는 금액은 확률에 따라 달라지겠죠.

진행자 S 이때 어느 번호에 구슬이 떨어질까 하는 것을 물리학으로 예측할 수 있다는 거죠?

이종필 그렇습니다. 학교에서 물리학을 배울 때 가장 먼저 뉴턴역학을 접합니다. 관성의 법칙이니 F=ma니 하는 공식들, 아마 기억할 겁니다. 기본적으로는 이 뉴턴역학만 이용하더라도 구슬이 어느 번호에 걸릴지 알 수 있다는 거죠.[3] 결국 움직이는 건 원형의 숫자판과 구슬 아니겠습니까? 회전하는 초기 조건과 마찰력, 구슬에 작용하는 중력 등을 잘 고려해서 정확하게 계산하면 원칙적으로 어느 번호가 당첨될지 알 수 있습니다. 이렇게 하면 승률을 40퍼센트까지도 높일 수 있다고 합니다. 카지노 업체의 승률이 보통 5.26퍼센트 유리하다고 하니 엄청난 승률이죠.

사실 이게 뉴턴역학의 기본 정신이라고 할 수 있습니다. 어떤 물리 시스템에 작용하는 힘과 초기 조건을 정확하게 알면 나중에 이 시스템이 어떤 상태가 될지 예측할 수 있다는 거죠. 이것을 일컬어 결정론적 세계관이라고 합니다.

진행자 S 그러면 이자들이 카지노에 들어갈 때 계산기나 컴퓨터 같은 것을 몰래 갖고 들어갔나요? 어떻게 구슬이 들어갈 번호를 계산해낸 거죠?

이종필 2인 1조로 움직였다는데요. 한 명은 구두 밑에 계산 장치를 장착했다고 합니다. 이걸 발가락으로 조작할 수 있게 만들었다는군요. 여기서 계산된 정보를 다른 사람에게 전파로 송신합니다. 수신기는 벨트에 장착돼 있고, 수신기가 진동하면서 배를 두드린다고 합니다. 그러면 이 수신자는 구슬이 어느 번호에 들어갈지 계산된 결과를 파악할 수 있게 되죠. 지금 용어로 말하자면 웨어러블 컴퓨터를 장착하고 카지노에 들어간 셈입니다.
어느 숫자가 당첨될지는 구두 속 컴퓨터가 계산합니다. 구두를 신은 사람이 룰렛의 초기 정보를 발가락으로 입력합니다. 룰렛에 기준을 하나 정해놓고 원판의 특정 지점이 기준점을 지날 때마다 발가락을 누르는 거죠. 구슬도 마찬가지고요. 그렇게 원판과 구슬의 초기 조건을 입력하면 간단한 계산을 통해서 어느 번호가 당첨될지를 알 수 있습니다. 실전에서는 원판이 경사진 정도까지 고려했다고 합니다.

진행자 S 가장 궁금한 점은 그렇게 해서 정말로 승률이 높았는가 하는 것입니다.

이종필 처음엔 승률이 별로 좋지 못했다고 합니다. 실전에 영향을 미칠 요인들이 사실 무척 많습니다. 습도도 영향을 주고, 구슬이 숫자 칸들 사이의 칸막이에 튕기거나 할 수도 있으니까요. 그리고 이 학생들이 장착한 장비가 땀에 젖거나 전파 신호가 끊기거나 하는 일이 속출해서 처음에는 큰 재미를 못 봤다고 합니다.

그래서 몇 년 뒤 스무 명 정도가 함께 작업에 나섰다고 하네요. 구두도 주문 제작할 정도로 장비를 업그레이드해서 35배 배당을 받았다고 합니다.

진행자 S 지금은 다들 스마트폰을 가지고 있으니 1970년대와는 비교도 안 될 만큼 룰렛 번호를 예측할 수 있지 않을까요? 룰렛 앱 같은 것을 만들 수도 있겠는데요?

이종필 지금 우리가 갖고 있는 스마트 기기들의 성능이 워낙 좋아서 마음만 먹는다면 1970년대보다 훨씬 더 잘할 수 있겠죠. 카메라로 룰렛 돌아가는 것을 찍어 바로 초기 조건을 세팅할 수도 있겠고요. 구글 글래스 같은 장비를 쓰면 카지노 업체에 들키지 않고서도 룰렛의 정보를 얻을 수 있겠죠. 카지노 업체에서도 이런 일이 벌어지지 않도록 보안에 더 신경을 쓰는 것으로 알고 있습니다.

진행자 S 다른 도박에서도 물리학을 이용해 승률을 높일 수 있나요?

이종필 사실 확률 이론이 발전하게 된 계기가 도박 때문이라고들 하잖아요? 도박을 즐기던 프랑스의 한 작가가 그게 궁금했답니다. 게임이 중간에 끝나버리면 배팅한 돈을 어떻게 나누는 게 좋을까라는 것이죠. 이 점을 친구였던 수학자 파스칼한테 문의했더니 확률에 의한 기댓값으로 판돈을 나누면 된다고 얘기해줬다죠. 카드로 하는 게임은 대부분 확률론적으로 설명할 수 있으니 확률에 대한 개념이 조금 있다면 아무래도 도움이 될 겁니다.

소리가 빠져나가지 못하는 인공 블랙홀_2016.09.11

진행자 S 이스라엘의 한 과학자가 실험실에서 인공의 블랙홀을 구현했다죠?[1, 2, 3]

이종필 이걸 이용해 블랙홀의 중요한 성질을 검증했다고 해서 화제가 됐습니다. 오늘은 인공 블랙홀에 대해서 다뤄보고자 합니다.

진행자 S 먼저 블랙홀이 무엇인지 과학적으로 정확한 정의를 해 주시죠.

이종필 블랙홀은 한마디로 말해서 표면 중력이 굉장히 강력한 천체입니다. 표면 중력이 강력하려면 천체의 크기가 작으면서 질량은 커야 합니다. 그러니까 작은 영역에 질량이 집중돼 있어야 한다는 것이죠. 표면 중력이 얼마나 강해야 블랙홀이 되는가 하면, 중력이 아주 강력해서 빛조차도 그 천체를 빠져나가지 못할 정도가 되면 그 천체를 블랙홀이라고 부릅니다.
그리고 블랙홀 주변에는 사건의 지평선이라는 가상의 경계면이 있습니다. 블랙홀에 접근하더라도 사건의 지평선을 넘지 않는 게 좋습니다. 왜냐하면 이 경계선을 넘어가면 빛조차 다시 빠져나올 수 없기 때문입니다. 태양을 블랙홀로 만들려면 약 3킬로미터로 압축하면 되고, 지구는 9밀리미터 정도로 압축하면 됩니다.

진행자 S 우리 우주에 정말로 블랙홀이 많이 있기는 한가요?

이종필 은하 중심부에는 태양 질량의 수백만 배에 달하는 블랙홀들도 있는 걸로 추정됩니다. 블랙홀은 표면에서 빛조차도 탈출할 수 없으니 우리가 광학적으로 블랙홀을 관측하기는 힘듭니다. 대신 블랙홀 주변의 기체들이 블랙홀로 유입될 때 마찰열 때문에 강력한 엑스선을 방출하는 경우가 있습니다. 이것으로 블랙홀의 존재를 간접적으로 예측할 수 있는데, 대표적으로 백조자리 X-1이라는 별이 블랙홀인 것으로 거의 확실시되고 있습니다.
2016년 과학계의 가장 큰 뉴스가 바로 중력파 검출이었어요. 미국의 LIGO 연구진이 2015년 9월에 검출한 중력파는 13억 광년 떨어진 두 개의 블랙홀이 합쳐질 때 발생하는 중력파임이 밝혀졌습니다. 그리고 최근에 LIGO에서 또 다른 중력파를 검출했다는 보고가 있었죠. 중력파 검출은 말하자면 눈으로 볼 수 없는 블랙홀의 소리를 들었다고 말할 수 있습니다.

진행자 S 블랙홀의 호킹 복사라는 것은 뭔가요?

이종필 모든 물체는 열을 받으면 빛을 냅니다. 사람 몸에서도 적외선이라는 빛이 나오죠. 눈으로 볼 수는 없지만요. 1970년대 초반에 제이컵 베켄스타인과 스티븐 호킹이 블랙홀도 온도를 갖고 있고 따라서 빛을 낸다는 놀라운 결과를 발표합니다. 일반적으로 빛이나 여타 입자를 방출하는 현상을 그냥 복사radiation라고 하거든요. 그래서 블랙홀이 빛을 내는 현상을 베켄스타인-호킹 복사 또는 호킹 복사라고 부릅니다.[4]

호킹 복사는 미시적으로 다음과 같이 설명할 수 있습니다. 양자역학에 따르면 사건의 지평선 주변에서 순간적으로 양의 에너지를 가진 입자와 음의 에너지를 가진 입자가 동시에 만들어질 수 있습니다. 이때 양의 에너지를 가진 입자는 블랙홀 바깥쪽으로 나오고, 음의 에너지를 가진 입자는 블랙홀 안으로 빨려들어갑니다. 그러면 멀리서 봤을 때 블랙홀이 마치 양의 에너지를 가진 입자를 뱉어내는 것으로 보이겠죠. 이것이 호킹 복사입니다. 그리고 블랙홀은 음의 에너지를 가진 입자를 흡수했으니 전체 에너지가 줄어듭니다. 따라서 호킹 복사를 계속하게 되면 결국 블랙홀은 에너지를 다 잃고 증발해버립니다.

호킹 복사는 블랙홀의 가장 독특한 성질이라고 할 수 있습니다.

진행자 S 이번에 실험실에서 블랙홀을 만들어 호킹 복사를 봤다면서요? 어떻게 블랙홀을 만들었다는 것이죠?

이종필 제프 슈타인하우어라는 이스라엘 물리학자가 블랙홀 모형을 만들었습니다. 블랙홀은 빛이 빠져나가지 못하는 천체잖아요? 슈타인하우어가 만든 건 소리가 빠져나가지 못하는 모형입니다. 비유적으로 말하자면 이렇습니다. 강물이 흘러가다가 낭떠러지를 만나면 폭포가 되겠죠. 낭떠러지에 가까이 다가갈수록 물살이 더 빨라질 겁니다. 그래서 어느 지점에서는 물고기가 아무리 빨리 헤엄쳐도 물살에서 빠져나올 수 없는 그런 곳이 있을 겁니다. 이게 블랙홀 사건의 지평선입니다. 슈타인하우어는 루비듐 원자를 이용해

서 이런 상황을 재현했는데요. 만약 낭떠러지 근처에서 물고기 한 쌍이 태어났는데 한 마리는 사건의 지평선 안쪽에 있고 다른 한 마리는 바깥쪽에 있다면 어떻게 될까요? 안쪽의 물고기는 바깥으로 빠져나오지 못하고 그대로 폭포 속으로 사라지겠죠. 반면 바깥쪽 물고기는 폭포 밖으로 빠져나올 수 있습니다. 이게 호킹 복사인 셈이죠. 슈타인하우어가 원자를 극저온으로 냉각해서 이 현상을 확인했다고 합니다. 그 결과가 2016년 8월 중순에 『네이처 피직스』 지에 발표되었습니다.

진행자 S 그렇다면 이것은 진짜 블랙홀이 아니고 블랙홀과 비슷한 성질을 지닌 어떤 상황을 만든 것이군요. 진짜 블랙홀과는 얼마나 동일한가요?

이종필 이것은 원자로 만든 모형이니 진짜 블랙홀은 아닙니다. 그리고 빛 대신 극저온 원자의 음향 진동으로 실험한 것이라 이 점도 진짜 호킹 복사와 다르죠. 이 모형에서는 중력이 작용하는 것도 아니고요. 다만 어떤 경계를 넘어가면 다시 빠져나오지 못하는 사건의 지평선을 유사하게 구현했다는 점, 그리고 그 근처에서 양자역학적인 음향 진동이 생겨나 어느 한쪽 경계면 바깥으로 나올 수 있다는 점 등에서는 호킹 복사와 비슷한 면이 많습니다. 그래서 모형으로서의 한계는 있지만 블랙홀이나 호킹 복사의 성질을 연구하는 데 큰 도움을 줄 수 있다고 봅니다.

진행자 S 이 결과를 낸 물리학자가 혼자서 이 모든 것을 수행했다면서요?

이종필 대규모 실험은 아니라고 하지만 이런 결과를 내려면 대개 박사후 연구원과 박사과정 학생들, 심지어 동료 교수들도 함께 연구하는 경우가 많은데요. 슈타인하우어는 이 모든 것을 혼자서 다 했다고 합니다. 그 전에는 박사후 연구원을 한 명 고용하기도 했다는군요. 자기 실험실에서는 연구하는 게 쉽지 않다고 소문이 났다고 합니다. 주변 사람들은 슈타인하우어가 혼자서 일을 다 한 것이 그리 놀랍지 않다는 반응을 보였다네요.

중국, 우주 개발의 미래를 좌우할 것인가_2016.09.25

진행자 S 2016년 9월 15일 중국이 실험용 우주정거장인 톈궁天宮 2호를 성공적으로 발사했죠?[1, 2]

이종필 네, 그래서 이번에는 중국의 우주 개발에 대해서 알아보려고 합니다. 아직 우주 기술이 걸음마 단계인 한국으로서는 굉장히 부러울 수밖에 없죠.

진행자 S 먼저 톈궁이 무엇인지부터 자세히 짚어봤으면 해요. 중국이 쏘아 올린 우주정거장 맞죠? 영화 〈그래비티〉에도 등장했던?

이종필 그렇죠. 톈궁은 우리말로 천궁, 즉 하늘의 궁전이란 뜻입니다. 톈궁 1호는 중국의 실험용 우주정거장입니다. 지상에서 완제품으로 조립해 2011년 9월 29일 우주로 쏘아 올렸습니다. 길이 10미터, 최대 지름 3.35미터, 중량 8.5톤으로 작은 크기입니다. 고도는 대략 370킬로미터입니다. 톈궁은 중국이 독자적으로 우주정거장을 건설하려는 계획의 일환입니다. 주요 임무는 우주선과의 도킹 훈련인데요. 2011년 11월 1일 무인 우주선인 선저우神舟 8호를 발사해 11월 2일 톈궁 1호와 성공적으로 도킹했습니다. 우주선 도킹 기술은 미국과 러시아에 이어 중국이 세 번째로 확보한 것입니다. 우주선 도킹 기술은 허용 오차가 18센티미터밖에 안 될 정도로 초정밀 우주 과학기술이라고 합니다. 그만큼 전자제어 기술이 뒷받침돼야 합니다. 그리고 도킹 기술이 있어야만 우주 공간에서의 각종 실험이나 우주인 체류, 행성 탐사도 가능하겠죠.[3, 4]

진행자 S 중국이 무인 우주선뿐만 아니라 유인 우주선도 도킹에 성공하지 않았나요?

이종필 2012년 6월 16일에는 세 명의 우주인을 태운 선저우 9호가 343킬로미터 고도에서 톈궁 1호와 도킹에 성공했습니다. 그리고 탑승자 중 장하이펑이 톈궁 1호로 진입하기도 했죠. 톈궁 1호에 우주인이 들어간 것은 이때가 처음입니다. 선저우 9호에는 중국 첫 여성 우주인인 류양도 탑승했습니다. 그리고 며칠 뒤인 24일에는 수동 도킹에 성공하기도 했고요. 이후 13일간의 임무를 완수하고 6월 29일 네이멍구 초원지대에 무사히 착륙했습니다.

2013년 6월 11일에는 우주 비행사 3명이 탑승한 선저우 10호가 발사됐고 톈궁 1호와 도킹에 성공한 뒤 6월 26일 무사 귀환했습니다.
톈궁 1호는 원래 수명이 2년쯤이었는데, 2016년 3월 공식적으로 임무를 종료했고, 2017년 하반기에 지구로 추락할 예정입니다.[3, 4*]

진행자 S 그렇다면 이번에 발사한 톈궁 2호는 톈궁 1호를 업그레이드한 우주정거장인가요?

이종필 그렇게 볼 수 있습니다. 톈궁 2호의 궤도는 393킬로미터 고도이고, 톈궁 2호의 규모는 1호와 비슷한 수준이긴 하나 일단 2호는 우주인 장기 체류가 목적입니다. 그래서 1호에 비해 생명 유지 장치나 우주인 체류 공간이 개선돼 우주인들이 좀더 오래 체류할 수 있도록 만들어졌습니다. 우주인들이 장기 체류하면 거기서 놀고먹기만 하는 건 아니겠죠. 각종 실험도 수행하는데 이와 관련된 장비와 이를 지원하는 모듈이 업그레이드되었습니다.[5]
톈궁 2호가 성공적으로 발사됐으니 이젠 우주 비행사가 올라가야 할 텐데요. 2016년 10월 중순에 선저우 11호를 발사할 예정입니다.◆ 유인 우주선이며, 톈궁 2호와 도킹을 하고 인원과 물자를 수송하는 임무를 수행합니다. 2명의 우주인이 30일 정도 톈궁 2호에 머물 예정이라고 합니다.[6]

또 2017년에는 중국의 첫 화물 우주선인 톈저우 1호가 톈궁 2호와 도킹할 예정입니다. 무인 우주선인 톈저우 1호는 연료나 다른 물자를 보급하는 역할을 수행하게 됩니다.

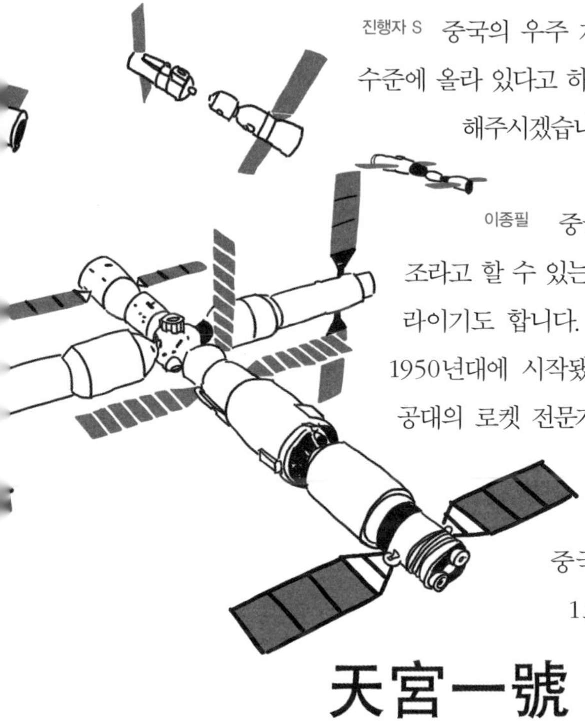

진행자 S 중국의 우주 개발 기술이 오래전부터 상당한 수준에 올라 있다고 하던데요. 그 역사를 간략히 정리해주시겠습니까?

이종필 중국은 사실 11세기에 로켓의 원조라고 할 수 있는 화전火戰, 즉 불화살을 만든 나라이기도 합니다. 현대적인 의미의 로켓 개발은 1950년대에 시작됐습니다. 당시 미국 캘리포니아 공대의 로켓 전문가였던 첸쉐썬 교수가 중국으로 돌아오면서 본격적으로 시작됐습니다.

중국 최초의 인공위성은 동팡홍 1호입니다. 1970년 창정 1 로켓에 실려 우주로 날아갑니다. 이때가 소련, 미국, 프랑스, 일

天宮一號

◆ 2016년 10월 19일 중국의 일곱 번째 유인 우주선 선저우 11호가 실험용 우주정거장 톈궁 2호와의 도킹에 성공했다.

본에 이어 세계 다섯 번째였습니다.

1992년부터는 본격적인 유인 우주선 프로젝트가 가동되었습니다. 이때 선저우 우주선 계획과 톈궁 계획이 나옵니다. 중국 최초의 유인 우주선은 선저우 5호로, 이게 2003년 10월 15일 창정 2F 로켓에 실려 성공적으로 지구 궤도에 진입합니다.

그리고 톈궁 1호는 앞서 언급했듯 2011년에 쏘아 올렸고요. 2022년 무렵 톈궁 3호를 쏘아 올릴 계획이라고 합니다.

중국은 무인 달 탐사선도 보냈습니다. 창어 1, 2호가 각각 2007년 10월, 2010년 10월에 발사돼서 달 궤도를 돌았고, 창어 3호는 2013년 12월 2일 발사돼서 12월 14일 달 표면에 착륙선을 안착시켰습니다. 그리고 2018년 발사 예정인 창어 4호는 달 뒷면을 참사한다고 합니다.

진행자 S 우주정거장 하면 러시아의 미르가 있고 또 국제우주정거장도 있지 않나요?

이종필 최초의 우주정거장은 구소련의 살류트였습니다. 1970년대에서 1980년대 중반까지 운영했고, 이후에는 2001년까지 미르를 운영했죠. 미국은 1970년대에 스카이랩이라는 우주정거장을 운영했습니다. 지금은 미국과 러시아 등 16개국이 참여해 1998년부터 운용하고 있는 국제우주정거장ISS이 있습니다. 우리나라도 참여 제안을 받았지만 돈이 없어

무산됐다고 합니다.[7]

국제우주정거장이 2024년쯤 퇴역하면 중국은 세계에서 유일하게 우주정거장을 가진 나라가 될 겁니다.

진행자 S 한국의 우주 개발 기술은 주변국에 비해서 어떤 수준인가요? 머지않아 달에 탐사선을 보낸다는 계획도 있지 않습니까?

이종필 우리는 이제 겨우 나로호를 2013년에 쏘아 올렸죠. 발사체 기술이 초보 단계이고요. 한국형 달 탐사 계획이 지금 진행중이죠. 2018년에 달 궤도선을 쏘고 2020년에는 달 착륙선을 내려보낸다는 계획입니다. 달 궤도선은 외국 발사체로 쏘아 올리고, 달 착륙선은 국산 로켓으로 쏘아 올린다고 합니다. 이것들이 계획대로 잘 추진돼서 우리도 우주로 진출하는 교두보를 마련했으면 합니다.

현실이 가상현실이라면?_2016.10.09

진행자 S 영화 〈매트릭스〉 혹시 보셨나요?

이종필 네, 그 영화를 보면 우리가 살고 있는 세상이 사실은 컴퓨터가 만들어낸 가상세계에 불과했죠. 그런데 실제로 지금 우리가 살고 있는 세상이 영화의 매트릭스처럼 가상세계일 가능성이 있다는 보고서가 나와 화제가 되고 있습니다. 이번에는 그 문제를 한번 다뤄보죠.

진행자 S 이 보고서가 어디서 나왔나요?

이종필 출처는 미국의 유명한 투자사인 메릴린치입니다. 투자자들을 위한 보고서에서 나온 이야기를 외신들이 보도했는데요. 결론부터 말하자면 우리가 영화에 등장하는 매트릭스 같은 가상현실에 살고 있을 확률이 20~50퍼센트에 이른다고 합니다. 상당히 높은 편이죠. 보고서는 또 2016년 4월 미국 자연사박물관에서 연구자들이 모여 이 문제를 놓고 논쟁을 벌였다고 소개하고 있습니다. 말하자면 이 문제가 그저 SF 영화에나 나오는 이야기가 아니라는 겁니다. 과학자들과 관련 분야 전문가들이 진지하게 고민하는 문제이고 그 논의 결과가 투자회사의 투자자를 위한 보고서에 실릴 정도가 되었다는 것은 놀라운 일입니다.[1, 2, 3]

진행자 S 메릴린치 보고서에서 우리 세상이 가상현실일 가능성이 있다고 주장한 근거는 뭡니까?

이종필 테슬라 회장인 일론 머스크, 천문학자인 닐 타이슨 등 유명한 과학자와 철학자들의 의견을 종합한 결과라고 합니다. 그리고 옥스퍼드 대학 철학과의 닉 보스트롬이라는 학자가 2003년에 쓴 논문을 참고했다고 합니다.[4] 「당신은 컴퓨터 시뮬레이션 속에 살고 있습니까?」라는 논문입니다. 이 논문의 결론을 요약하면 이렇습니다. 우리 문명이 고도로 발달해서 자기 조상들을 시뮬레이션할 수 있는 포스트 휴먼의 단계로 접어든다면, 우리가 그런 시뮬레이션 속에 살고 있을 가능성이 대단히 높다는 겁니다. 만약 후손들의 컴퓨팅 능력이 엄청나게 뛰어나서 무수한 시뮬레이션을 돌릴 수 있다면, 확률적으로 우리가 그런 시뮬레이션 중 하나일 가능성이 거의 확실하다는 것이죠.

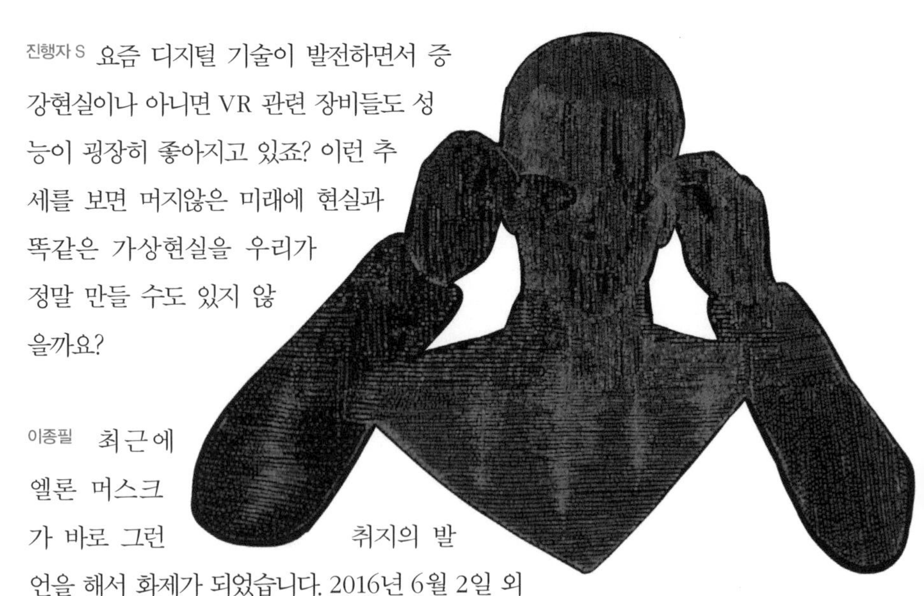

진행자 S 요즘 디지털 기술이 발전하면서 증강현실이나 아니면 VR 관련 장비들도 성능이 굉장히 좋아지고 있죠? 이런 추세를 보면 머지않은 미래에 현실과 똑같은 가상현실을 우리가 정말 만들 수도 있지 않을까요?

이종필 최근에 엘론 머스크가 바로 그런 취지의 발언을 해서 화제가 되었습니다. 2016년 6월 2일 외신 보도에 따르면 엘론 머스크 회장은 코드 콘퍼런스에 참석해서 "인류의 삶은 영화 〈매트릭스〉에서처럼 인공지능AI과 고도로 발달한 컴퓨터가 만들어낸 가상세계에서 펼쳐질 것"이라고 말했다죠. 그리고 "미래 인류가 가상세계가 아닌 진짜 현실에서 살 확률은 10억 분의 1에 불과하다"고 전망했습니다. 기술이 발전하면 가상현실이나 증강현실이 실제 현실과 구분될 수 없을 겁니다.[3*]

제 또래가 어린 시절 동네 오락실에 가서 즐겨했던 아케이드 전자오락이 갤러그였거든요. 지금의 컴퓨터 게임 수준은 그때와 비교도 안 될 만큼 정말 어마어마해졌죠. 이런 식으로 기술이 발전하다보면 현실보다 더 현실 같은 가상세계를 만드는 것도 불가능하지 않을 겁니다. 〈토탈리콜〉 같은 SF 영화에서도 바로 이런 상황, 즉 현실과 가상세계가 구분되지 않아서 생기는 이야기를 풀고 있잖아요. 언제가 될지는 모르겠지만 그런 영화 같은 현실이 구현될 날이 꼭 오리라 생각합니다.
그 정도로 기술이 발달한다면, 우리 현실 자체가 또 다른 컴퓨터의 어떤 시뮬레이션이라고 해도 전혀 이상하지 않을 겁니다. 이미 우리가 그런 세계를 만들어버렸으니까요.

진행자 S 만약 이게 사실이라면, 그러면 누군가가 우리가 살고 있는 이 가상현실을 만들었다는 얘기 아닙니까? 영화 〈매트릭스〉에 나오는 아키텍처에 해당되는 존재가 분명히 있어야 할 텐데, 그 존재는 대체 뭔가요? 신인지 혹은 과학적으로 추적이 가능한지요?

이종필 그게 누구인지에 대해서는 지금 우리가 알 수 없겠죠. 어떻게 보면 기독교적인 세계관과도 연결되는 부분이 있습니다. 물론 성경과 꼭 맞아떨어지지는 않겠지만, 어떤 절대자가 존재하고 그 존재가 이 우주의 모든 것을 창조했다는 점에서요. 우리와 비슷한 유기체로서 초지능을 가진 존재일 수도 있고 아니면 고도로 발달한 인공지능일지도 모르죠. 그래봐야 우리 입장에서는 별 차이가 없을 겁니다. 물론 과학자들은 그 존재의 본질을 파헤치기 위해 연구를 할 겁니다. 다만 이 시뮬레이션을 만든 존재가 전체 시스템을 꺼버리기 전에 그걸 밝혀내야겠죠.

진행자 S 가장 궁금한 점이, 과연 우리가 가상현실에 살고 있는지 아닌지를 과학적으로 검증할 수 있나요?

이종필 몇 년 전에 실제 그런 과학 논문이 발표됐습니다. 만약 우리 우주가 시뮬레이션된 우주라면 그 흔적이 어딘가에 남아 있을 거라고 주장하는 논문이었는데요.[5] 과학자들이 소립자 세계를 연구할 때 시공간을 격자로 나누어서 시뮬레이션을 하곤 합니다. 만약에 누가 전체 우주를 그런 식으로 시뮬레이션을 했다면 그렇게 격자로 나눈 효과를 찾을 수 있다는 겁니다. 예를 들면 우주를 떠돌아다니는 고에너지 우주선cosmic ray의 에너지 분포에도 영향을 줘서 격자 간격에 따라 결정되는 에너지 상한선이 존재하게 되고 또한 에너지 분포가 등방적이지 않게 됩니다. 이는 시공간의 격자구조 때문인데요. 물론 시뮬레이션에 사용된 격자간격이 굉장히 작다면 이런 효과를 감지하기가 어려울 겁니다. 아무튼, 이런 주제가 벌써 과학적 연구의 대상이 되고 있다는 사실은 특기할 만하죠.

진행자 S 우리 세상이 가상현실이라고 생각하나요?

이종필 살다보면 현실이 왜 이렇게 답답하게만 돌아갈까 싶을 때가 있잖아요. 저는 그럴 때 이건 누군가의 조작에 의한 가상현실일 거야라는 생각을 이따금 합니다. 그리고 물리학자로서 한 가지가 정말 궁금해요. 만약 이 우주가 시뮬레이션된 것이라면, 그 설계자가 가장 중요하게 생각했던 제1의 원리는 무엇이었을까? 그게 결국은 우리 입장에서는 궁극의 과학적 원리가 될 테니까요.

시간 여행은 가능할까?_2016.10.23

진행자 S 영화나 드라마에서 흔히 나오는 시간 여행이 과학자 입장에서 봤을 때는 타당하기나 한 것인지 궁금했어요. 이번엔 그에 대해 이야기를 들려주셨으면 합니다.

이종필 요즘 SBS에서 〈달의 연인-보보경심 려〉라는 월화드라마가 방영되고 있습니다. 아이유와 송중기를 비롯해 한류 스타들이 출연해서 화제가 되고 있죠. 이 드라마에서는 주인공 아이유가 현대에서 고려시대로 타임슬립하면서 이야기가 전개되는데요. 이참에 영화 속 시간 여행에 대해서 논해봤으면 합니다.

진행자 S 시간 여행에도 여러 종류가 있다면서요?

이종필 그렇습니다. 우선 드라마 〈달의 연인〉처럼 주인공이 뜻하지 않게 과거나 미래로 미끄러져가는 경우가 있습니다. 이걸 타임슬립time slip이라고 합니다. 2012년 SBS에서 방송했던 〈옥탑방 왕세자〉나 같은 해 MBC의 〈닥터 진〉도 타임슬립에 해당됩니다.

이와 달리 자기가 원하는 과거나 현재로 마음대로 시간을 도약해서 옮겨다니는 경우도 있습니다. 이를 타임리프time leap라고 하죠. 영화 〈터미네이터〉나 〈백 투 더 퓨처〉가 대표적이며, 국내 케이블 방송사에서 화제가 됐던 드라마 〈나인〉도 여기에 가깝습니다.

그리고 과거나 미래가 현재와 중첩되어 나타나기도 합니다. 이걸 타임워프time warp라고 합니다. 2016년 초 케이블 방송사에서 큰 반향을 일으켰던 드라마 〈시그널〉이 가장 대표적인 사례입니다.

그 밖에 타임루프time loop라는 것도 있습니다. 이건 말 그대로 시간의 고리 속에 갇혀 버리는 것으로, 2014년 개봉했던 영화 〈엣지 오브 투모로우〉가 대표적이죠. 〈소

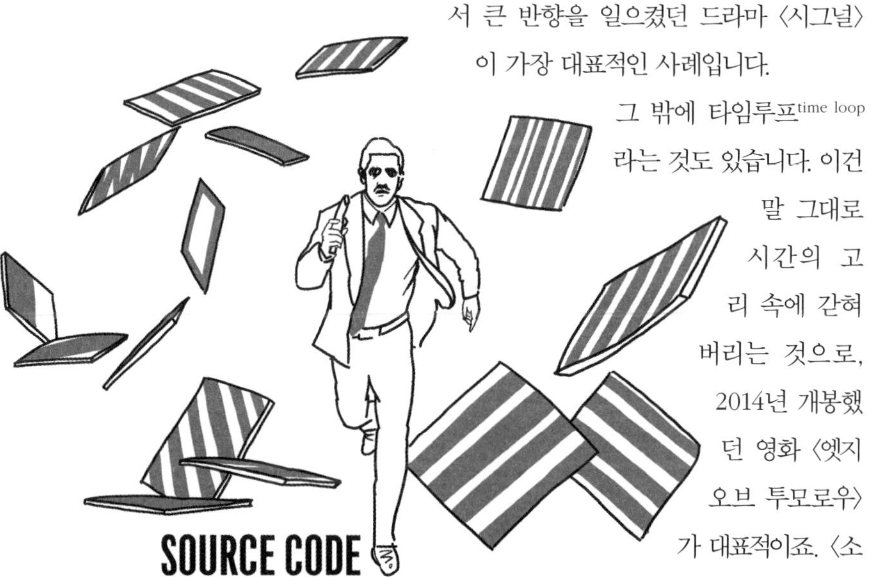

스코드〉라는 영화도 이와 비슷하고, 1993년에 개봉했던 영화 〈사랑의 블랙홀〉도 타임루프가 소재입니다.[1]

진행자 S 가장 궁금한 것이, 시간 여행은 과학적으로 가능한가요?

이종필 우선 미래로 가는 것은 가능합니다. 예전에 상대성이론을 이야기하면서 잠깐 소개했었죠. 사실 우리 모두는 지금도 미래로 가고 있습니다. 나 혼자서만 미래로 갈 수도 있습니다. 영화 〈인터스텔라〉를 떠올리면 됩니다. 아빠 쿠퍼가 우주여행을 하고 왔더니 딸 머피가 아빠보다 나이를 더 먹게 되었습니다. 즉 아빠만 딸의 미래로 간 셈이죠. 이것은 쿠퍼가 중력이 아주 강력한 블랙홀에 갔다 왔기 때문입니다. 실제로 일반상대성이론에 따르면 중력이 강력한 지역에서는 시간이 늦게 갑니다. 우리 지구에서도 우주 상공에서보다 지표면에서 시간이 늦게 갑니다.
그리고 광속에 가까운 아주 빠른 속도로 우주여행을 하고 와도 여행자의 시간만 늦게 갑니다. 지구에 돌아오면 수백 년 뒤의 모습을 볼 수도 있습니다. 이것은 특수상대성이론의 속도에 따른 시간 지연 효과 때문입니다.
그러니까 아주 빠르게 여행하거나 중력이 강력한 곳을 다녀오거나 하면 우리가 원하는 미래 시점으로 갈 수 있습니다. 이것은 과학적으로 아무런 문제가 없습니다.

진행자 S 반대로 〈터미네이터〉에서처럼 과거로 가는 것은 불가능한가요?

이종필 과거로 가는 것은 문제가 심각합니다. 인과율을 어기기 때문인데요. 만약 쿠퍼가 과거로 돌아가서 자신의 할아버지를 죽인다면 어떻게 될까요? 할아버지가 죽는다면 쿠퍼는 태어날 수 없겠죠. 그렇게 되면 쿠퍼의 할아버지를 죽이는 사람이 없는 셈이니 할아버지는 천수를 누리면서 자손을 낳게 되고 그중에는 쿠퍼도 있을 겁니다.

이건 모순이죠. 할아버지를 죽이면 쿠퍼는 태어날 수 없는데, 그러면 할아버지는 천수를 누리고 쿠퍼가 꼭 태어나야 하니까요. 이것을 시간 여행에 따른 "할아버지 모순"이라고 합니다.[2] 우리 우주에서는 항상 원인이 결과에 선행해야만 하는 것으로 과학자들이 믿고 있습니다. 이 인과율이 깨지면 결과가 원인에 선행하게 돼서 위와 같은 모순적 상황이 벌어지기 때문입니다.

어떤 사람들은 과거로 여행하더라도 우리가 인과율을 깨는 행위를 못 하도록 제한하면 되는 게 아니냐는 의견을 내놓기도 합니다. 할아버지를 죽이거나 하는 일을 자유롭게 못 한다는 얘기죠. 그런데 사실 우리의 모든 행위가 미래에 영향을 미치기 때문에 과연 인과율을 깨지 않으면서 과거로 갈 수 있을지 저로서는 의문입니다.

진행자 S 타임루프나 타임슬립은 어떤가요? 이것도 과학적으로 완전히 불가능한 일인가요?

이종필 둘 다 과거로 간다는 점에서 인과율을 피할 수 없습니다만, 한 가지 묘책이 있습니다. 우리 우주와 아주 비슷한 다른 우주가 굉장히 많다고 가정하는 거죠. 다시 말해 우리가 다중우주 속에 살고 있다면 인과율의 문제를 피할 수 있습니다. 즉, 아이유가 자신이 살던 우주의 과거가 아니라 매우 근접한 이웃 우주의 과거로 갔다고 하면 인과율을 전혀 신경 쓰지 않아도 되겠죠. 각각의 우주는 각각의 인과율에 따라서 움직일 테니까요.

진행자 S 다중우주가 있다는 것은 과학적으로 근거가 있나요?

이종필 21세기 들어오면서 적지 않은 과학자들, 특히 학계에 영향력이 큰 프런티어의 과학자 상당수가 다중우주를 믿고 있습니다.[3, 4] 우리 우주가 하나가 아니라는 얘기죠. 원자 이하의 세계를 지배하는 양자역학에서도 다중우주의 모티브가 있고요. 이 세상의 근본 단위가 끈이라고 하는 끈이론에서도 다중우주가 있어야 합니다. 그리고 우주 자체를 연구해보니 우리 우주 속에서 끝없이 빅뱅이 생기면서 새로운 아기 우주들이 끊임없이 생겨날 것이라는 주장이 최근에 상당한 설득력을 얻고 있습니다. 실제로 이웃 우주의 그림자가 우리 우주 어딘가에 그 흔적을 남길 수 있다면서 몇몇 과학자는 정말로 그 흔적을 찾고자 노력하고 있습니다.
그리고 아주 드물게 우리 우주와 다른 우주가 충돌하는 경우도 생길 수 있는데요. 이게 다른 우주가 있다는 가장 직접적인 증거가 되겠지만, 그러면 우리 우주에 엄청난 충격을 남기겠죠.

진행자 S 시간 여행을 소재로 한 드라마나 영화 중 추천할 만한 작품들로 어떤 것이 있나요?

이종필 〈달의 연인〉을 재미있게 봤고요. 드라마 〈나인〉은 제가 넋을 잃고 전편을 몰아서 봤던 기억이 있습니다. 한국 드라마에 한 획을 긋지 않았나 싶어요. 2016년 초에 나왔던 〈시그널〉도 대단한 수작이라서 아직 못 봤다면 강력 추천합니다.

화성, 지구의 미래?

_2016.11.06

진행자 S 2015년 〈마션〉이라는 소설과 영화가 크게 흥행했었죠. 화성은 가장 친숙한 행성인 만큼 관심이 끊이지 않습니다.

이종필 2016년 10월 중순 유럽의 화성탐사선인 엑소마스 ExoMars가 화성으로 날아갔습니다. 그 착륙선과 교신이 끊겨서 안타까움을 더한 일이 있었죠. 그리고 미국 테슬라의 엘론 머스크 회장은 화성에 식민지를 개척하겠다고 선언했습니다. 전부터 화성 이주 계획들이 계속 있었는데요. 이에 관한 이야기를 나누었으면 합니다.

진행자 S 먼저 화성이 어떤 행성인지, 그곳 환경은 어떤지, 우리가 가서 살 만한 곳인지부터 살펴보죠.

이종필 화성은 알다시피 태양계의 네 번째 행성으로 지구 바로 바깥쪽 궤도를 돌고 있습니다. 태양까지의 거리는 지구-

태양 거리의 약 1.5배이고요. 행성이 태양으로부터 받는 에너지는 거리가 멀수록 제곱에 반비례합니다. 화성은 지구보다 1.5배 더 머니까 태양에너지는 1.5의 제곱인 2.25배 더 적다는 얘기죠. 그래서 태양광이 지구의 약 40퍼센트밖에 안 됩니다.
화성의 크기는 대략 지구의 절반이고 질량은 지구의 10분의 1입니다. 이것으로 간단하게 계산해보면 화성의 표면 중력은 지구의 약 40퍼센트입니다. 지구에서 100킬로그램 나가던 분은 화성 가시면 40킬로그램이 되는 셈이죠.
대기압은 지구의 약 100분의 1이고, 공기가 희박합니다. 그나마도 대기의 96퍼센트가 이산화탄소입니다. 최근에 관측 자료를 분석한 바에 따르면 화성에 소금물이 흐른 흔적이 있다고 하죠. 화성의 극지방에는 물과 이산화탄소가 얼어붙은 극관이 있습니다.
그리고 화성은 포보스와 데이모스라는 두 개의 작은 위성을 갖고 있습니다.[1]

진행자 S 일단 화성까지 가는 것도 큰 문제잖아요? 지구에서 얼마나 걸리는지, 그리고 가는 도중 어떤 문제들이 발생할 수 있는지요?

이종필 지구와 화성이 각각 태양 주위를 돌고 있으니 화성으로 가는 것은 말하자면 달리는 자동차에서 다른 자동차로 옮겨 타는 것과 비슷합니다. 이왕이면 화성이 가장 가까워졌을 때 우주선을 발사하는 게 좋겠죠. 그런데 화성의 공전 주기가 1.9년쯤 됩니다. 즉 거의 2년에 한 번 가까워지는 것이죠. 그리고 우주선의 연료를 아끼려면 지구가 공전하는 방향으로 발사하는 게 좋겠죠. 지구 공전의 속도를 이용할 수 있으니까요. 그렇게 우주로 나가서 다시 화성의 공전 궤도로 갈아타면 됩니다. 이런 식으로 행성의 공전 궤도를 옮겨 타는 궤도를 호만 전이 궤도Hohmann transfer orbit라고 합니다.[2] 최근에는 연료를 25퍼센트까지 줄일 수 있는 새 항로를 찾았다는 보도도 있었습니다.[3]
지금 로켓 기술로 이렇게 화성까지 가는 데 약 6개월(~200일) 정도 걸리는데요. 인간이 이렇게 오래 우주여행을 해본 적이 없기 때문에 우주 방사선 문제라든지 무중력에 의한 근력 수축이나 골밀도 저하, 고립감 등을 어떻게 극복할 것인지가 큰 문제입니다. 그래서 우주인을 잠재운다든지 냉동 상태로 만든다든지 하는 얘기가 나오는 것이고요.

진행자 S 어떻게든 화성에 도착했다고 하면, 화성에서 살아가는 데 가장 큰 문제가 뭘까요? 영화 〈마션〉에서처럼 감자 같은 작물을 키워 먹으면서 살아남을 수 있을까요?

 이종필 일차적으로 필요한 게 물과 공기겠죠. 화성의 극관에

물이 얼음으로 많이 저장돼 있으리라 예상됩니다. 이걸 잘 이용할 수 있다면 물 문제는 걱정 없을 거고요. 화성 대기의 대부분은 이산화탄소라고 했잖아요. 이산화탄소에 산소 원자가 있으니 산소를 얻는 것도 큰 문제는 아닐 듯해요. 아니면 물을 전기분해 해도 되고요.

그리고 화성 토양에는 금속 성분이 많습니다. 화성을 붉은 행성이라고 하잖아요? 그게 토양의 철 성분 때문입니다. 그 밖에 카드뮴 같은 다른 금속 성분도 꽤 있다고 합니다. 최근에 네덜란드 과학자들이 연구한 바에 따르면 이런 환경에서 토마토나 무 같은 작물을 재배하는 데 성공했고 실제 식용까지 가능하다고 합니다.[4] 또한 수경재배 기술도 연구 중이고요. 소나 닭을 키울 수는 없겠지만 곤충을 키워서 식용으로 쓰는 것도 한 방법일 것입니다.

따라서 화성생활이 쉽지는 않겠지만 불가능하지는 않을 것이라고 생각합니다.

진행자 S 화성 전체의 자연환경을 완전히 바꿔버리자, 하는 계

획도 있다면서요? 이걸 테라포밍Terraforming이라고 한다던데, 어떻게 하겠다는 것이죠?

이종필 그런 방법도 연구 중입니다. 우선 화성의 대기 조성을 지구와 비슷하게 바꿀 수 있다면 참 좋겠죠. 화성의 평균 기온이 영하 63도이고 최저 영하 143도에서 최고 영상 35도까지 올라가는데요. 지구에서 문제가 되고 있는 온실가스를 이용해서 화성 표면 온도를 높이면 극관의 물이 녹고 호수나 바다가 생기며 기상 현상도 일어날 수 있을 겁니다. 여기서 시아노박테리아 같은 미생물을 번식시키면 원시 지구에서처럼 광합성으로 산소를 만들 수 있습니다.
일각에서는 아예 핵무기를 극관에 터뜨리자는 얘기도 나와요. 그렇게 극관이 녹으면 물도 녹고 이산화탄소도 빠져나와서 자연스럽게 온실가스가 될 테니까요. 방사선은 어차피 화성에서 피할 수 없는 문제이기도 하고요.
하지만 화성의 중력이 지구보다 약해서 대기를 많이 붙들어두지 못해요. 그리고 화성은 행성 자체의 자기장이 거의 없어요. 지구처럼 자기장이 태양에서 날아오는 유해한 입자들을 막아주지 못하기 때문에 그 자체로도 문제이고 또 그게 대기를 많이 날려 보내는 역할도 합니다.
아무리 테라포밍해도 지구와 완전히 같을 수는 없을 겁니다.

진행자 S 예전에도 '마스원Mars One'이라는 화성 이주 프로젝트가 제안되지 않았습니까? 이게 아직도 진행되고 있나요? 국내에서도 신청한 사람이 있다고 들었습니다.

이종필 2012년이었죠. 네덜란드의 란스도르프라는 사업가가 제안한 화성 이주 계획이 '마스원 프로젝트'입니다. 이게 왕복여행이 아니라 편도여행이라서 더욱 주목을 받았죠. 전 세계에서 신청한 사람이 20만 명을 넘었습니다. 이들 중 실제 이주민을 선발해서 훈련을 시키고요. 원래 계획대로라면 2023년에 첫 이주민을 보내게 됩니다. 단지 사람을 한 번 보내는 게 아니고 주기적으로 보내서 화성 정착촌을 만들겠다는 계획입니다.[5]
지금은 원래 계획보다 일정이 조금씩 늦춰지는 모양입니다. 2017년부터 정착촌 모형을 만들고 우주인을 40명 정도 뽑아 훈련에 들어가며, 2026년에 네 명의 정착민을 화성으로 보낼 계획이라고 합니다. 지금은 2차 선발까지 끝내서 100명의 후보를 추렸습니다. 1차 선발에 남았던 한국인이 2차에서는 탈락했다고 합니다.

진행자 S 엘론 머스크라는 테슬라의 회장이죠. 그는 왜 그렇게 화성에 가려고 하는 걸까요?

이종필 엘론 머스크 회장은 스페이스X라는 회사도 설립했죠. 로켓과 우주선을 개발하는 회사로, 최근에는 회수용 로켓 개발에 성공해서 화제가 되기도 했습니다.[6] 여기서 개발한 로켓을 마스원에서 사용한다고 합니다. 일설에 따르면 머스크 회장은 지구에 더 이상 가망이 없다고 여겨 마치 신대륙 발견하듯이 그렇게 화성으로 가려고 한답니다. 인류의 화성 정착이 성공한다면 이건 신대륙 발견과는 비교도 할 수 없는 엄청난 사건이 되겠죠.

슈퍼문이 떴다

_2016. 11. 20

진행자 S 2016년 11월 14일이었죠. 68년 만에 슈퍼문이 떠서 화제가 됐습니다.[1] 21세기 들어 가장 크고 환한 보름달이었다고 하는데요. 1948년 1월 26일 이후 최대 크기를 기록했죠. 우선 슈퍼문이 무엇인지부터 설명해주세요. 달이 엄청나게 크게 보여서 그렇게 부르는 거죠?

이종필 보름달이 크게 보이는 것을 슈퍼문이라고 합니다.[2] 크게 보이는 이유는 평소보다 지구에 가까이 있기 때문입니다. 지구와 달의 평균 거리는 약 38만 킬로미터입니다. 슈퍼문일 때는 그 거리가 35만7000킬로미터 정도로 가까워집니다. 달의 크기는 지구 크기의 대략 4분의 1이어서 달 반지름이 약 1737킬로미터거든요. 그래서 지구에서 보름달을 바라보는 각도는 보통 0.52도 정도입니다. 슈퍼문일 때는 이 각도가 0.56도 정도 됩니다. 반대로 보름달이 가장 작을 때, 다시 말해 보름달이 지구에서 제일 멀 때는 거리가 약 40만 킬로미터

여서 보름달을 보는 각도가 0.49도입니다. 그래서 가장 멀 때보다 약 14퍼센트 더 크게 보이는 거죠.
슈퍼문이라는 말은 정식 학술 용어는 아니고 점성술 쪽에서 원래 썼던 말이라고 합니다.

진행자 S 슈퍼문이 뜨는 이유는 뭔가요?

이종필 한마디로 말해서 달이 지구 주위를 타원 궤도로 돌기 때문이에요. 타원은 찌그러진 원이라 생각하면 됩니다. 달 궤도가 완벽한 원이라면 항상 지구에서 달까지의 거리가 똑같겠죠. 하지만 실제로는 타원 궤도여서 지구에서 가까워지고 멀어지는 경우가 생깁니다. 유독 달만 그런 것은 아니고 태양계의 모든 행성이 태양 주변을 타원 궤도로 돕니다. 이것이 바로 그 유명한 케플러의 행성운동 제1법칙이죠.
슈퍼문이 되려면 보름달이 될 때와 달이 지구에 가장 가까워질 때, 이 두 주기가 딱 맞아야 합니다. 그래서 자주 일어나는 일은 아닙니다.

진행자 S 달이 가까워지면 지구 환경에서도 영향을 미칠 것 같은데요. 어떤 일이 벌어지나요?

 이종필 아무래도 달이 지구에 가까워지니 평소 달이 지구를 당기는 힘보다 더 강하게 지구를 당기겠죠. 밀물과 썰물이 생기는 원인은 달과 태양이 지구에 작용하는 중력 때문인데, 달이 훨씬 더 가깝기 때문에 더 큰 역할을 합니다. 달의 중력 때문에 지구는 마치 양쪽에서 잡아당기는 것과 같은 힘을 받게 됩니다. 이런 힘을 기조력이라고 합니다. 그 결과 해수면이 부풀어 오르게 되죠. 이 때문에 밀물과 썰물이 생기는데요. 영화 〈인터스텔라〉에서 밀러 행성의 파도가 산더미처럼 밀려오는 것도 주변의 블랙홀이 매우 강력한 중력을 발휘하기 때문입니다. 실제 우리나라에서도 슈퍼문 때 제주도 등 해안가에서 밀물이 평소보다 더 높게 밀려 들어와서 일부 지역이 침수 피해를 겪기도 했습니다. 뉴스 보도에 따르면 제주도 해수면은 역대 최고치까지 상승했다고 합니다.

진행자 S 달이 지구를 당기는 힘 때문에 밀물과 썰물 현상이 생긴다는 건 잘 알려진 사실이죠. 그 밖에도 달이 지구에 여러 영향을 미치고 있지 않나요?

이종필 그렇죠. 보름달이 뜨면 해수면뿐만 아니라 지각도 아주 약간 들썩거립니다. 그리고 달의 기조력 때문에 지구의 해수면이 부풀어 오른다고 했는데, 이렇게 부풀어 오른 해수면이 지구와 함께 자전을 하다보면 달의 중력 때문에 지구의 자전을 방해하게 됩니다. 일종의 브레이크가 걸리는 셈인데요.

이 때문에 지구의 자전 속도가 느려집니다. 그 결과 하루의 길이가, 미세하지만 조금씩 길어지는 효과가 생깁니다. 100만 년에 17초 정도이고요. 실제로 4억여 년 전이었던 고생대 데본기에는 1년이 400일 정도 됐다고 합니다. 계산해보면 하루가 약 22시간 정도 됩니다.
한편 달은 지구 때문에 비슷한 현상을 겪게 됩니다. 그 결과 달은 자전주기와 공전주기가 똑같아집니다. 그래서 달은 항상 같은 면만 지구를 향하고 있죠. 또 달이 지구에서 조금씩 멀어지는데, 1년에 3.8센티미터 정도 됩니다.

진행자 S 슈퍼문이 떴던 14일 전후로 마침 지진이 발생했습니다. 슈퍼문이 지진과 직접적인 관련이 있나요?

이종필 당시 한국 충남 보령에서도 규모 3.5의 지진이 있었죠. 뉴질랜드 해안에서도 진도 7.8의 지진이 발생했습니다. 앞서 언급했듯이 달의 중력이 지구 지각도 약간이나마 들썩이게 하니 슈퍼문이 지진을 일으키는 게 아닌가 하는 생각을 할 수도 있습니다. 하지만 직접적인 원인이 된다고 보기는 어렵습니다.[3] 왜냐하면 달이 지구에 가까워지는 정도가 평소보다 7퍼센트 정도에 불과한데 그 결과로 달에 의한 기조력이 대략 20퍼센트 밖에 증가하지 않아요. 이 정도로는 지구에서 엄청난 지각 활동이 일어난다고 보기는 좀 힘들겠죠.

목성을 예로 들어볼게요. 목성의 위성은 60개가 넘습니다. 그 중에서 이오라는 위성이 목성에 매우 가깝습니다. 그래서 이오는 목성의 기조력 영향을 많이 받게 되며, 그 결과로 지각활동, 특히 화산활동이 활발하다고 알려져 있습니다. 지구와 달이 그 정도 관계는 아니라는 거죠.
그런데 최근 일본 도쿄대 연구진이 지진과 보름달 사이에 어떤 상관관계가 있다는 연구 결과를 내놓았습니다.[4, 5] 다만 이것이 슈퍼문과 지진의 직접적인 인과관계를 해명한 것은 아니어서 앞으로 연구가 더 필요해 보입니다.

진행자 S 다음 슈퍼문은 언제 뜨나요?

이종필 슈퍼문이 뜨는 주기가 대략 20년 정도입니다. 다음 슈퍼문은 2034년 11월 25일경이라고 합니다. 그때는 미리 대비해서 해안가 침수 피해가 없어야 할 것입니다.

망원경, 거대함을 향해 내딛는 진보_2016. 12. 04

진행자 S 얼마 전 우주망원경 관련 소식이 들리던데요?

이종필 2016년 11월 2일 미국 NASA에서 차세대 우주망원경 조립이 끝났다고 발표했습니다. 이름이 제임스 웹 우주망원경이고요. 2018년 10월 우주로 발사할 예정입니다. 오늘은 이 망원경에 대해서 알아보겠습니다.[1]

진행자 S 대체 얼마나 큰 망원경인가요? 성능도 굉장히 좋을 것 같아요.

이종필 망원경의 성능에 직결되는 요소가 반사경의 크기입니다. 제임스 웹 망원경의 반사경 크기가 6.5미터예요. 현재 관측활동을 하고 있는 허블 우주망원경의 반사경 크기는 2.4미터입니다. 즉 길이가 2.7배 더 길고 넓이는 약 7.3배 더 넓어요. 그래서 더 많은 빛을 모을 수 있습니다. 소재는 금으로 코팅된

베릴륨으로 굉장히 가볍습니다. 전체 무게는 허블 망원경의 절반 정도밖에 안 되고요. 빛 감지기나 센서 등에도 최신 기술을 적용해서 전반적인 성능은 허블 망원경의 100배 정도라고 합니다.

진행자 S 허블 망원경을 언급하셨는데요. 좀더 자세히 알고 싶습니다.

이종필 허블 망원경은 지금 우주에 떠 있는 망원경이죠.[2, 3] 1990년 우주 왕복선 디스커버리호가 싣고 올라가서 지구 상공 610킬로미터에서 지구 궤도를 돌고 있습니다. 지상에서는 관측할 수 없었던 고해상도 영상을 많이 찍었죠. 150만 장 정도 되고, 은하도 많이 관측했습니다. 밝기가 변하는 변광성이나 슈퍼노바 등을 관측해서 천문학의 애매했던 부분을 많이 밝혔고요. 허블 망원경 데이터로 쓴 논문이 1만 편 가까이 된다고 합니다. 우여곡절도 많았습니다. 처음 반사경 제작할 때 실수로 거울을 잘못 깎는 바람에 영상이 별로 좋지 않았어요. 그래서 1993년 우주 왕복선 엔데버호가 올라가서 우주 비행사들이 광학보정 장치를 설치하기도 했습니다. 안경을 씌운 것과 비슷하죠. 이것을 포함해 총 다섯 차례에 걸쳐 우주 비행사들이 허블 망원경을 수리했습니다. 그 비용이 허블 망원경을 새로 만들어서 올리는 비용보다 더 비싸다고 합니다.

2010년까지 20년 동안 건설 유지비로 총 10조 원쯤 들어갔고, 2030~2040년까지 운영할 계획입니다.

진행자 S 제임스 웹 망원경은 허블 망원경을 잇는 우주 망원경이죠? 정확히 우주 어느 곳에 띄우게 되나요? 그리고 그렇게 큰 반사경을 한 번에 우주로 잘 올릴 수 있을까요?

이종필 허블 망원경이 지상 600킬로미터 정도의 궤도에 떠 있는데 웹 망원경은 150만 킬로미터 상공에 띄워집니다. 여기에 라그랑주 지점이 있어요. 지구와 태양의 중력이 묘하게 작용하는 곳으로, 이곳에 위성을 띄우면 지구와 태양에 대해 항상 고정된 위치를 유지할 수 있습니다. 그중 L2 지점이라고 있습니다. 태양-지구-웹 망원경이 이 순서대로 일직선으로 놓이는 그런 위치입니다. 이렇게 되면 지구가 태양을 가려주니 우주를 관측하기 좋겠죠.
그리고 웹 망원경의 반사경은 사실 하나로 이뤄진 게 아니고, 벌집 모양의 1.32미터짜리 반사경 18개가 조립된 형태입니다. 이것을 접어서 로켓에 집어넣고 나중에 우주로 나가면 다 펼치게 돼 있습니다.

진행자 S 과학자들이 이렇게 거대한 망원경을 우주에 띄우려고 하는 이유가 있을 텐데요. 주로 어떤 관측을 하게 되나요?

이종필 허블 망원경은 주로 가시광선, 즉 우리가 눈으로 볼 수 있는 영역과 자외선 영역, 그리고 근적외선 영역을 관측하는 장비였습니다. 웹 망원경은 그보다 파장이 긴 적외선을 관측하기 위한 것입니다. 그 이유는 초기 우주를 관측하기 위해서입니다. 우주는 빅뱅 이후로 계속 팽창해왔다는 게 20세기의 중요한 관측 결과죠. 그래서 우주 초기의 빛은 우주 팽창 때문에 파장이 길어집니다. 그 결과 초기 우주를 관측하려면 적외선 영역을 보는 게 중요하고요. 대략 빅뱅 직후 수억 년 전후, 초기 별과 은하가 탄생하는 순간을 포착하는 게 중요한 목표입니다. 별과 은하의 출생 비밀을 관측한다고 보면 됩니다. 외계 행성의 생명체 탐색도 흥미로운 연구 과제이고요.

진행자 S 비용도 꽤 들어갔다고 하는데요. 망원경 하나에 천문학적인 돈을 쏟아붓는 게 과연 합당한가 하는 문제도 제기되지 않을까요?

이종필 1984년 추정 예산이 약 4조 원이었다고 합니다. 2013년 기준으로는 제작과 발사, 5년 유지 비용으로 10조 원 가까이 되고요. 발사 일정도 처음에는 2007년 예정이었으나 계속 연기되다가 현재는 2018년으로 예정돼 있으니 10년도 더 연기된 셈이죠. 그래서 NASA 안팎에서 반발도 적지 않았다고 합니다. 의회 청문회도 열리는 등 말입니다.

더욱이 허블 망원경은 지구에서 가까우니 문제가 생기면 어쨌든 우주인을 올려 보내서 수리라도 할 수 있는데 웹 망원경은 훨씬 더 멀리 있어서 그조차 불가능합니다. 혹시 문제라도 생기면 몇 조원 날리는 셈이죠.

진행자 S 우주에 떠 있는 망원경 외에 지상에도 여러 종류의 망원경이 있지 않나요?

이종필 몇 개 있습니다. 우선 거대마젤란망원경을 꼽을 수 있습니다.[4] Giant Magellan Telescope, 줄여서 GMT라고 불러요. 8.4미터 반사경 일곱 개를 모아서 구경 25.4미터짜리 망원경으로 만듭니다. 현존 최대 크기는 하와이의 Keck 망원경으로,[5] 구경이 10미터 정도입니다. GMT는 그보다 집광력이 6배 더 좋습니다. 한국천문연구원도 여기에 참여하고 있으며, 2025년 칠레에 세워질 예정입니다.
그리고 '30미터 망원경'이라는 계획도 있어요. 영어로 Thirty Meter Telescope, 줄여서 TMT라고 합니다. 이게 Keck의 후속 망원경으로서 웹 우주망원경과 연동할 계획으로 추진되고 있습니다.
또 유럽에서는 40미터짜리 초거대 망원경을 만들 계획이라는 소식도 있습니다.

공룡 화석, 진화의 비밀을 밝혀줄 것인가_2016.12.18

진행자 S 얼마 전 새끼 공룡 꼬리가 온전하게 발견됐다고 해서 세계적으로 화제가 됐습니다.[1, 2, 3]

이종필 이 공룡의 꼬리에서 깃털도 함께 발견됐습니다. 공룡의 진화에 중요한 단서가 될 것으로 기대됩니다. 이번에는 이 공룡의 깃털에 대해서 알아보겠습니다.

진행자 S 이번에 발견된 것이 호박 속에 갇혀 있는 새끼 공룡 꼬리뼈였다면서요? 정확히 무엇을 어떻게 발견한 것인가요?

이종필 호박은 송진이 굳어서 만들어진 보석이죠. 영화 〈쥬라기 공원〉에서도 호박 속에 있는 모기의 피에서 공룡 DNA를 뽑아내는 장면이 나오는데, 바로 그 호박입니다. 중국의 리다싱 연구진이 미얀마 동북부 호박 시장에서 깃털로 덮인 공룡의 꼬리가 포함된 호박을 발견했습니다. 미얀마 상인은 공룡

◆ 이 글은 이정모 서울시립과학관장의 자문을 토대로 작성되었다. 공룡 전문가인 박진영 연구원은 초고를 읽고 귀한 조언을 많이 해주었다. 두 분께 감사드린다.

꼬리를 식물 줄기라고 생각했다는군요. 공룡이 살았던 시대는 약 9900만 년 전으로 추정됩니다. 꼬리 길이는 약 3.7센티미터입니다. 위쪽은 밤나무 색 깃털이고 아래쪽은 흰색 깃털입니다. 깃털뿐만 아니라 뼈, 살, 피부 등도 포함돼 있고, 혈액 속 철분 흔적도 확인했습니다.
이 깃털의 주인은 코일루로사우루스라는 부류의 공룡의 새끼인 것으로 추정됩니다. 손발이 얇은 육식 공룡 무리인데, 〈쥬라기 공원〉에 등장했던 티라노사우루스나 벨로키랍토르가 이 부류라고 합니다. 이번에 발견된 꼬리의 주인이 정확하게 누구인지는 아직 잘 모르지만, 성체 크기가 15센티미터를 넘지 않는, 참새 정도인 것으로 추정됩니다. 이 공룡의 온몸에 깃털이 덮여 있어서 오늘날 새와 정말 비슷하지 않았을까 추정됩니다.

진행자 S 이게 새의 깃털이 아니라 공룡의 깃털이라는 증거가 있나요? 새의 깃털과 뚜렷하게 구분되는 특징이 있었을 듯한데요?

이종필 이번에 발견된 꼬리뼈는 여덟 조각의 척추뼈와 부분적인 뼈 한 개로 돼 있습니다. 일반적인 조류에서는 이것이 막대 모양으로 연결돼 하나로 움직입니다. 미좌골이라 부르는 것인데요. 이번 꼬리뼈는 그렇게 돼 있지 않고 지금의 새보다는 더 길고 유연한 꼬리를 갖고 있습니다.
그리고 깃털의 깃대가 조류의 깃대처럼 충분히 발달하지 않아 짧고 부드러운 구조라고 합니다. 게다가 일반 조류의 깃털을 보면 깃대가 있고 거기서 돌기가 나와 있으며, 돌기에서 다시 작은 가시들이 나와 있는 3단 구조입니다. 이게 잘 맞물려 얽혀 있어야 비행이 가능합니다. 이번에 발견된 깃털은 그 정도는 아니었습니다. 하지만 깃대, 돌기, 가시 등의 기본적인 구조를 갖추고 있기 때문에 깃털의 진화에 대단히 중요한 단서를 제공할 것으로 기대됩니다.

진행자 S 공룡이 깃털을 갖고 있었다면, 그 목적이 비행인가요? 아니면 다른 목적이 있었나요?

이종필 방금 언급했듯, 비행에는 적합하지 않고, 체온 유지나 구애 같은 다른 목적이 있었을 것으로 추정됩니다. 티라노사우루스는 새끼일 때 보온용 깃털이 있었을 거라 추정하고 있습니다. 그리고 가령 지금의 공작새를 생각해보면 그 화려한 깃털은 비행용이 아니고 구애용이죠. 실제로 공룡도 구애 행동을 했다는 증거가 발견되기도 했습니다. 물떼새나 타조의 수컷은 둥지 짓는 능력을 과시하기 위해 암컷 앞에서 땅을 파고 긁어대는 행위를 한다고 합니다. 공룡도 이와 비슷하게 땅구덩이를 판 흔적화석이 최근에 발견돼서 2016년 1월 초 유력 학술지에 실리기도 했습니다. 아크로칸토사우루스라는 공룡인데요, 이 연구를 주도한 인물이 한국 국립문화재연구소의 임종덕 연구관이었죠.[4] 이렇게 적극적으로 구애 행위를 할 정도면 그 몸에 화려한 깃털도 있지 않았을까 하는 추정도 가능합니다.

오비랩터라는 공룡은 화석 분석 결과 화려한 꼬리로 구애를 했을 것이라는 연구 내용이 나오기도 했습니다.

진행자 S 공룡이 진화해서 새가 되었다면, 지금 날아다니는 새가 공룡의 직계 후손이라고 할 수 있나요?

이종필 그렇죠. 우리가 즐겨 먹는 치킨, 닭이 바로 공룡의 후손입니다. 공룡 중에도 수각류獸脚類라는 게 있습니다. 두 발로 걸어다니는 육식 공룡을 일컫죠. 앞서 언급한 아크로칸토사우루스, 그 유명한 티라노사우루스, 벨로키랍토르도 모두 수각류 공룡입니다. 이들 공룡이 지금 새의 직접적인 조상이라는 게 학계의 정설입니다.

사실 새가 공룡의 후손이라는 설은 찰스 다윈 시절부터 제기되었고요. 결정적으로는 1990년대 후반 깃털 달린 공룡 화석이 많이 발견되면서 더욱 설득력을 얻고 있습니다. 분류학적으로는 새가 용반목 수각아목에 속하는 공룡입니다. 다시 말해 백악기 때 멸종하고 살아남은 공룡이 바로 지금 우리가 보는 새라고 할 수 있습니다.
시조새라고 들어봤죠? 시조새는 지금 새의 직계 조상은 아니고, 시조새와 지금 새의 공통 조상이 수각류 공룡이라고 보면 됩니다.

진행자 S 그렇다면 새와 공룡 사이에 뭔가 비슷한 부분이 남아 있어야 하지 않나요? 실제 그런 게 있나요?

이종필 그 증거로는 여러 가지가 있습니다. 우선 해부학적 구조가 비슷합니다. 수백 가지 면에서 그렇다고 합니다. 두 발로 걷고, 뼈가 비었고, 발가락이 셋이고, 그리고 차골이라는 브이자형 뼈가 있습니다. 어깨 사이에 지지대 역할을 하는 뼈로서 이게 공통으로 들어가 있어요. 가장 중요한 해부학적 특징은 골반으로, 공룡과 새는 공통적으로 허벅지 뼈와 골반 뼈가 만나는 지점에 구멍이 뚫려 있습니다.
둘째, 발생과정에서도 새와 공룡의 관계를 찾아볼 수 있습니다. 병아리가 처음 수정란에서 생겨날 때 다른 파충류와 비슷한 성질을 관찰할 수 있다고 합니다.
셋째, 아까 앞서 언급했던 구애 행동이 있습니다. 그리고 새의 특징 중 하나가 둥지에서 새끼를 보살피는 행동입니다. 공룡 알둥지에서도 비슷한 현상을 추론할 수 있다고 합니다.[5]

진행자 S 이번에 공룡 꼬리 화석을 발견한 것으로 정말 공룡 진화의 비밀을 풀어낼까요?

이종필 지금까지 화석으로는 깃털을 많이 봤습니다만, 지층에 눌린 화석은 입체적인 정보를 주는 데 한계가 있습니다. 이번에 발견한 깃털은 호박 속에 있는 것이라 3차원적으로 보존이 잘돼 있습니다. 이런 고생물학적 증거는 거의 처음이라고 합니다. 이로써 깃털이 어떻게 진화했는지, 새가 공룡에서 어떻게 진화해왔는지, 이 둘 사이의 관계가 정말 어떠했는지, 또 동물의 비행이 어떻게 가능했는지, 더 많은 것을 밝혀낼 계기가 되지 않을까 싶습니다.

추진제 없이 날 수 있을까?

_2017.01.01

진행자 S EM Drive라고 하는, 완전히 새로운 개념의 엔진이 등장했다는 소식을 들었습니다.[1, 2]

이종필 영어로는 Electro Magnetic Drive, 우리말로 하면 전자기 추진체 정도 될 텐데요. 이것이 기존 물리 법칙을 벗어난다고 해서 더 큰 화제입니다.

진행자 S 어떤 원리로 작동하는 엔진인가요?

이종필 의외로 간단합니다. 구리로 깔때기 모양의 통을 만들어요. 그리고 그 안에 마이크로파를 쏘아줍니다. 가정에서 흔히 사용하는 전자레인지가 마이크로파를 쏘아서 음식을 데우는 기계입니다. 그렇게 마이크로파를 깔때기 안쪽 면에 쏘아주면 그 깔때기가 추진력을 갖는다는 겁니다. 추진력은 깔때기의 넓은 쪽에서 좁은 쪽으로 작용합니다. 이 장치는 지난

1999년 영국의 로저 쇼이어라는 엔지니어가 처음 고안했습니다. 이 장치를 좀 넓은 시야에서 보자면 무언가 장치 밖으로 빠져나가는 게 없습니다. 지금까지 우리가 아는 엔진은 연료를 태워서 엄청난 속력으로 분출시켜 그때의 반발력을 추진력으로 얻는 장치인데, 쇼이어의 EM 드라이브에는 반대 방향으로 분사되는 물질, 즉 추진제가 없습니다.

진행자 S 추진제 없이 날아간다는 게 말이 되나요? 기존의 물리 법칙에 어긋난다는 게 맞네요. 작용-반작용의 법칙 같은 게 성립해야 하지 않나요?

이종필 사실 말이 안 되죠. 이건 뉴턴역학의 가장 기본적인 사항입니다. 뉴턴의 세 번째 운동 법칙이 작용-반작용 법칙입니다. 힘은 항상 쌍으로 작용하며 크기는 똑같고 방향이 반대라는 얘기입니다. 앞으로 나가는 추진력을 얻으려면 뒤로 뭔가를 밀어줘야 합니다. 우리가 걸어다니는 것도 지구를 뒤로 밀어내서 걸어가는 거죠. 우리가 지구를 미는 만큼 지구도 우리를 밀게 되니까요. 아주 미끄러운 빙판에서는 그게 안 돼서 앞으로 걸어가지 못합니다.
영화 〈그래비티〉를 본다면 이 상황이 금방 이해될 겁니다. 우리 몸뚱이가 우주 공간에 둥둥 떠 있을 때는 우리가 몸을 어떻게 움직여도 몸의 질량중심은 전혀 움직이지 않습니다. 우리가 원하는 방향으로 운동하려면 뭔가를 반대 방향으로 밀어내야 합니다. 그래서 소화기 같은 거라도 필요하죠. 이게 결국 우리가 잘 아는 로켓의 원리이자 제트기의 원리입니다.
EM 드라이브는 그런 것 없이 추진력을 얻는다는 겁니다. 그래서 기존의 물리 법칙과는 상충하는 면이 있습니다.

진행자 S EM 드라이브를 옹호하는 쪽에서는 추진력이 생기는 이유가 무엇이라고 주장합니까? 뭔가 설명이 있을 것 같은데요?

이종필 첫 고안자인 쇼이어는 마이크로파의 복사압 차이 때문에 추진력이 생긴다고 주장했습니다. 마이크로파라는 것도 양자역학적으로는 사실 에너지를 가진 빛 알갱이, 즉 광자이거든요. 그래서 마이크로파가 깔때기 안에서 돌아다닐 때 압력을 여기저기 미치는데 그게 입구가 좁은 쪽과 넓은 쪽이 서로 다르다는 겁니다.
그 뒤로 양자역학적인 진공에너지가 작용해서 추진력이 생긴다는 이론도 나왔고요. 2016년 6월에 나온 이론에서는 파동의 간섭 현상을 이용해서 설명합니다. 똑같은 모양의 파동이 두 개 만나면 파동이 두 배로 증폭되겠죠. 정반대 모양의 파동이 두 개 만나면 파동이 사라집니다. 이걸 소멸간섭이라고 합니다. EM 드라이브에서는 깔때기 모양의 구조 때문에 한쪽에서는 마이크로파가 소멸되고 그렇게 마이크로파의 성질을 잃어버린 광자가 밖으로 빠져나가면서 추진력이 생긴다는 겁니다. 한마디로 마이크로파가 연료이고 광자가 추진제라는 이야기죠.

진행자 S EM 드라이브가 실제로 실험 검증도 거쳤고 그 결과가 학술지에도 실렸다고 들었습니다. NASA 과학자들도 연구했다는 얘기가 있던데요?

이종필 쇼이어가 처음 고안한 이래로 중국에서 이것을 실제 만들어보기도 했고, 최근에는 미국 NASA 과학자들이 실험적으로 검증했다고 해서 화제가 됐습니다.[3, 4] 특히 2015년에 진공상태에서 연구한 결과가 2016년 12월 학술지에 논문으로 실렸는데 그 결과는 미약하나마 추진력이 실제로 나온다는 것이었습니다. 이 논문에서는 저자들이 양자역학의 파일럿 파동 이론이라는 것을 들고나왔습니다. 한마디로 말해서 진공상태를 밀어내면서 추진력을 얻는다는 것입니다. 우리가 보통 진공이라 하면 아무것도 없는 상태니까 그걸 밀어내서 추진력을 얻는다는 게 말이 되지 않죠. 하지만 양자역학에서는 진공상태가 좀 복잡한 구조를 갖고 있습니다. 그래서 진공을 밀어낸다는 게 전혀 엉뚱한 이야기가 아닙니다. 마치 노를 저어 물을 뒤로 밀어내면서 배가 앞으로 나가는 것과 같다는 것이죠.

진행자 S 만약 이것이 실용적으로 쓸 수 있는 걸로 판명된다면, 어떤 변화가 생길까요? 우주여행이 지금보다 더 수월해지는 건가요?

이종필 쇼이어에 따르면 이 장치로 화성까지 가는 데 10주, 즉 두 달 반 정도면 가능하다고 합니다. 지금 기술로는 화성까지 가는 데 반년이 걸리거든요. EM 드라이브는 마이크로파만 발생시킬 수 있으면 별도의 연료가 필요 없어 추진력을 손쉽게 계속 얻을 수 있습니다. 추진력이 매우 미약하더라도 계속해서 밀어주면 나중에는 엄청난 속도를 낼 수 있겠죠. 물론 태양계 바깥이나 다른 별을 탐험하는 데에도 유용할 겁니다.
다른 한편으로는 이게 사실로 드러난다면 기존 물리학을 완전히 뜯어고치거나 전혀 새로운 물리학을 다시 구축해야 하는 문제가 생길 수도 있습니다. 앞서 말했던 파일럿 파동 이론만 하더라도 양자역학의 주류에서는 오래전에 배제된 상태였다가 최근에 조금씩 주목받는 상황이에요. 아니면 아예 정말 작용-반작용 없이 추진력이 나오는 새로운 원리가 나올지도 모르죠.

진행자 S 반대로 이것이 완전히 엉터리였다고 판명될 수도 있지 않나요? 학계 반응은 어떤가요?

이종필 완전히 엉터리로 판명될 가능성도 있습니다. 아직 더 많은 실험을 해봐야 합니다. 곧 우주에서도 실험한다고 하니 기대해봐야겠죠. 학계에서는 대체로 부정적인 시선으로 바라보는 듯합니다. 역시 추진제 없는 엔진이라든가 파일럿 파동 이론을 선뜻 다 받아들이기 쉽지 않아서일 텐데요. 그보다는 실험에 뭔가 문제가 있었다고 보는 게 편할 수도 있습니다. 저번에도 소개했던 초광속 중성미자나 태초의 중력파 모두 실험이나 관측상의 오류 때문이었잖아요. 하지만 어쨌든 이렇게 엄밀하게 실험을 통해 꼼꼼하게 검증하는 것이 또 과학의 기본 정신이라고 할 수 있겠습니다.

브런치 뒤의 커피 한 잔

"이번에 프로그램을 개편하게 됐어요."

며칠 전 출연 중인 라디오 프로그램 관계자가 전화를 했습니다. 이 글을 쓰고 있는 2017년 2월 초 현재 박근혜 대통령에 대한 탄핵안 심리가 헌법재판소에서 계속되고 있습니다. 하지만 정치권에서는 조기 대선을 기정사실로 받아들이고 대선준비에 여념이 없습니다. 방송사도 본격적으로 대선 준비에 들어가는 모양입니다. 대선까지 서너 달 정도 '한시적으로' 프로그램을 대선 정국에 맞게 개편한다고 합니다. 기존의 코너들을 다 정리하고 새로운 패널을 구성해서 주로 정치 문제를 중심으로 다룰 예정이라네요.

"대선 끝나면 원래대로 돌아가니까 그때 다시 연락드리겠습니다."

한 치 앞을 내다보기 힘든 세상이지만, 저는 그 말을 믿기로 했습니다. 그때까지는 라디오 방송도 방학인 셈입니다. 금요일 오후 10분, 20분 녹음하기 위해 그 전 주말부터 주제를 고르고 원고 작업을 하고 방송 당일 부랴부랴 달려가던 수고를 이제 하지 않아도 됩니다. 꼭 1년을 그렇게 보냈더니 시원하기도 하면서 좀 섭섭한 마음도 없지는 않습니다. 모든 건 다 때가 있다고 하지요. 지금은 유쾌하게 즐기던 브런치가 끝나고 한숨 돌리면서 커피나 한잔할 시간인가 봅니다.

스마트폰이 보급되면서 공중파 방송이 아닌 팟캐스트도 많은 인기를 끌고 있습니다. 과학을 전문으로 다루는 팟캐스트들도 적지 않습니다. 몇몇은 수십만 건의 조회수를 자랑하기도 합니다. 지난 2014년에는 영화 〈인터스텔라〉가 천만 명 이상의 관객을 불러들였습니다. 오래전부터 여기저기 대중 강연을 다니면서 몸으로 느끼기에는 대략 2010년 이전과 이후 한국의 과학 문화 지형이 조금은 다른 것 같습니다. 2010년 이전에는 과학에 관심 있는 분들이 각개약진하면서 여기저기 조금씩 꿈틀대는 형국이었다면 2010년 이후에는 그 꿈틀거림이 미약하나마 어떤 흐름을 만들어가는 느낌입니다(물론 여기에 대해서도 정량적이고 '과학적인' 분석이 있어야겠습니다). 한국에 스마트폰이 본격적으로 보급된 것이 2009년이니까 새로운 스마트기기의 보급과 기술의 발전도 크게 한몫을 한 듯합니다.

다른 한편으로는 과학 자체의 눈부신 발전이 원동력으로 작용하고 있습니다. 뇌과학, 인공신경망을 이용한 기계학습, 빅데이터 분야는 지난 10년 동안 가장 주목받는 분야로 떠올랐습니다. 기초과학 분야에서도 2008년 CERN의 대형강입자충돌기가 가동한 이래 2010년부터 본격적인 고에너지 충돌 실험을 시작해 2012년 힉스 입자를 발견하는 개가를 올렸고, 우주의 비밀을 밝혀줄 플랑크 위성이 2009년 발사돼 2013년까지 태초의 우주가 남긴 빛의 잔해를 분석해왔습니다. 생물학 분야에서는 가장 획기적인 유전자 가위로 평가받는 크리스퍼 가위가 2012년에 등장했습니다. 이 모든 성과는 나란 무엇인가, 우리는 왜 존재하는가, 자연의 근본원리는 무엇인가 등 인간이 궁극적으로 가질 수밖에 없는 궁금증과 호기심을 해결하는 데 가장 풍성한 답을 주고 있습니다. 과거 철학이나 종교에서 답을 구하고자 했던 사람들도 이제는 21세기의 과학에서 그 답을 찾으려 합니다.

요컨대 대략 2010년을 전후로 엄청난 콘텐츠와 스토리가 만들어졌고 이를 향유할 기술과 기기가 대중적으로 보급된 결과 한국에서도 문화로서의 과학이라는 움직임이 하나의 뚜렷한 흐름을 만들고 있는 게 아닌가 하고 조심스럽게 진단해봅니다. 안타깝게도 아직은 우리 사회가 이를 주체적으로 감당하기에는 다소 부족한 면이 있어 새싹처럼 돋아나는 대중들의 욕구를 모두 충족시키지는 못하고 있습니다. '사이언스 브런치'가 이 욕구를 조금이나마 해소하는 데 도움이 되길 바랍니다. 선거가 끝나고 정치적 혼란이 정리된 뒤에는 다시 모든 것이 일상으로 돌아오길, 라디오 프로그램에 다시 과학섹션이 열리길, 그리고 더 많은 과학 프로그램이 생기길 기원해봅니다.

처음 라디오 프로그램에 저를 초대해 잘 이끌어주신 존경하는 서화숙 전 한국일보 선임기자께서 과분한 추천사를 써주셔서 기쁘기 그지없으면서도 몸 둘 바를 모르겠습니다. 이후 프로그램을 진행했던 여균동 감독님의 구수한 목소리는 아직도 그립습니다. 함께 방송했던 SBS 러브FM의 정석문 아나운서는 언제나 날카롭고 어려운 질문으로 저를 곤경에 빠뜨리시면서도 매끄럽게 잘 정리해주셨습니다. 예쁘게 방송 제작해주신 이승훈, 유용준 PD님, 항상 재미있는 주제들을 잘 골라주신 강미정 작가님께도 깊이 감사드립니다. 거의 10년 만에 다시 같이 작업하게 돼 이렇게 좋은 책을 만들어주신 글항아리 출판사 여러분, 특히 이은혜 편집장님께 고마운 마음을 전합니다.

* 얼마 되지 않아 프로그램 개편 계획이 취소되었다는 연락을 받았습니다. 2017년 4월 현재 과학 섹션은 계속되고 있습니다.

1. MB가 한 방에 훅 가지 않는 이유

1_ Drew Westen, *The Political Brain: The Role of Emotion in Deciding the Fate of the Nation*, Perseus Books Group, 2008.

2_ 토머스 쿤, 『과학혁명의 구조』, 까치, 1999.

3_ A. Einstein, *Erklärung der Perihelbewegung des Merkur aus der allgemeinen Relativitätstheorie, Königlich Preußische Akademie der Wissenschaften*, 831–839, 1915.

4_ 스티븐 와인버그, 『최종이론의 꿈』, 사이언스북스, 2007.

5_ W. V. Quine, *Main Trends in Recent Philosophy: Two Dogmas of Empiricism, Philosophical Review 60 (1):20–43 (1951); From a Logical Point of View*, Harvard University Press, 1953.

6_ P. M. Duhem, *The Aim and Structure of Physical Theory*, Princeton University Press, 1954.

2. 평행우주, 무한개의 우주

1_ 미치오 가쿠, 『평행우주』, 김영사, 2006.

2_ 레너드 서스킨드, 『우주의 풍경』, 사이언스북스, 2011.

3_ 브라이언 그린, 『멀티 유니버스』, 김영사, 2012.

4_ S. Weinberg, *Lectures on Quantum Mechanics*, Cambridge University Press, 2013.

5_ Hugh Everett, *Theory of the Universal Wavefunction, Thesis*, Princeton University, 1956; *Relative State Formulation of Quantum Mechanics*, Reviews of Modern Physics. 29: 454-462, 1957.

6_ Andrei Linde, *A brief history of the multiverse*, Rept. Prog. Phys. 80, no. 2, 022001, 2017, [arXiv:1512.01203 [hep-th]].

7_ Michael R. Douglas, *The Statistics of string/M theory vacua*, JHEP 0305, 046, 2003, [hep-th/0303194].

8_ Lenard Susskind, *The Anthropic landscape of string theory*, Carr, Bernard (ed): Universe or multiverse?, 247-266, 2003, [hep-th/0302219].

3. 신의 입자를 발견하다

1_ *CERN experiments observe particle consistent with long-sought Higgs boson*, CERN press release, 4 July 2012. Retrieved 12 November 2016.

2_ Peter. W. Higgs, *Broken Symmetries, Massless Particles and Gauge Fields, Phys. Lett.12, 132, 1964; Broken Symmetries and the Masses of Gauge Bosons*, Phys. Rev. Lett.13, 508,

1964; *Spontaneous Symmetry Breakdown without Massless Bosons*, Phys. Rev.145, 1156, 1966.

3_ F. Englert and R. Brout, *Broken Symmetry and the Mass of Gauge Vector Mesons*, Phys. Rev. Lett.13, 321, 1964.

4_ S. Weinberg, *A Model of Leptons*, Phys. Rev. Lett.19, 1264, 1967.

5_ G. Aad et al., [ATLAS Collaboration], *Observation of a new particle in the search for the Standard Model Higgs boson with the ATLAS detector at the LHC*, Phys. Lett. B716, 1, 2012, [arXiv:1207.7214 [hep-ex]].

6_ S. Chatrchyan et al., [CMS Collaboration], *Observation of a New Boson at a Mass of 125 GeV with the CMS Experiment at the LHC*, Phys. Lett. B716, 30, 2012, [arXiv:1207.7235 [hep-ex]].

4. 핵폭탄의 원리

1_ 리처드 로즈, 『원자폭탄 만들기』, 사이언스북스, 2003.

2_ 조너선 페터봄, 『트리니티』, 서해문집, 2013.

3_ 리처드 로즈, 『수소폭탄 만들기』, 사이언스북스, 2016.

4_ 김시환 외, 『알기 쉬운 핵연료 관리』, 형설출판사, 2010.

5_ 한국원자력협력재단, 『2014 IAEA 주요 분담금, 기여금 납부 순위 목록』, 2015.5.11.

6_ 외교통상부 군축비확산과 국제원자력기구 개황, 2012.7.6.

7_ 조헌주, 「IAEA "日, 핵무기 의혹 없어 사찰 축소」, 『동아일보』, 2004.6.15., http://news.donga.com/List/3/0213/20040615/8072841/1#.

8_ 김대기, 「원전 수출을 위한 국제원자력기구와의 협력방안」, http://

www.icons.or.kr/icons-sub0404/articles/do_print/tableid/icons-sub0405-board/page/4/id/3511.

5. 물리 법칙과 '석궁 교수' 그리고 박근혜

1_ 스티븐 와인버그, 『최종이론의 꿈』, 사이언스북스, 2007.
2_ 제임스 글릭, 『아이작 뉴턴』, 승산, 2008.
3_ 임경순·정원, 『과학사의 이해』, 다산출판사, 2014.
4_ 김명호, https://ko.wikipedia.org/wiki/김명호_(1957년); 「'부러진 화살' 김명호 교수 "재판관 태도? 실제가 영화보다 심해」 『경향신문』, 2012.1.26, http://news.khan.co.kr/kh_news/khan_art_view.html?artid=201201261621211.

6. 4할 타자가 사라진 이유

1_ KBO 기록실, http://www.koreabaseball.com/Record/Player/HitterBasic/Basic1.aspx.
2_ 스티븐 제이 굴드, 『풀 하우스』, 사이언스북스, 2002.
3_ Stephen Jay Gould, https://en.wikipedia.org/wiki/Stephen_Jay_Gould.
4_ N. Eldredg, and S. J. Gould, *Punctuated Equilibria: an Alternative to Phyletic Gradualism*, T.J.M. Schopf, ed., Models in Paleobiology, San Francisco: Freeman Cooper, 82-115, 1972.
5_ 정재승 외, 『백인천 프로젝트』, 사이언스북스, 2013.

7. 올림픽 체조가 보여준 과학의 힘

1_ 양학선, https://ko.wikipedia.org/wiki/양학선.

2_ 「양학선 신기술, 국제체조연맹 채점규칙 공식 등재」, 『조선일보』, 2012.2.8, http://news.chosun.com/site/data/html_dir/2012/02/08/2012020802234.html.

3_ 송주호, 「체조 도마 종목의 스포츠 과학」, 『물리학과 첨단기술』 2014년 6월호, 2014.

4_ 「도마 짚는 0.03초 줄여 공중 3회전…… 양학선의 체조과학!」, 『동아일보』, 2012.6.8, http://news.donga.com/3/all/20120608/46846965/1.

5_ W. Bauer, G.D, *Westfall*, *University Physics with Modern Physcis*, McGraw-Hill, 02211.

8. 맨해튼 프로젝트의 비밀

1_ 스티븐 워커, 『카운트다운 히로시마』, 황금가지, 2005.

2_ 리처드 로즈, 『원자폭탄 만들기』, 사이언스북스, 2003.

3_ 조너선 페터봄, 『트리니티』, 서해문집, 2013.

4_ 리처드 로즈, 『수소폭탄 만들기』, 사이언스북스, 2016.

5_ 카이 버드·마틴 셔윈, 『아메리칸 프로메테우스』, 사이언스북스, 2010.

6_ 제러미 번스틴, 『오펜하이머』, 모티브북, 2005.

7_ *Letter Received from General Thomas Handy to General Carl Spaatz Authorizing the Dropping of the First Atomic Bomb*, National Archives Catalog, https://research.archives.gov/id/542193.

8_ "*HIROSHIMA, WHO DISAGREED WITH THE ATOMIC BOMBING?*", http://www.doug-long.com/quotes.htm.

9_ "Dwight D. Eisenhower", https://en.m.wikipedia.org/wiki/Dwight_D._Eisenhower#cite_note-101.

10_ Gen. Curtis LeMay, An Architect of Strategic Air Power, Dies at 83, *New York Times*, http://www.nytimes.com/1990/10/02/obituaries/ gen-curtis-lemay-an-architect-of-strategic-airpower-dies-at-83.html.

9. 과학계의 얼룩, 데이터 조작의 역사

1_ R. A. Millikan, *A New Modification of the Cloud Method of Determining the Elementary Electrical Charge and the Most Probable Value of That Charge,* Phys. Mag. XIX. 6: 209, 1910; *On the Elementary Electric charge and the Avogadro Constant*, Physical Review.II. 2, 1913.

2_ F. Ehrenhaft, *Über die Kleinsten Messbaren Elektrizitätsmengen*, Phys. Zeit. 10: 308, 1910.

3_ 스티븐 와인버그, 『아원자 입자의 발견』, 사이언스북스, 1994.

4_ 홍성욱, 『과학은 얼마나』, 서울대학교출판부, 2004.

5_ 니콜라스 웨이드, 윌리엄 브로드, 『진실을 배반한 과학자들』, 미래M&B, 2007.

6_ Harvey Fletcher, *My work with Milikan on the oil-drop experiment*, Physics Today, 35(6) 43, 1982.

7_ 김유림, 「"대학원생 연구 빼앗은 악덕 교수" vs "제자 이용해 나를 음해」, 『신동아』, 2012년 8월호.

10. 일본은 왜 기초과학 분야에서 뛰어난가

1_ "Yoshio Nishina", https://en.wikipedia.org/wiki/Yoshio_Nishina.

2_ 나카무라 세이타로, 『유카와 히데키와 도모나가 신이치로』, 범양사, 1994.

3_ Y. Nambu, Quasiparticles and Gauge Invariance in the Theory of Superconductivity, *Physical Review* 117, 1960.

4_ M. Kobayashi, T. Maskawa, *CP-Violation in the Renormalizable Theory of Weak Interaction*, Progress of Theoretical Physics. 49, 1973.

5_ K. Abe et al., [Belle Collaboration], *Observation of Large CP Violation in the Neutral B Meson System*, Phys. Rev. Lett. 87, 091802, 2001, [hep-ex/0107061].

6_ 고시바 마사토시, 『중성미자 천문학의 탄생』, 전파과학사, 1994; 『도쿄대 꼴찌의 청춘 특강』, 더스타일, 2012.

7_ Y. Fukuda et al., [Super-Kamiokande Collaboration], *Evidence for Oscillation of Atmospheric Neutrinos*, Phys. Rev. Lett.81, 1562, 1998, [hep-ex/9807003].

8_ "*The Nobel Prize in Physics 2015*", Nobelprize.org, Nobel Media AB 2014. Web. 4 Feb 2017, http://www.nobelprize.org/nobel_prizes/physics/laureates/2015/.

11. 과학계의 떠오르는 혜성, 중국

1_ "*The Nobel Prize in Physics 1957*", Nobelprize.org, Nobel Media AB 2014, Web. 4 Feb 2017, http://www.nobelprize.

org/nobel_prizes/physics/laureates/1957.
2_ 아서 밀러, 『블랙홀 이야기』, 푸른숲, 2008.
3_ Chien-Shiung Wu, https://en.wikipedia.org/wiki/Chien-Shiung_Wu.
4_ F. P. An et al., [Daya Bay Collaboration], *Observation of Electron-Antineutrino Disappearance at Daya Bay*, Phys. Rev. Lett.108, 171803, 2012, [arXiv:1203.1669 [hep-ex]].
5_ J. K. Ahn et al., [RENO Collaboration], *Observation of Reactor Electron Antineutrino Disappearance in the RENO Experiment*, Phys. Rev. Lett.108, 191802, 2012, [arXiv:1204.0626 [hep-ex]].
6_ 「中 속도전에… 한국, 다 잡은 노벨상감(우주생성 비밀을 풀 소립자 연구) 놓쳤다」, 『조선일보』, 2012.3.13, http://news.chosun.com/site/data/html_dir/2012/03/13/ 2012031300351.html?Dep0=twitter&d=2012031300351.
7_ 「숨겨진 '신의 지문' 찾아낸 34명의 한국인」, 『오마이뉴스』, 2012.5.15, http://www.ohmynews.com/nws_web/view/at_pg.aspx?CNTN_CD=A0001732338.

12. 갈릴레오와 종교재판

1_ "*Geocentric model*", https://en.m.wikipedia.org/wiki/Geocentric_model.
2_ 윌리엄 쉬어, 마리아노 아르티가스, 『갈릴레오의 진실』, 동아시아, 2006.
3_ 데이바 소벨, 『갈릴레오의 딸』, 생각의나무, 2001.

4_ 임경순, 『정원, 과학사의 이해』, 다산출판사, 2014.
5_ 토마스 불핀치, 『그리스-로마신화』, 범우사, 1980.
6_ 갈릴레오 갈릴레오, 『대화』, 사이언스북스, 2016.
7_ *Galileo protest halts pope's visit*, CNN, Jan 15, 2008.http://edition.cnn.com/2008/WORLD/europe/01/15/pope.protest/index.html?iref=newssearch.

13. 북한의 수소폭탄 시험, 어떻게 될 것인가

1_ 리처드 로즈, 『수소폭탄 만들기』, 사이언스북스, 2016.
2_ 「실패했다, 그러나 수소폭탄 코앞까지 갔다」, 『주간동아』, 2016.1.13, http://weekly.donga.com/3/all/11/520088/1.
3_ 「북한 과학기술 전문가 "북한 수소탄 개발기술 상당부분 확보"」 『한국경제』, 2016.1.14, http://www.hankyung.com/news/app/newsview.php?aid=2016011412081.

14. 스타워즈 광선검은 과학적으로 가능한가

1_ 「스타워즈의 광선검」, 사이언스타임스, http://www.sciencetimes.co.kr/?news=스타워즈의-광선검.
2_ "*Is a Real Lightsaber Possible? Science Offers a New Hope*", space.com, December 14, 2015, http://www.space.com/31361-building-a-real-lightsaber.html.
3_ "Plasma(physics)", https://en.wikipedia.org/wiki/Plasma_(physics).

15. 당연히 외계인은 존재하지 않겠는가

1_ Alien life could thrive in ancient star clusters, *Nature*, 6 January 2016, http://www.nature.com/news/alien-life-could-thrive-in-ancient-star-clusters-1.19124?WT.mc_id=TWT_NatureNews.

2_ "Globular cluster", https://en.wikipedia.org/wiki/Globular_cluster.

3_ "The Drake Equation", http://www.seti.org/drakeequation.

4_ "Fermi paradox", https://en.m.wikipedia.org/wiki/Fermi_paradox.

5_ "SETI Research", http://www.seti.org/node/647.

6_ 이명현 외, 『외계생명체 탐사기』, 서해문집, 2015.

16. 사주팔자와 고전역학

1_ 조용헌, 『조용헌의 사주명리학 이야기』, 생각의나무, 2009.

2_ 고미숙, 『나의 운명 사용설명서』, 북드라망, 2012.

3_ P. S. Laplace, *A Philosophical Essay on Probabilities*, translated into English from the original French 6th ed. by F. W. Truscott and F. L. Emory, Dover Publications, 1951.

17. 중력파의 발견

1_ B. P. Abbott et al. [LIGO Scientific and Virgo Collaborations], *Observation of Gravitational Waves from a Binary Black Hole Merger*, Phys. Rev. Lett.116, no. 6, 061102, 2016, [arXiv:1602.03837 [gr-qc]].

2_ A. Einstein, *Approximative Integration of the Field Equations of Gravitation*, Sitzungsber. K. Preuss. Akad. Wiss. 1, 688, 1916.
3_ A. Einstein, *The Foundation of the General Theory of Relativity*, Annalen Phys.49, 769, 1916.
4_ 오정근, 『중력파 아인슈타인의 마지막 선물』, 동아시아, 1916.

18. 미니블랙홀의 위력

1_ "*Hawking Wants to Power Earth With Mini Black Holes*", Live Science, February 5, 2016, http://www.livescience.com/53627-hawking-proposes-mini-black-hole-power-source.html.
2_ 아서 밀러, 『블랙홀 이야기』, 푸른숲, 2008.
3_ S. W. Hawking, Black hole explosions, *Nature* 248, 30, 1974; *Particle Creation by Black Holes*, Commun. Math. Phys.43, 199, 1975, Erratum: [Commun. Math. Phys.46, 206, 1976].
4_ S. Dimopoulos and G. L. Landsberg, *Black holes at the LHC*, Phys. Rev. Lett.87, 161602, 2001, [hep-ph/0106295].

19. 가상현실 기술이 바꾸는 실제 세계

1_ 「스마트폰 한계 넘은 갤럭시 S7… VR 신세계 펼치다」, 『한국일보』 2016.2.22, https://www.hankookilbo.com/v/1d616c0a3f774f4dba8dd0b1b0b5c0c4.
2_ 김정민, 「가상현실 시장 및 주요 제품 동향」, 소프트웨어 정책연구소, 2015.4.22, http://spri.kr/post/6053.

3_ 「멋진 이성과의 사이버섹스 현실이 된다」, 『중앙일보』 2015.4.21, http://news.joins.com/article/17634614.
4_ 「'다가오는 가상현실(VR) 전성시대' 선점하는 자가 독식 한다」, 『중앙시사매거진』, 2015.6.22, https://jmagazine.joins.com/economist/view/306837.

20. 세기의 대결: 이세돌과 알파고

1_ 「이세돌 vs 알파고, '구글 딥마인드 챌린지 매치' 기자회견 열려」, 『한국기원』, 2016.2.22, http://www.baduk.or.kr/news/report_view.asp?news_no=1671.
2_ 「이세돌, 컴퓨터 이창호(알파고)와 붙는다!」, 『동아사이언스』, 2016.1.31, http://www.dongascience.com/news/view/10076.
3_ 「"이세돌 완승할 것"…'인간 패배' 전망도」, 〈KBS News〉, 2016.2.24, http://news.kbs.co.kr/news/view.do?ncd=3237870&ref=A.
4_ 「쉽게 풀어쓴 딥 러닝의 거의 모든 것」, 『SLOWNEWS』, 2015.5.29, http://slownews.kr/41461.
5_ 「구글 딥마인드, 게임법을 스스로 터득하는 'DQN' 개발」 ITWORLD, 2015.2.27, http://www.itworld.co.kr/news/92069.
6_ D. Silver et al., *astering the game of Go with deep neural networks and tree search* Nature 529 (7587): 484–489, 2016.

21. 인공지능, 너무나 가까운 미래

1_ 「이세돌 '완패'」, 블로터, 2016.3.9, http://www.bloter.net/archives/251622.
2_ 「이세돌 280수만에 불계패…1승4패로 승부 마감」, 『한겨

레』, 2016.3.15, http://www.hani.co.kr/arti/sports/sports_general/735008.html.

3_ 정아람, 『이세돌의 일주일』, 동아시아, 2016.

4_ 「데이비드 실버 박사 "기존 신경망과 새 신경망이 대국해 스스로 능력을 끌어 올리도록 설계"」, 『조선일보』 2016.3.8, http://biz.chosun.com/site/data/html_dir/2016/03/08/2016030803143.html.

5_ 「판후이와 대국뒤 5개월간 쌍둥이 알파고와 겨뤄 '기력' 급상승」, 『한겨레』, 2016.3.9, http://www.hani.co.kr/arti/science/science_general/734225.html.

6_ 감동근, 『바둑으로 읽는 인공지능』, 동아시아, 2016.

22. 쌍둥이 모순

1_ 「우주와 지구, 어디서 더 빨리 늙을까…쌍둥이 형제 실험」, 〈YTN 사이언스〉, 2016.3.3, http://science.ytn.co.kr/program/program_view.php?s_mcd=0082&s_hcd=&key=201603031059506731&page=5.

2_ R. A Serway, C. J. Moses, C. A. Moyer, *odern Physics* , *Thomson Learning* 2004.

3_ 케네스 크레인, 『현대물리학』, 범한서적, 1998.

4_ "Twin Paradox", https://en.wikipedia.org/wiki/Twin_paradox Global Positioning System, https://en.wikipedia.org/wiki/Global_Positioning_System.

23. 야구는 과학이다

1_ 김기형, 『야구의 과학』, 한국물리학회, 2001.

2_ W. Bauer, *G.D. Westfall, University Physics with Modern Physcis*, McGraw-Hill, 02211.

24. 다이아몬드 행성은 가능한가?

1_ 「밤낮 온도차가 1천도 넘는 '다이아몬드 행성」, 『연합뉴스』, 2016.3.31, http://www.yonhapnews.co.kr/bulletin/2016/03/30/0200000000AKR20160330071100017.HTML?input=1195m.

2_ 「다이아몬드 행성, 존재할까?」, 사이언스타임스, 2010.12.14, http://www.sciencetimes.co.kr/?news=다이아몬드-행성-존재할까.

3_ D. A. Fischer et al., *Five Planets Orbiting 55 Cancri*, The Astrophysical Journal, 675, 790, 2008, [arXiv:0712.3917].

4_ N. Madhusudhan et al., *A Possible Carbon-rich Interior in Super-Earth 55 Cancri e*, The Astrophysical Journal Letters 759, L40, 2012, [arXiv:1210.2720].

5_ *WASP Planets*, SuperWASP, https://wasp-planets.net/wasp-planets/.

6_ N. Madhusudhan et al., *A high C/O ratio and weak thermal inversion in the atmosphere of exoplanet WASP-12b*, Nature 469, 64, 2011, [arXiv:1012.1603].

7_ 「백금 1억톤 가진 소행성 지구로… "가치 '6000조원"」, 나우뉴스, 2015.7.19, http://nownews.seoul.co.kr/news/newsView.php?id=20150719601003.

8_ 「외계행성탐색시스템」, 한국천문연구원, http://kmtnet.kasi.re.kr/kmtnet/.

25. 한 여성 화학자의 비극

1_ "Clara Immerwahr", https://en.wikipedia.org/wiki/Clara_Immerwahr
2_ 토머스 헤이거, 『공기의 연금술』, 반니, 2015.
3_ "Weapons of War: Poison Gas", http://www.firstworldwar.com/weaponry/gas.htm.
4_ "Chemical weapons in World War I", https://en.wikipedia.org/wiki/Chemical_weapons_in_World_War_I.

26. 100년에 걸친 염색체 지도의 완성

1_ S. G. Gregory et al., *The DNA sequence and biological annotation of human chromosome 1*, Nature 441, 315-321, 2006.
2_ 「인간 게놈 지도 완성됐다」, 『한국일보』, 2006.5.19, http://www.hankookilbo.com/m/v/466525527f2046f8a0917c730e2fa003.
3_ 한국인참조표준유전체 프로젝트, http://koreagenome.kobic.re.kr/index.html.
4_ 「中, 세계 2번째 인간 배아 유전자 조작…'의도치 않은 변이' 논란」, 뉴시스, 2016.4.11, http://www.newsis.com/ar_detail/view.html?ar_id=NISX20160411_0014014272&cID=10101&pID=10100.

27. 미세먼지, 과학이 해결할 수 있을까?

1_ 「미세먼지 예보의 내용 및 기준」, 서울특별시 대기환경정보, http://cleanair.seoul.go.kr/safety_guide.htm?method=dust.

2_ 「'한국적 초미세먼지'는 초미세먼지가 아니다」, 허핑턴포스트 2016.5.26, http://www.huffingtonpost.kr/jaeyeon-jang/story_b_10135028.html.

3_ G. B. Hamra et al., *Outdoor Particulate Matter Exposure and Lung Cancer: A Systematic Review and Meta-Analysis*, ehp.niehs.nih.122, 906, 2014.

4_ "List of IARC Group 1 carcinogens", https://en.wikipedia.org/wiki/List_of_IARC_Group_1_carcinogens.

5_ 「미세먼지, 중국산보다 한국산이 더 '심각'」, 『한겨레』, 2014.4.15, http://www.hani.co.kr/arti/society/environment/632845.html?_fr=mt5.

6_ 「경유 미세먼지 배출량, 다른 연료와 '차이 없음' 밝혀져…파장클듯」, 뉴시스, 2016.6.1, http://news.naver.com/main/read.nhn?mode=LSD&mid=sec&oid=003&aid=0007264915&sid1=001.

7_ "2016년 6월 1일자 뉴시스에 보도된 경유 미세먼지 배출량, 다른 연료와 차이 없음에 대하여 다음과 같이 설명합니다", 환경부, 2016.6.1, https://www.me.go.kr/home/web/board/read.do?boardMasterId=1&boardId=644000&menuId=286.

8_ 「경유차 배출 미세먼지가 다른 연료와 차이 없다?」, 뉴스타파, 2016.6.2, http://newstapa.org/33729.

9_ 「과학기술로 미세먼지 잡는다」, 연합뉴스, 2016.5.19, http://news.naver.com/main/read.nhn?mode=LS2D&mid=shm&sid1=10

5&sid2=228&oid=001&aid=0008414417.

28. 새로운 입자가 발견될 것인가

1_ 「물리교과서 새로 쓸 '제2 신의 입자' 찾는다」, 『한국경제』, 2016.6.12, http://news.naver.com/main/read.nhn?mode=LSD&mid=shm&sid1=105&oid=015&aid=0003608578.

2_ ATLAS collaboration, *Search for resonances decaying to photon pairs in 3.2 fb^{-1} of pp collisions at \sqrt{s} = 13 TeV with the ATLAS detector*, ATLAS-CONF-2015-081.

3_ CMS Collaboration, *Search for new physics in high mass diphoton events in proton-proton collisions at 13TeV*, CMS-PAS-EXO-15-004.

4_ M. Aaboud et al., [ATLAS Collaboration], *Search for resonances in diphoton events at $\sqrt{s}$=13 TeV with the ATLAS detector*, JHEP 1609, 001 (2016) [arXiv:1606.03833 [hep-ex]].

5_ V. Khachatryan et al., [CMS Collaboration], *Search for Resonant Production of High-Mass Photon Pairs in Proton-Proton Collisions at $\sqrt s$ =8 and 13 TeV*, Phys. Rev. Lett.117, no. 5, 051802, 2016, [arXiv:1606.04093 [hep-ex]].

6_ J. Ellis, S. A. R. Ellis, J. Quevillon, V. Sanz and T. You, *On the Interpretation of a Possible ~750 GeV Particle Decaying into gamma gamma*, JHEP 1603, 176, 2016, [arXiv:1512.05327 [hep-ph]].

7_ A. Strumia, *Interpreting the 750 GeV digamma excess: a review*, arXiv:1605.09401 [hep-ph].

29. 우주는 생각보다 더 빨리 팽창한다

1_ 「우주, 알려진 것보다 10% 빠르게 팽창 중」, 〈YTN 사이언스〉, 2016.6.7, http://science.ytn.co.kr/program/program_view.php?s_mcd=0082&s_hcd=&key=201606071051002449&page=6.

2_ NASA's Hubble Finds Universe Is Expanding Faster Than Expected, *NASA*, June 3. 2016, http://www.nasa.gov/feature/goddard/2016/nasa-s-hubble-finds-universe-is-expanding-faster-than-expected.

3_ E. Hubble, *A relation between distance and radial velocity among extra-galactic nebulae*, Proc. Nat. Acad. Sci.15, 168, 1929.

4_ A. G. Riess et al. [Supernova Search Team], *Observational evidence from supernovae for an accelerating universe and a cosmological constant*, Astron. J.116, 1009, 1998, [astro-ph/9805201].

5_ S. Perlmutter et al., *Supernova Cosmology Project Collaboration, Measurements of Omega and Lambda from 42 high redshift supernovae*, Astrophys. J.517, 565, 1999, [astro-ph/9812133].

6_ The Nobel Prize in Physics 2011, Nobelprize.org, http://www.nobelprize.org/nobel_prizes/physics/

laureates/2011/#.
7_ A. G. Riess et al., *A 2.4% Determination of the Local Value of the Hubble Constant*, Astrophys. J.826, no. 1, 56, 2016, [arXiv:1604.01424 [astro-ph.CO]].

30. 주노, 남편 주피터를 만나러 가다

1_ Juno Mission to Jupiter, NASA FACTS, *NASA*, 2009.
2_ NASA's Juno Spacecraft Launches to Jupiter, *NASA*, Aug. 6, 2011, https://www.nasa.gov/mission_pages/juno/news/juno20110805.html.
3_ Jupiter, https://en.wikipedia.org/wiki/Jupiter.
4_ 「목성 37바퀴 돌며 구름층에 가린 내부구조 탐사-'주노'」, 『사이언스온』, 2016.6.29, http://scienceon.hani.co.kr/411024.
5_ 「목성 탐사선 주노의 모든 것」, 『사이언스타임스』, 2016.7.7, http://www.sciencetimes.co.kr/?news=목성-탐사선-주노의-모든-것.

31. 오존층이 회복된다

1_ S. Solomon, et al., Emergence of healing in the Antarctic ozone layer, *Science* 353(6296): 269-274, 2016.
2_ 「南極 상공 오존층, 2050년 완전 회복」, 『조선일보』, 2016.7.2, http://news.chosun.com/site/data/html_dir/2016/07/02/2016070200161.html.
3_ 「남극 오존층 회복」, 『사이언스타임스』, 2016.7.11, http://www.sciencetimes.co.kr/?news=카드뉴스-남극-오존층-회복중.

4_ C. T. McElroy, P. F. Fogal, *Ozone: From discovery to protection*, Atmosphere-Ocean 46:1, 1-13, 2008.

5_ *Scientific Assessment of Ozone Depletion: 2014*, WMO/UNEP, https://www.esrl.noaa.gov/csd/assessments/ozone/.

6_ THE MONTREAL PROTOCOL ON SUBSTANCES THAT DEPLETE THE OZONE LAYER, Ozone Secretariat, UNEP, http://ozone.unep.org/en/treaties-and-decisions/montreal-protocol-substances-deplete-ozone-layer?sec_id=343.

7_ 「남극 오존층, 2050년까지 완전히 회복된다」, 『파이낸셜뉴스』, 2016.7.1, http://www.fnnews.com/news/201607011017010701.

32. 사라진 새 입자

1_ ATLAS Collaboration, ATLAS-CONF-2016-059, https://inspirehep.net/record/1480039.

2_ CMS Collaboration, CMS-PAS-EXO-16-027, https://cds.cern.ch/record/2205245.

3_ Hopes for revolutionary new LHC particle dashed, *Nature* 05 August 2016, http://www.nature.com/news/hopes-for-revolutionary-new-lhc-particle-dashed-1.20376?WT.mc_id=TWT_NatureNews.

4_ 「LHC가 발견한 새 입자 흔적, 통계상 우연히 나온 신호일 뿐」, 『한국경제』, 2016.8.7, http://news.naver.com/main/read.nhn?mode=LSD&mid=shm&sid1=105&oid=015&aid=0003636458.

33. 물리학자는 카지노를 잘할까?

1_ T. A Bass, *The Newtonian Casino*, Penguin, 1990.

2_ How to win at roulette using science, *MailOnline*, 2016.8.23, http://www.dailymail.co.uk/sciencetech/article-3755027/How-Isaac-Newton-help-win-roulette-Laws-physics-help-predict-spin-wheel.html.

3_ M. Small1, C. K. Tse, *Predicting the outcome of roulette*, arXiv:1204.6412.

34. 소리가 빠져나가지 못하는 인공 블랙홀

1_ J. Steinhauer, Observation of quantum Hawking radiation andits entanglement in an analogue black hole, *Nature Phys* 12, 959-965, 2016.

2_ Artificial black hole creates its own version of Hawking radiation, *Nature*, 15 August 2016, http://www.nature.com/news/artificial-black-hole-creates-its-own-version-of-hawking-radiation-1.20430.

3_ 「'호킹 복사 모사한 실험실 블랙홀'… 잇단 1인 논문 눈길」, http://scienceon.hani.co.kr/424279.

4_ S. W. Hawking, Black hole explosions, *Nature* 248, 30(1974); Particle Creation by Black Holes, *Commun. Math. Phys.*43, 199, 1975, Erratum: [Commun. Math. Phys.46, 206, 1976].

35. 중국, 우주 개발의 미래를 좌우할 것인가

1_ *China Launches Tiangong-2 Space Lab to Prep for 2020s*

Space Station, Space.com, 2016.9.15, http://www.space.com/34077-china-launches-tiangong-2-space-lab.html.
2_ 「中 우주정거장 발사 성공...韓은 기술 '전무'」, 『서울경제』, 2016.9.18, http://news.naver.com/main/read.nhn?mode=LSD&mid=shm&sid1=105&oid=011&aid=0002886941.
3_ Tiangong program, https://en.m.wikipedia.org/wiki/Tiangong_program.
4_ Tiangong-2, https://en.wikipedia.org/wiki/Tiangong-2.
5_ Shenzhou program, https://en.wikipedia.org/wiki/Shenzhou_program.
6_ 「중국 유인우주선 선저우 11호 10월 중순 발사…도킹 실험 등 실시」, 『뉴시스』, 2016.8.14, http://www.newsis.com/ar_detail/view.html?ar_id=NISX20160814_0014322497&cID=10101&pID=10100.
7_ 민영기, 『우주개발탐사 어디까지 할 것인가』, 일진사, 2012.

36. 현실이 가상현실이라면?

1_ There's a 20-50% chance we're inside the matrix and reality is just a simulation, *BusinessInsider*, 2016.9.8, http://www.businessinsider.com/bank-of-america-wonders-about-the-matrix-2016-9.
2_ 「"사실은 우리는 가상세계에 살고 있다"…미국 메릴린치 보고서」, 『중앙일보』, 2016.9.17, http://news.joins.com/article/20596941.
3_ 「엘론 머스크 "미래 인류, 가상 아닌 현실에 살 확률 10억분의 1"」, 『포커스뉴스』, 2016.6.3, http://www.focus.kr/view.

php?key=2016060300111559875
4_ N. Bostrom, Are you living in a computer simulation?, *Philosophical Quarterly* Vol.53 No.211, 243-255, 2003.
5_ S. R. Beane, Z. Davoudi and M. J. Savage, Constraints on the Universe as a Numerical Simulation, *Eur. Phys.* J. A50, no. 9, 148, 2014, [arXiv:1210.1847 [hep-ph]].

37. 시간 여행은 가능할까?

1_ 「타임리프와 타임워프의 차이? 알고 보면 다르다」, 『시선뉴스』, 2016.4.12, http://www.sisunnews.co.kr/news/articleView.html?idxno=35138.
2_ Grandfather paradox, https://en.wikipedia.org/wiki/Grandfather_paradox.
3_ 레너드 서스킨드, 『우주의 풍경』, 사이언스북스, 2011.
4_ 미치오 카쿠, 『평행우주』, 김영사, 2006.

38. 화성, 지구의 미래?

1_ Mars, https://en.wikipedia.org/wiki/Mars,
2_ W. Hohmann, *The Attainability of Heavenly Bodies*, Washington: NASA Technical Translation F-44, 1960.
3_ F. Topputo, E. Belbruno, *Earth–Mars transfers with ballistic capture*, Celestial Mechanics and Dynamical Astronomy, Volume 121, Issue 4, 329-346, 2015.
4_ You can eat vegetables from Mars, say scientists after crop experiment, *Guardian*, 2016.6.24, https://www.theguardian.

com/science/2016/jun/24/you-can-eat-vegetables-from-mars-say-scientists-after-crop-experim.

5_ Mars One, http://www.mars-one.com/.

6_ *SpaceX Sticks a Rocket Landing at Sea in Historic First*, Space.com, 2016.4.8, http://www.space.com/32517-spacex-sticks-rocket-landing-sea-dragon-launch.html.

39. 슈퍼문이 떴다

1_ *Supermoon December 2016: When, Where & How to See It*, Space.com, 2016.12.5, http://www.space.com/34515-supermoon-guide.html.

2_ 「What is a supermoon?」, 『EarthSky』, 2017.1.12, http://earthsky.org/space/what-is-a-supermoon.

3_ 「슈퍼문이 지진을 몰고 온다?」, 『헤럴드경제』, 2016.11.14, http://news.naver.com/main/read.nhn?mode=LSD&mid=shm&sid1=105&oid=016&aid=0001152637.

4_ S. Ide, S. Yabe, Y. Tanaka, Earthquake potential revealed by tidal influence on earthquake size–frequency statistics, *Nature Geoscience* 9, 834-837, 2016.

5_ Moon's pull can trigger big earthquakes, *Nature*, 2016.9.12, http://www.nature.com/news/moon-s-pull-can-trigger-big-earthquakes-1.20551#/b3.

40. 망원경, 거대함을 향해 내딛는 진보

1_ About the James Webb Space Telescope, NASA, http://jwst.

nasa.gov/about.html.

2_ Hubble space telescope, https://en.m.wikipedia.org/wiki/Hubble_Space_Telescope.

3_ 크리스 임피, 홀리 헨리, 『스페이스 미션』, 플루토, 2016.

4_ Giant Magellan Telescope, http://www.gmto.org/overview/.

5_ 아닐 아난타스와미, 『물리학의 최전선』, 휴먼사이언스, 2011.

41. 공룡 화석, 진화의 비밀을 밝혀줄 것인가

1_ L. Xing et al., A Feathered Dinosaur Tail with Primitive Plumage Trapped in Mid-Cretaceous Amber, *Current Biology*, Volume 26, Issue 24, p3352-3360, 2016.

2_ First Dinosaur Tail Found Preserved in Amber, *NationalGeographic*, 2016.12.8, http://news.nationalgeographic.com/2016/12/feathered-dinosaur-tail-amber-theropod-myanmar-burma-cretaceous/.

3_ 「공룡진화 비밀 풀릴까… 9900만 년 전 공룡 꼬리 찾았다」, 『동아사이언스』, 2016.12.11, http://www.dongascience.com/news.php?idx=15283.

4_ M. G. Lockley et al., Theropod courtship: large scale physical evidence of display arenas and avian-like scrape ceremony behaviour by Cretaceous dinosaurs, *Scientific Reports* 6, Article number: 18952, 2016.

5_ 박진영, 『박진영의 공룡열전』, 뿌리와이파리, 2015.

42. 추진제 없이 날 수 있을까?

1_ RF resonant cavity thruster, https://en.wikipedia.org/wiki/RF_resonant_cavity_thruster.

2_ 「연료 필요 없는 전자기 엔진, 물리법칙 허물었다」, 『중앙SUNDAY』, 2016.12.11, http://sunday.joins.com/archives/140967.

3_ H. White et al., Measurement of Impulsive Thrust from a Closed Radio-Frequency Cavity in Vacuum, *Journal of Propulsion and Power*, doi:10.2514/1.B36120.

4_ NASA Team Claims 'Impossible' Space Engine Works—Get the Facts, *National Geographic*, 2016.11.21, http://news.nationalgeographic.com/2016/11/nasa-impossible-emdrive-physics-peer-review-space-science/.

사이언스 브런치

1판 1쇄 2017년 5월 8일
1판 3쇄 2018년 9월 10일

지은이 이종필
펴낸이 강성민
편집장 이은혜
마케팅 정민호 이숙재 정현민 김도윤 안남영
홍보 김희숙 김상만 이천희

펴낸곳 (주)글항아리 | 출판등록 2009년 1월 19일 제406-2009-000002호

주소 10881 경기도 파주시 회동길 210
전자우편 bookpot@hanmail.net
전화번호 031-955-1934(편집부) | 031-955-8891(마케팅)
팩스 031-955-2557

ISBN 978-89-6735-415-2 03400

글항아리는 (주)문학동네의 계열사입니다.

이 도서의 국립중앙도서관 출판예정도서목록은(CIP) 서지정보유통지원시스템 홈페이지(http://seoji.nl.go.kr)와 국가자료공동목록시스템(http://www.nl.go.kr/kolisnet)에서 이용하실 수 있습니다.(CIP 제어번호: CIP2017003495)